面向对象程序设计(C++)

新世纪高职高专教材编审委员会 组编
主　编 王明福
副主编 孙宏伟 李如平 史　媛

第三版

大连理工大学出版社

图书在版编目(CIP)数据

面向对象程序设计:C++ / 王明福主编. -- 3 版
. -- 大连 : 大连理工大学出版社, 2019.1(2024.8 重印)
新世纪高职高专软件专业系列规划教材
ISBN 978-7-5685-1786-7

Ⅰ. ①面… Ⅱ. ①王… Ⅲ. ①C 语言—程序设计—高等职业教育—教材 Ⅳ. ①TP312.8

中国版本图书馆 CIP 数据核字(2018)第 278949 号

大连理工大学出版社出版

地址:大连市软件园路 80 号 邮政编码:116023
发行:0411-84708842 邮购:0411-84708943 传真:0411-84701466
E-mail:dutp@dutp.cn URL:https://www.dutp.cn

大连雪莲彩印有限公司印刷 大连理工大学出版社发行

幅面尺寸:185mm×260mm 印张:20.5 字数:522 千字
2008 年 6 月第 1 版 2019 年 1 月第 3 版
2024 年 8 月第 13 次印刷

责任编辑:高智银 责任校对:李 红
封面设计:张 莹

ISBN 978-7-5685-1786-7 定 价:52.80 元

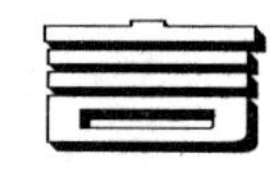

前言

《面向对象程序设计(C++)》(第三版)是“十四五”职业教育国家规划教材、“十三五”职业教育国家规划教材、“十二五”职业教育国家规划教材、高职高专计算机教指委优秀教材,也是新世纪高职高专教材编审委员会组编的软件专业系列规划教材之一。

党的二十大报告指出:我们要坚持教育优先发展、科技自立自强、人才引领驱动,加快建设教育强国、科技强国、人才强国,坚持为党育人、为国育才,全面提高人才自主培养质量,着力造就拔尖创新人才,聚天下英才而用之。培养软件开发技术技能型人才是时代赋予高职院校的使命,本教材将社会主义核心价值观、职业道德、工匠精神、团队合作等方面确定为引入课堂的思政元素,在教学中因势利导、潜移默化地引导学生将个人的成才梦有机融入实现中华民族伟大复兴中国梦的思想认识。

面向对象设计技术已成为当今流行的软件设计技术。C++是在面向对象的大潮流中诞生的宠儿,同时由于它的广泛运用又极大地推动了面向对象技术的发展。

本教材以面向对象的基本思想、方法为主要内容,以微软 Visual C++ 6.0 作为开发平台,兼顾面向过程与面向对象程序设计的适度分离和高度融合的原则。本教材共 12 章,主要内容包括绪论,数据类型、运算符和表达式,控制结构,复合数据类型,函数,类与对象,继承与派生,多态性和虚函数,模板和异常处理,C++的 I/O 流类库,Visual C++编程基础,MFC 应用程序实例。前 5 章是面向过程的 C++语言基础和语法规则的学习。第 6~10 章是面向对象基本特征和基本技术的学习,主线突出 C++面向对象的抽象、封装、继承、多态和动态联编五大特征的知识讲授。第 11、12 章是 MFC 的运用开发,通过开发简单的运算器程序,介绍了 Windows 程序框架和利用 MFC 开发 Windows 程序的方法。

本版教材是在上一版的基础上,根据大量的教学反馈意见和职业教育的发展需要,吸收行业发展的新知识、新技术和新方法,以适应培养技能型人才的新要求完成的。对部分案例做了调整和充实,从如下三方面进行了修订。

1. 教材的编写理念和组织形式

本教材的编写理念是:以就业为导向、以学生为主体,着眼于学生职业生涯发展,注重职业素养的培养。采用“项目驱动+知识学习+情景应用+自我测试练习”的四位一体模式组织教

学内容。前5章安排“模仿练习”和“训练项目”两个层次的实训环节，用于模仿、验证概念、语法规则及其应用，以适应自主学习、合作学习和个性化教学。第6～10章选择综合案例“图书借阅管理系统”，分解提炼项目的功能模块和程序，按照C++面向对象知识结构分配到各个子项目中，伴随系统的设计、开发、优化到最后完善，使学生在项目实施的过程中掌握面向对象设计技术，在职业情境中实现知识构建。

2. 教材内容的新增和取舍

为突出“代码重用性”在实际项目开发中的重要意义，新增加了“函数模板”“类模板”和“异常处理”等方面的内容；同时，还将“运算符重载”纳入了教材内容，以完善函数重载多态性的特征。另外，新增了一章“C++的I/O流类库”，使本教材的C++面向对象程序设计知识完整，以满足开发实际项目的需要。

对上一版中MFC应用程序的项目开发章节，只保留Visual C++编程基础和用MFC开发运算器程序案例。删除了绘图、多媒体技术、数据库技术和网络编程等知识的开发案例内容，其目的是突出面向对象的五大特征，使教材内容与面向对象程序设计知识内容归属划分相一致。

3. 更换和新增了部分案例和项目

遵循“实用、趣味、创新”的特点，部分案例、项目来自企业实际项目和近几届全国“蓝桥杯”软件大赛的变形考题。充分反映产业升级、技术进步和职业岗位变化的要求，从而使教材内容体现新知识、新技术和新方法。

本教材由深圳职业技术学院王明福任主编，深圳职业技术学院孙宏伟、安徽工商职业学院李如平、山西机电职业技术学院史媛任副主编，深圳市宇斯盾科技有限公司涂辉雄参与编写。具体编写分工为：王明福编写第4、5、9、10、11章，孙宏伟编写第1、2、3章，李如平编写第6章，史媛编写第8、12章，涂辉雄编写第7章和图书借阅管理系统编码，全书由王明福审阅并统稿。同时还得到了深圳职业技术学院计算机软件专业全体教师的大力支持，提出了许多建设性意见，在此，我们深表感谢。

在编写本教材的过程中，编者参考、引用和改编了国内外出版物中的相关资料以及网络资源，在此表示深深的谢意！相关著作权人看到本教材后，请与出版社联系，我社将按照相关法律的规定支付稿酬。

本教材可以作为高职高专院校计算机应用技术、软件等相关专业面向对象程序设计课程的教材，也可以作为应用型本科相关专业学习面向对象程序设计的教材，还可以作为全国“蓝桥杯”软件大赛的参考指导书。

尽管我们在本教材的编写方面做了很多努力，但由于编者水平有限，不当之处在所难免，恳请各位读者批评指正，并将意见和建议及时反馈给我们，以便下次修订时改进。

编　者

所有意见和建议请发往：dutpgz@163.com
欢迎访问职教数字化服务平台：https://www.dutp.cn/sve/
联系电话：0411-84707492　84706104

目　　录

本书微课视频列表

序号	微课名称	页码
1	常量与变量	22
2	逻辑运算符和逻辑表达式	31
3	条件运算符	36
4	类型转换	40
5	if 语句	46
6	switch 语句	50
7	while 语句	52
8	do-while 语句	53
9	for 语句	54
10	循环的嵌套	56
11	数组	68
12	结构体类型	81
13	指针与数组	95
14	函数的定义与调用	104

绪 论

学习目标

知识目标:了解程序设计语言的发展过程和程序设计方法,掌握C++程序的基本结构。

能力目标:掌握开发工具的安装及使用,熟练使用 Visual C++6.0 创建控制台应用程序项目。

素质目标:树立正确的社会主义核心价值观,爱岗敬业。

面向对象设计技术已成为当今流行的软件设计技术。C++是在面向对象的大潮流中诞生的宠儿,同时由于它的广泛运用又极大地推动了面向对象技术的发展。

1.1 开篇例程:图书借阅管理系统

图 1-1 所示的图书借阅管理系统,是本教材的一个综合案例作品,具有以下功能:

(1)新书入库;(2)读者注册登记;(3)办理借还书手续;(4)为读者提供借书查询;(5)馆内库存图书查询。

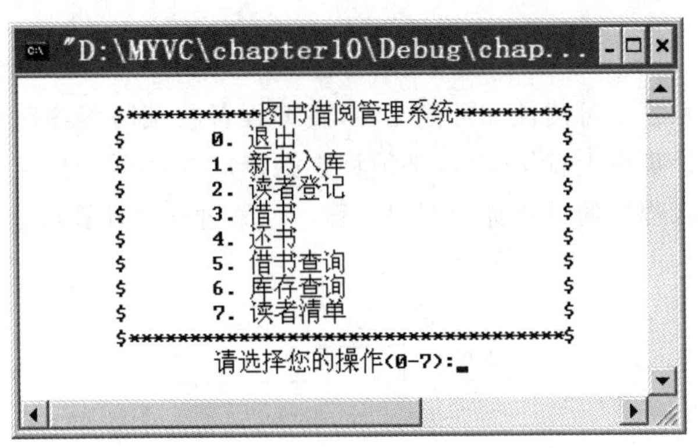

图 1-1 图书借阅管理系统

本教材通过综合案例与情景应用相结合的方式,使读者学完本教材全部内容,就可以掌握面向对象程序设计的基本技能,具备开发这类简单的管理系统应用软件的能力。

1.2 程序设计语言简介

1.2.1 计算机语言与程序

人类语言是人与人之间交流信息的工具,而计算机语言是人与计算机之间交流信息的工具。用计算机解决问题时，人们首先必须将解决该问题的方法和步骤按一定序列和规则用计算机语言描述出来，形成计算机程序，然后计算机就可以自动执行程序，完成所需要的功能。

计算机语言与程序经历了三个发展阶段。

1. 机器语言与程序

任何信息在计算机内部都是采用二进制代码表示的。指挥计算机完成一个基本操作的指令也是由二进制代码构成的，称为机器指令。每一条机器指令的格式和含义都是设计者规定的，并按照这个规定设计制造硬件。一个计算机系统全部机器指令的总和，称为指令系统，它就是机器语言。用机器语言编写的程序为如下形式：

```
0000  0100  0001  0010
0000  0100  1100  1010
0001  0010  0000  0000
…     …     …     …
```

每一行都是机器指令，代表一个具体的操作。机器语言程序能直接在计算机上运行，且运行速度快、效率高，但必须由专业人员编写。机器语言程序紧密依赖于硬件，可移植性差。

机器语言是第一代计算机语言。

2. 汇编语言与程序

汇编语言是一种符号语言，它将难以记忆和辨认的二进制指令代码用有意义的英文单词缩写来代替，英文单词缩写称为助记符，每一个助记符代表一条机器指令。例如，用 ADD 表示加法，用 SUB 表示减法。用汇编语言编写的程序有如下形式：

```
MOV  AL  23D          //表示将十进制数 23 送往累加器
SUB  AL  16D          //表示从累加器中减去十进制数 16
…
HLT                   //表示停止执行程序
```

汇编语言改善了程序的可读性和可记忆性，使编程者在编写程序时稍微轻松了一点。但汇编语言程序不能在计算机上直接运行，必须将它翻译成机器语言程序才能运行。将汇编语言程序翻译成机器语言程序的过程称为汇编过程。汇编过程是计算机运行汇编程序自动完成的，如图 1-2 所示。

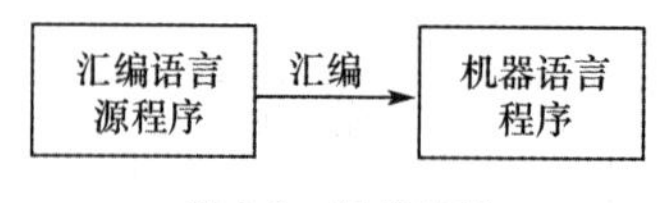

图 1-2 汇编过程

汇编语言是第二代计算机语言。

3. 高级语言与程序

机器语言和汇编语言都是面向机器的语言，受特定计算机指令系统的限制，通用性差，一般只适应于专业人员。非专业人员若想学习使用机器语言或汇编语言编写程序比较困难，为解决这一问题，人们发明了高级程序设计语言，简称高级语言。高级语言用类似于人类自然语言和数学语言的方式描述问题、编写程序。例如，用 C++语言编写的程序段如下：

```
int x,y,z;          //定义变量 x,y,z
cin>>x>>y;          //输入变量 x,y 的值
z=x+y;              //将变量 x,y 的值相加,结果赋给变量 z
cout<<z;            //输出变量 z 的值
```

显然，用高级语言编写程序时，编程者不需要考虑具体的计算机硬件系统的内部结构，即不需要考虑计算机的指令系统，而只告诉计算机“做什么”即可。至于计算机用什么指令去完成，即“怎么做”，那是编译程序需要完成的工作。

计算机无法直接执行高级语言程序，必须将高级语言程序翻译成机器语言目标程序，这个翻译过程称为编译，是由编译程序(也称编译器)完成的。经过编译得到的目标程序还需要与系统提供的标准函数库程序连接，生成可执行程序，然后才能在计算机中运行。编译、连接过程如图 1-3 所示。

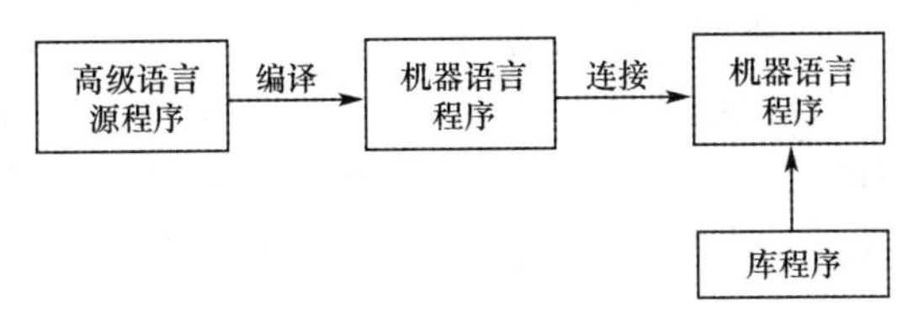

图 1-3　编译、连接过程

高级语言是第三代计算机语言。

高级语言不仅易学易用，通用性强，而且具有良好的可移植性。目前世界上有数百种高级语言，应用于不同的领域，而 C++作为其中的优秀语言得到了广泛的使用。

1.2.2　从 C 到 C++

C 语言是美国 BELL 实验的 Dennis Ritchie 在 B 语言的基础上开发出来的，1972 年在一台 DEC PDP-11 计算机上实现了最初的 C 语言。当时设计 C 语言是为了编写 UNIX 操作系统，UNIX 操作系统 90%的代码由 C 语言编写，10%的代码由汇编语言编写。随着 UNIX 操作系统的广泛使用，C 语言逐渐被人们认识和接受。

C 语言在各种计算机上的快速推广，导致出现了许多 C 语言版本。这些版本虽然类似，但通常不兼容。显然，人们需要一个与开发平台和机器无关的标准的 C 语言版本。1989 年，美国国家标准化协会(ANSI)制定了 C 语言标准，称为 ANSI C(标准 C)。Brain Kernighan 和 Dennis Ritchie(简称 K&R)合著了《The C Programming Language》(1988 版)，首次向世人系统介绍了 ANSI C 的全部内容，该书是最权威的 C 语言书籍之一。

C 语言具有如下特点：

(1)高效性：谈到高效性，不得不说 C 语言是“鱼与熊掌”兼得。从发展历史可以看出，它继承了低级语言的优点，具有汇编语言的“位处理”“地址操作”等能力，产生了高效的代码，并具有友好的可读性和编写性。一般情况下，C 语言生成的目标代码运行效率比汇编程序低 10%～20%。

(2)灵活性：C 语言的语法不拘一格，在原有语法基础上进行创造、复合，给程序员更多的想象和发挥空间。

(3)功能丰富：除 C 语言具有的基本数据类型外，还可以使用丰富的运算符和自定义的结构体类型，来表达任何复杂的数据结构，很好地完成所需要的功能。

(4)表达力强：C 语句的语法形式与人们所使用的语言形式相似，书写形式自由，结构规范，并且用其简单的控制语句可以轻松地控制程序流程，完成复杂烦琐的程序要求。

(5)移植性好：因为 C 语言具有良好的移植性，这使得程序员在不同操作系统下，只需简单地修改或者不用修改，就可以进行跨平台的程序开发操作。

但是C语言也有局限性:

(1)数据类型检验和转换机制较弱,这使得程序中的一些错误不能在编译时发现。

(2)C语言本身几乎没有支持代码重用的机制,因此一个程序员精心设计的程序,很难被其他程序所使用。

(3)当程序达到一定规模时,程序员很难控制程序的复杂性。

1980年,美国AT&T贝尔实验室的Bjarne Stroustrup博士及其同事对C语言进行了改进和扩充。最初的成果称为“带类的C”,而后称为“新C”。1993年,Rick Mascitti提议正式命名为C++(C Plus Plus)。C++改进了C的不足之处,支持面向对象的程序设计,在改进的同时保持了C的简洁性和高效性。因此,C++是C的一个超集。C++扩展并增强了C语言的功能,支持面向对象编程。同时C++还对C语言的其他方面作了多处改进,包括对库例程的扩展。然而,C++的思想和风格还是直接继承于C。因此,要想完全理解和掌握C++,就需要对C语言有较为深入的理解。

目前,C++已经在众多的应用领域中作为首选的面向对象程序设计语言,它尤其适用于开发中等和大型的计算机应用项目。从开发时间、费用到成形软件的可重用性、可扩充性、可维护性以及可靠性等方面都显示出C++的优越性。

1.3 程序设计方法

C++语言包括过程性语言部分和类部分。过程性语言部分和C语言没有本质区别。类部分是C语言中没有的,它是面向对象的程序设计的主体。

过程性语言部分采用的是结构化的程序设计方法,类部分采用的是面向对象的程序设计方法。程序设计方法正是从面向过程的设计方法向面向对象的设计方法演变。C语言能够很好地支持结构化程序设计方法,而C++支持面向对象程序设计方法。

1.3.1 结构化程序设计方法

结构化程序设计的主要思想是:将任务按功能分解并逐步求精。将复杂的大型任务分解成若干个模块,每个模块进一步划分成更小的、功能完整的子模块,继续划分直到原子模块,每个原子模块用一个过程或函数完成。例如,当我们要设计某个目标系统时,先从代表目标系统整体功能的单个处理着手,自顶向下不断地把复杂的处理分解为子处理,这样一一分解下去,直到仅剩下若干个容易处理的子处理为止。当所分解出的子处理已经十分简单,其功能显而易见时,就停止这种分解过程,对每个这样的子处理用程序实现。

但结构化程序设计也存在诸多问题,程序依赖于数据结构,当数据结构发生变化时,必须对过程或函数进行修改。另外,软件代码重用程度低,软件维护难等,当开发一个新任务时,适用于老任务的程序一般不能重复利用,从编程的角度来说需要重复投入,重新开发程序。而基于可重用指导思想的面向对象的程序设计方法能够较好地解决这一问题。

1.3.2 面向对象的程序设计方法

面向对象的程序设计方法的出发点,就是模拟人类认识事物解决问题的过程来开发软件,这是学习和理解面向对象方法的关键。

开发软件的目的就是为了解决客观存在的问题,这些问题是可以分解为一个一个的单独问题,这些一个一个的单独问题构成了我们要解决的问题空间,称为问题域,每个问题就是一个客观存在的对象(Object)。这些对象有属性、行为。所谓属性就是对象的特性,即静态特性,这些属性确定了对象本身,例如,汽车为一个对象,它之所以是汽车,而不是火车,是由于汽车有自己的特性。所谓行为就是该对象提供的服务,即对象的动态特性。

对象通过抽象,找出同一类对象的共同属性和行为,形成类,例如,抽象汽车和火车的共同属性和行为,忽略其差异,形成车这个类。通过类的继承、多态就可以实现代码的重用,提高程序开发效率,缩短开发周期。

面向对象方法有许多优点,然而对于初学者来说是否容易学习和掌握呢?答案是肯定的。面向对象的方法实际上完全模拟了人类认识问题、解决问题的过程,它最基本的思想就是直接面对客观存在的事物,将我们最习惯的方法和方式应用到软件开发之中。

面向对象的程序设计方法就是利用面向对象的观点来描述现实世界,然后用计算机语言来描述并处理该问题,这种描述和处理是通过类与对象实现的,是对现实问题的概括、分类和抽象。

1.3.3 面向对象的特性

面向对象程序设计中引入了类的概念。类是高级语言的标志之一,它能帮助程序员更好地描述由对象个体组成的世界。类有三个重要的特性——封装性、继承性和多态性。这些特性在软件的可重用、可扩充性以及设计和维护方面,具有重要的作用。

(1)封装性

封装是实现信息隐藏的基础。将描述对象的数据及对这些数据的处理方法(函数)有机地组成一个整体,对数据及代码的访问权加以限制,这种特性称为封装。封装可以使对象内部数据被隐藏起来,在类外不能直接访问它们,而只能通过对象的公有执行代码接口来访问对象内部的数据。这样既可以保护类中的数据成员,也可使编程者只关心该对象的使用,而不必去关心其内部的数据及代码的实现细节。

封装好的对象应具有明确的功能和方便的接口,以便其他类引用。另外,封装的对象也有私有性,即内部的数据应受到保护,防止被外界非法获取或更改。

(2)继承性

继承是面向对象技术能够提高软件开发效率的重要原因之一,是软件重用的基础。通过继承已有类的特性可产生一个新类。已有类称为基类或父类,新类称为子类或派生类。派生类建立在基类的基础之上,继承了基类的全部数据、成员变量和成员函数,另外按需要可增加新的数据和代码,用来完成新的功能。基类的数据及代码在派生类中可直接使用,即不需要重新编写基类的代码,因此继承可提高代码编写效率。

(3)多态性

多态分为静态多态和动态多态。多态性是一种提高编程效率及编程灵活性的机制。

①静态多态

静态多态分为函数重载、运算符重载、函数模板和类模板。

函数重载是指同名函数完成不同的功能。例如,要在一些整数中找到最大值,但是不明确整数的个数,只知道整数个数的范围是 2 个、3 个或 4 个。那么就可以利用函数的重载(详见 5.4 节)。如果没有函数重载机制,就必须用多个不同的函数名来实现。函数重载减轻了编程时记忆多个函数的负担。

运算符重载是将C++提供的基本运算符应用到新类的机制。例如,加号(+)运算符可实现C++基本数据类型的整数、实数底部相加等。对于用户新定义的类如“复数”类,通过运算符重载机制,可以使加号实现两个复数对象的直接相加。

函数模板是将结构相同而仅仅数据类型不同的多个函数,通过对参数类型进行参数化后,获取有相同形式的函数体。所以,函数模板将代表着不同参数类型的一组函数,它们都使用相同的代码,这样可以实现代码重用,避免了重复劳动,又可增强程序的安全性。

类模板是对一批仅仅数据成员类型不同、或成员函数的参数和返回值类型不同的类抽象。程序员只要为这一批类所组成的整个家族创建一个类模板,给出一套程序代码,就可以用来生成多种具体的类,从而大大提高了编程的效率。

②动态多态

动态多态是指不同的对象在接收到相同的消息后,以不同的行为去应对。所谓消息,是指对象接收到的需要执行某个“操作”的命令。操作是由函数完成的。动态多态的实现机制是,在基类中定义一个完成这个操作的虚函数,在不同的派生类中重新定义完成这个“操作”的,与基类虚函数同名的函数,不同派生类中的函数完成不同的工作,那么不同派生类对象接收到同样的“消息”时,就可以表现为不同的行为。

动态多态性是指定义在一个类层次的不同类中的重载函数,它们一般具有相同的参数表,因此要根据指针指向的对象所在类来区别语义,它通过动态联编实现。

1.4 C++程序的基本结构

1.4.1 C++程序结构

了解和掌握程序的结构是编写程序的基础,就像盖房子的地基一样。一般来说,一个C++程序的基本框架结构包含声明区、主函数区和函数定义区三大部分。下面通过一个简单的例子认识C++程序。

【例 1-1】 一个简单的C++示例程序。

```
//this is my first C++ program ex1.cpp
#include "iostream.h"
int fnAdd(int x,int y);
void main()
{
    int a,b;
    a=5;
    b=7;
    int c=fnAdd(a,b);                    //调用 fnAdd()函数
    cout<<"a+b="<<c<<endl;               //输出 a+b 的值
}
int fnAdd(int x,int y)
{
    int z=x+y;
```

```
        return z;
}
```

运行结果如下：

```
a+b=12
```

1. 声明区

声明区出现在程序文件的所有函数的外部，它所包含的内容如下，但并不是每一个程序都需要，要视问题的不同而变化。一般有以下几种情况：

(1)预处理命令：例如，例 1-1 中的第 2 行语句 #include "iostream. h"

(2)函数声明：例如，例 1-1 中的第 3 行语句 int fnAdd(int x,int y)；

(3)全局变量声明

(4)类或结构定义

其中，#include 是 C++编译器的一个编译指令，iostream. h 是 C++系统的一个系统文件，称为头文件。此语句的作用是指示 C++的编译器将文件 iostream. h 的内容插入程序中 #include 语句的后面，这样程序就可以使用在文件 iostream. h 中定义的标准输入和输出操作。在 C++程序中，我们会经常见到这种以"#"开头的命令，它们称为预处理命令。C++提供了 3 类预处理命令：

(1)宏定义命令

(2)文件包含命令

(3)条件编译命令

例 1-1 中出现的是文件包含命令。

2. 主函数区

主函数是以 main()开始，是整个程序运行的入口，主函数可以带参数也可以不带参数，在例 1-1 中主函数没有带参数。该函数中可能包含以下几个方面的内容：

(1)局部变量的声明：int a,b;

(2)函数调用：int c=fnAdd(a,b)；

(3)执行语句：a=5；

例 1-1 中第 5 行和第 11 行是一对花括号，它们表示主函数 main()的开始和结束。

3. 函数定义区

程序中除了 main()函数外，还可以包含其他函数，每个函数都有一个不同的函数名称，以供主函数或其他函数调用。每个函数都是由函数声明和函数体组成的，其中函数声明放在声明区。例如，例 1-1 中的 fnAdd()函数。

(1)函数的声明部分

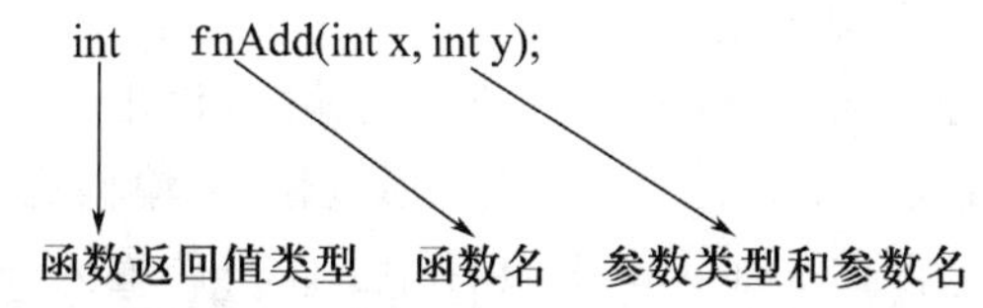

(2)函数体部分

函数体是用一对花括号"{}"括起来的用于完成某种功能的语句的集合。函数体一般包括变量定义和执行语句。在 C++语言中，一个变量必须在使用之前进行定义，但变量的定义可出现在第一次使用之前的任意位置。

例如：

```
int fnAdd(int x,int y)
{
    int z;
    z=x+y;                          //变量 z 在第一次使用之前定义
    return z;
}
```

每一个语句的最后都必须有一个分号“;”,表示一条语句的结束。

函数体可以是空的,称为空函数。空函数不完成任何功能,是为以后进一步完善预留的。

例如：

```
int fnFunction()
{       }
```

1.4.2 C++程序中的注释

注释是提高程序可读性的重要手段,C++中有两种注释方法：

(1)C 中的注释方法,以“/ * ”开始,以“ * /”结束,在它们之间的所有数据,编译程序认为是注释信息,编译时跳过它们,一般用于多行注释。

(2)以符号“//”表示注释开始,直到本行末尾结束。这一种注释方法是 C++特有的,一般用于一行中较短信息的注释。

【例 1-2】 C++程序的两种注释的应用。

```
/*
本例将给出 C++程序的
两种注释方法
*/
#include "stdio.h"
#include "iostream.h"
void main(void)
{
    printf("你好! C++! \n");                    //输出:你好! C++!
    cout<<"这是面向对象程序设计"<<endl;          /*输出:这是面向对象程序设计 */
}
```

1.4.3 C++的输入/输出流

程序是由语句组成的,输入/输出语句是 C++最基本的语句。

C++中输入/输出方法可以分为两类:一类是 C++保留来自 C 语言的输入/输出功能,通过输入/输出函数完成,函数定义包含在 stdio.h 文件中;另一类是 C++通过输入/输出流对象进行输入/输出,C++的输入/输出流类的定义包含在 iostream.h 文件中。C++的输入/输出流类将在第 10 章详细介绍,为了编程方便,简单加以说明。

所以,在 C++程序设计中,除了使用标准 C 语言函数库 stdio.h 提供的输入/输出函数外,还可以使用自己定义的输入/输出系统。C++又增加了三个关键字 cout、cin、cerr 和两个运算符<<、>>(称为插入 Insertion Operator、析取运算符 Extraction Operator)。

1. cout 输出流

cout——输出流，与屏幕显示相联系，故又称为标准输出。

<<——输出运算符（或称插入运算符 Insertion Operator）。

在程序执行期间，使用 cout 将变量中的数据或字符串显示在屏幕上，其一般格式为：

cout << <表达式 1> [<< <表达式 2> << … << <表达式 n>]

例如，语句：

```
cout<<"我开始学习"<<"C++语言了!"<<endl;
```

在计算机显示器上输出“我开始学习 C++语言了！”，光标回到下一行的开始位置。其中 endl 等价于“\n”（回车）。

2. cin 输入流

cin——输入流，与键盘终端相联系，故又称为标准输入。

>>——输入运算符（或称析取运算符 Extraction Operator）。

在程序执行期间，使用 cin 来给变量输入数据，其一般格式为：

cin>> <变量名 1> [>><变量名 2>>> …>><变量名 n>]

例如，语句：

```
int x,y;
cin>>x>>y;
```

表示从键盘输入数据，第 1 个数据存入 x 中，第 2 个数据存入 y 中。

在计算机中，键盘和显示器称为标准的输入/输出设备，因此用键盘和显示器进行的输入/输出又称为标准输入/输出，故 cin 又称为标准输入流，cout 又称为标准输出流。

【例 1-3】 演示标准的 C++输入/输出流的使用方法。

```
#include "iostream.h"
void main()
{
    char a;
    cout<<"请输入一个字符:";                //在屏幕上显示“请输入一个字符:”
    cin>>a;                               //输入数据到变量 a
    cout<<"你输入的字符是:"<<a<<endl;
}
```

通常在程序设计中，在每一个 cin 语句之前，都会用一个 cout 语句给出提示信息，指明用户给什么变量输入数据，并且以什么样的数制输入数据。这样用户面对的不再是孤零零的黑色屏幕，而是针对每一个提示输入相关的数据，这种程序的编程方法称为问答式程序界面。

下面来看对多个变量的处理方法。

【例 1-4】 多个变量的输出。

```
#include "iostream.h"
void main()
{
    int a=20,b=30,c=40,d=50;
    double m=1.5,n=200;
    cout<<a<<b<<endl;
```

```
    cout<<c<<n-d<<endl;
    cout<<m<<n<<endl;
}
```

运行结果如下：

```
2030
40150
1.5200
```

说明

(1)每一个 cout 语句输出一行，其中 endl 表示一个换行符，它是短语“end of line”的缩写，它等同于转义字符'\n'。

(2)当用 cout 输出多个变量时，缺省情况下，是按每一个数据的实际长度输出的，即在每一个输出的数据之间不会自动加入分隔符。显然，如果直接输出数据，所有数据将连接在一起，无法分辨各变量的值。为了区分输出的数据项，在每一个输出数据之间要输出分隔符。分隔符可以是空格、标点、换行符或者必要的说明符等。例如，上面的输出语句可改写为：

```
cout<<a<<','<<b<<endl;
cout<<c<<','<<n-d<<endl;
cout<<m<<','<<n<<endl;
```

运行结果如下：

```
20,30
40,150
1.5,200
```

还可以改写为：

```
cout<<"a="<<a<<'\t'<<"b="<<b<<endl;
cout<<"c="<<c<<'\t'<<n<<"-"<<d<<"="<<n-d<<endl;
cout<<"m="<<m<<'\t'<<"n="<<n<<endl;
```

则运行结果如下：

```
a=20   b=30
c=40   200-50=150
m=1.5   n=200
```

3. 格式化输入/输出

对于整型变量，从键盘上输入的数据默认为十进制。除此以外，还可以按照八进制或十六进制来输入/输出数据。

oct——八进制输入/输出

hex——十六进制输入/输出

dec——十进制输入/输出

例如，语句：

```
int x,y;
cin>>oct>>x;                    //指明输入八进制数
cin>>hex>>y;                    //指明输入十六进制数
cout<<oct<<x<<dec<<y;           //指明 x 按八进制输出，而 y 按十进制输出
```

【例 1-5】 演示不同进制的输入/输出流的使用方法。

```
#include "iostream.h"
void main()
{
    int a,b,c;
    cin>>hex>>a;                    //指明输入为十六进制数
    cin>>oct>>b;                    //指明输入为八进制数
    cin>>dec>>c;                    //指明输入为十进制数
    cout<<dec<<"a="<<a<<'\t'<<"b="<<b<<'\t'<<"c="<<c<<endl;
    cout<<oct<<"a="<<a<<'\t'<<"b="<<hex<<b<<'\t'<<"c="<<c<<endl;
}
```

当运行程序时,若输入的数据为:20 21 22↙(回车)

则输出结果为:

```
a=32  b=17  c=22
a=40  b=11  c=16
```

1.5 C++程序的开发过程

前面给出用C++语言编写的程序,但它是不能直接运行的,因为计算机只能识别和执行由“0”和“1”组成的二进制指令,而不能识别和执行用高级语言编写的程序。为了使计算机能执行用高级语言编写的程序,必须先用一种称为“编译程序”的软件,把程序翻译成二进制形式的“目标程序”(Target Program),然后将该目标程序与系统的函数库和其他目标程序连接起来,形成可执行的目标程序,目标程序才能被机器所执行。相对于目标程序,我们用高级语言编写的程序称为“源程序”(Source Program)。

我们选择 Visual C++ 6.0 作为开发平台,把C++语言源程序编译连接生成可执行程序(*.exe 文件)。假设C++源程序名为 f.cpp,其编辑、编译、连接和执行过程如图 1-4 所示。具体操作步骤如下:

(1)编辑源程序,并以扩展名为.cpp 的文件存盘。

(2)对源程序进行编译,将源程序转换为扩展名为.obj 的目标程序,但目标程序仍不能运行。若源程序有错,必须予以修改,然后重新编译。

(3)对编译通过的源程序连接,即加入类库函数和其他二进制代码目标程序生成可执行程序。连接过程中,若出现未定义的函数等错误,必须修改源程序,并重新编译和连接。

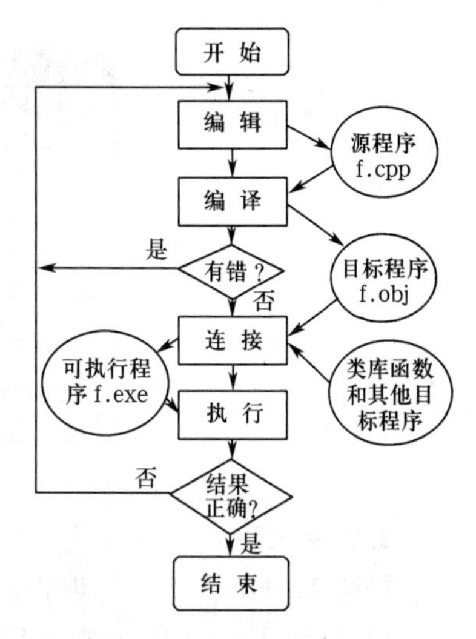

图 1-4 程序的编辑、编译、连接和执行过程

(4)执行生成的可执行代码,若不能得到正确的结果,必须修改源程序,重新编译和连接。若能得到正确结果,则整个编辑、编译、连接和执行过程顺利结束。

1.6 C++程序的上机步骤

思政小贴士

一个人要实现自己的人生目标，成长为一名优秀人才，必然要有一个正确的世界观、价值观和人生观。同样，要学好面向对象程序设计，必须选择合适开发环境。

Dev-cpp、Visual C++ 6.0 以及 Microsoft Visual Stdio 2005、2008、2010 等系列都可以作为 C++程序的开发平台。

值得注意的是：不同的开发环境，适合于特定的操作系统，否则将不能正常安装和运行。本教材采用中文版 Visual C++ 6.0(简称 VC++ 6.0)作为开发工具，适合于 Windows XP 操作系统。

1.6.1 Visual C++ 6.0 开发环境

Visual C++ 6.0 简称 VC++ 6.0，是微软公司推出的一款 C++编译器，是一个强大的可视化软件开发工具，它将程序代码的编辑、编译、连接和调试等功能集于一体。Visual C++ 6.0 的详细安装过程请参考其他有关书籍，下面将介绍 Visual C++ 6.0 集成开发环境的使用。

1.6.2 第一个控制台应用程序

为了便于程序的分类和管理，首先应在硬盘上创建一个新目录，例如，D:\MYVC，以便于存放程序所生成的文件。

1. 启动 Visual C++ 6.0

选择“开始→程序→Microsoft Visual Studio 6.0→Microsoft Visual C++ 6.0”菜单命令，或双击桌面上的 Visual C++ 6.0 快捷图标，进入 Microsoft Visual C++ 6.0 的集成开发环境，如图 1-5 所示。

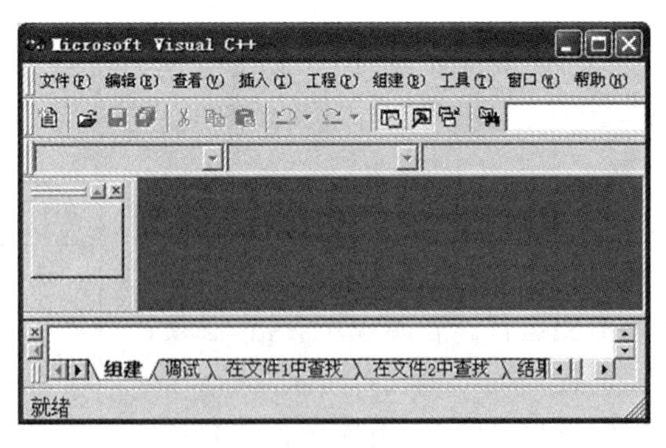

图 1-5 Visual C++ 6.0 界面

2. 创建工程

创建 MyHello 工程的步骤如下：

(1)启动 Visual C++ 6.0 后，选择“文件→新建”菜单命令，打开“新建”对话框，如图 1-6 所示。

(2)在“新建”对话框中选择“工程”选项卡，然后选择“Win32 Console Application”类型，

Visual C++ 6.0 将创建一个控制台应用程序。在"工程名称"文本框中输入"MyHello",单击位于"位置"文本框右边的小按钮,再从下拉对话框中选择"D:\MYVC"目录,使新创建的工程文件放置在"D:\MYVC"目录之下。

以上几个步骤分别指定了 MyHello. exe 程序的工程类型、工程名字和工程存放位置,此时"新建"对话框如图 1-6 所示。

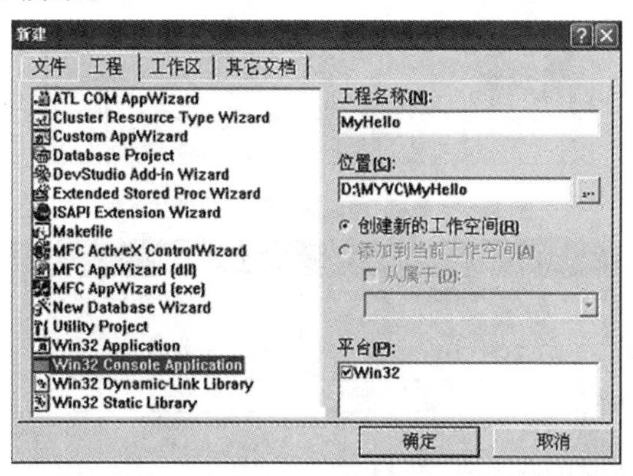

图 1-6 "新建"对话框中的"工程"选项卡

(3)单击【确定】按钮。此时 Visual C++ 6.0 将显示如图 1-7 所示的"Win32 Console Application-步骤 1 共 1 步"对话框。在此例中,选择默认设置 "一个空工程",即创建一个空的工程,它不包含任何源文件。

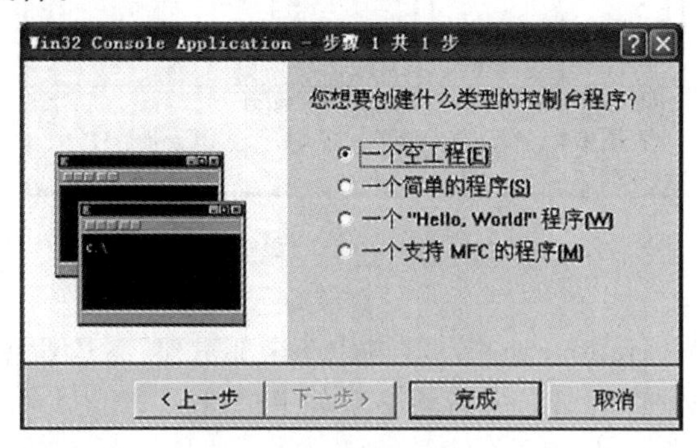

图 1-7 "Win32 Console Application-步骤 1 共 1 步"对话框

(4)单击【完成】按钮,系统将显示"新建工程信息"对话框,继续单击【确定】按钮,Visual C++ 6.0就会创建 MyHello 工程。

3. 创建源程序文件

在创建好的工程中,添加源程序文件。操作步骤如下:

(1)选择"文件→新建"菜单命令,打开"新建"对话框,选择"文件"选项卡,如图 1-8 所示。选中对话框右侧的"添加到工程"复选框,即把当前要创建的文件加入工程 MyHello 中。在"文件"列表框中选中"C++ Source File",在"文件名"文本框中输入文件名"HelloWorld",而文件扩展名. cpp 将自动被加上。

(2)单击【确定】按钮,源文件 HelloWorld. cpp 将被添加到工程中,同时代码编辑窗口被打开。选择"Workspace"窗口中的"FileView"选项卡,可以看到在"Source Files"文件夹中多了一个文件,即刚刚添加的 HelloWorld. cpp,如图 1-9 所示。在此文件中输入例 1-1 中的代码。

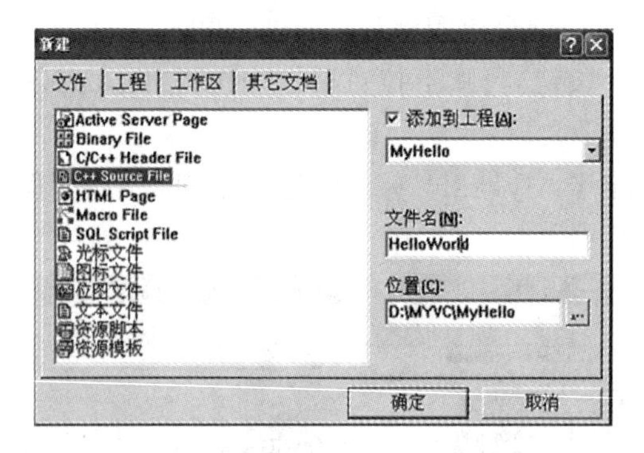

图 1-8 “新建”对话框中的“文件”选项卡

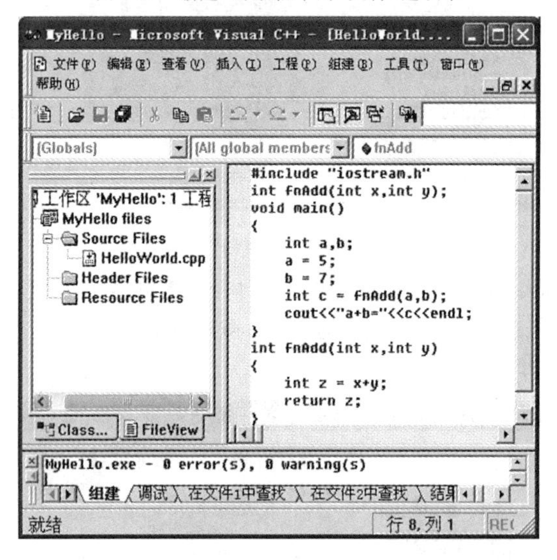

图 1-9 Visual C++程序窗口

4. 编译、连接

选择“组建→组建[MyHello.exe]”,或“组建→全部重建”菜单命令,对工程进行编译和连接。如果正确,则在输出窗口的最后一行将显示如下信息:

MyHello.exe - 0 error(s),0 warning(s)

5. 运行程序

选择“组建→! 执行[MyHello.exe]”菜单命令,执行程序“MyHello.exe”。将看到屏幕中弹出 DOS 输出窗口,如图 1-10 所示。

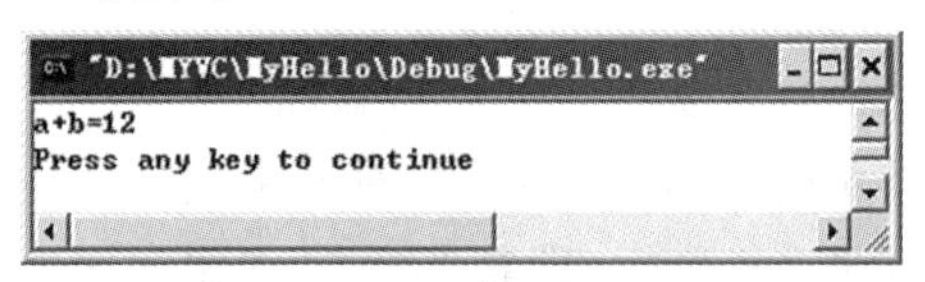

图 1-10 运行程序的输出窗口

1.6.3 程序文件的设置

由于 Visual C++ 6.0 开发环境对程序实行的是工程化管理,同一个工程可以管理多个源程序文件。但同一时刻只能编译、连接和运行一个程序。那么,在同一个工程下的多个程序中,如何设置你要编译、连接和运行的特定程序呢?

在 MyHello 工程中添加第二个 C++程序文件。操作步骤如下：

(1)启动 Visual C++ 6.0,打开“MyHello”工程。

(2)完全类似 1.6.2 节中的步骤“3. 创建源程序文件”,在“MyHello”工程中添加一个C++源程序文件(例如,HelloC. cpp),并编写代码。

(3)在“FileView”选项卡中,选中“HelloWorld. cpp”程序文件并单击鼠标右键,在弹出的快捷菜单中选中“设置”菜单命令。如图 1-11 所示。

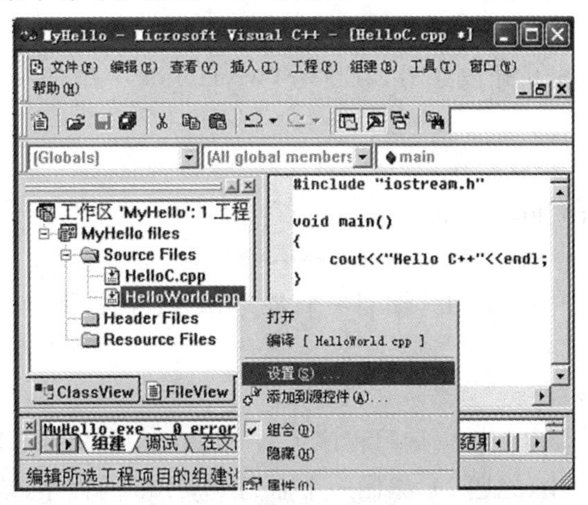

图 1-11　程序设置

(4)单击“设置”菜单命令,弹出“Project Settings”对话框,在“常规”选项卡中,选中“组建时排除文件”复选框。如图 1-12 所示,这样就把 HelloWorld. cpp 程序脱离编译了。完全类似,如果有多个源程序文件,除了你要编译的特定程序外,其余程序都必须选中“组建时排除文件”复选框,使之对应的程序脱离编译。相反,把你要编译的程序文件取消“组建时排除文件”复选框。

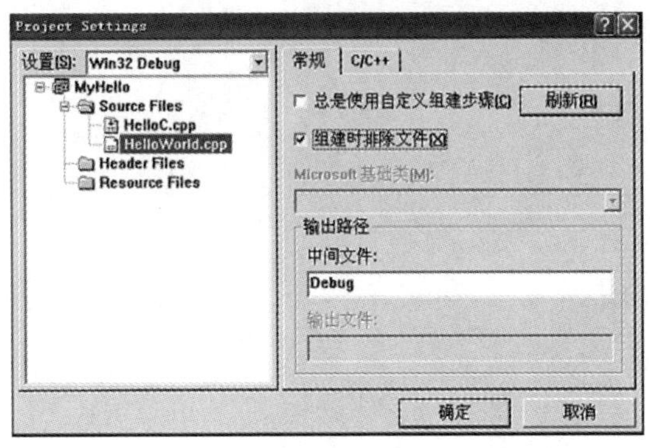

图 1-12　“组建时排除文件”的“工程设置”

(5)单击【确定】按钮,完成设置。

自我测试练习

一、简答题

1. 面向对象程序设计方法是如何产生和发展的?

2. C++语言有何特点？它对C语言有哪些扩充？

3. C++程序中的注释有什么作用？如何使用C++中的两种注释方法？

二、填空题

1. C++语言程序的三大区域从上到下分别是________、________和________。

2. 每一条执行语句都是以________结尾。

3. 引用头文件使用________指令。

三、编程题

1. 使用Visual C++ 6.0开发工具，在工程"MyHello"中添加一个C++程序，输出以下信息：

```
********************************************
                Hello,World!
********************************************
```

2. 在工程"MyHello"中(见题1)，编制一个名为MyFirst的程序，该程序在计算机显示器上输出以下文字：

①喂，你好！

②你真聪明，你已经会用VC++编写程序了！

3. 在工程"MyHello"中(见题1)，编制一个名为MyAdd的程序，该程序要求由用户输入2个整数，然后将和数输出。

第2章

数据类型、运算符和表达式

学习目标

知识目标：了解C++语言的基本字符、标识符和关键，掌握C++语言的基本数据类型、常量和变量，以及C++语言的运算符、表达式。

能力目标：掌握C++语言的编程规范，掌握C++语言的运算符、表达式的使用方法。

素质目标：培养遵守法律，做事细致耐心、一丝不苟的工匠精神。

数据是程序处理的对象，也是程序的必要组成部分。C++语言提供了丰富的数据类型、运算符和表达式，以便对现实世界中不同特性的数据进行描述和加工处理。

2.1 关键字和标识符

2.1.1 关键字

关键字也称为保留字，是一种有特殊用途的标识符，是由系统预先定义好的字符序列，具有特殊的含义及用法，不能作为变量名或函数名等。C++的常见关键字见表2-1。

表2-1　C++的常见关键字

auto	break	case	char	class	continue
default	delete	do	double	else	enum
explicit	extern	false	float	for	friend
goto	if	inline	int	long	mutable
namespace	new	operator	private	protected	public
register	return	short	signed	sizeof	static
struct	switch	template	this	throw	true
try	typedef	union	unsigned	virtual	void
while					

2.1.2 标识符

在编程过程中，用来标识变量名、符号常量、数组名、函数名、文件名等的有效字符序列称为“标识符”(Identifier)。通俗地讲，标识符就是名字。

标识符的命名规则如下：

(1)由字母(a～z，A～Z)、数字(0～9)及下划线(_)三种字符组成，且不能以数字开头。

(2)大写和小写字母代表不同意义(即大小写敏感)。

(3)不能与关键字同名。

(4)尽量“见名知意”,应该受一定规范的约束。

例如:

```
num, _ax, a3, FnFact          //正确,符合标识符的名规则
inum,INUM,iNum;               //正确,3个不同的标识符
! num, x$, a#, a+b            //错误,“!”,“#”,“+”是非标识符字符
4x, 7a                        //错误,数字开头
case,int,char                 //错误,与关键字同名
```

注意对标识符的长度,ANSI C 没有限制,但各编译器有不同的规定和限制。Turbo C 2.0 限制为 8 个字符,超出部分将被忽略。Dev-C++、Visual C++ 6.0 基本没有限制。

模仿练习

判断下列标识符的合法性,并说明理由。

A3,—a,_3a,a#,good,iSum,fnMax2,a+5

思政小贴士

C++语言程序严格区分大小写,书写代码时要形成习惯,语法格式中采用英文标点(不能是中文标点),一个标点、一个字母出错,程序都会报错而不能运行,因此程序员要有细致耐心、一丝不苟的工匠精神。

2.2 基本数据类型

C++语言的数据类型分为基本数据类型、构造数据类型和引用类型,如图 2-1 所示。基本数据类型是 C++系统内部的数据类型,构造数据类型和引用类型都是由基本数据类型建立起来的。本节只讨论基本数据类型,其余的类型在以后的章节中介绍。

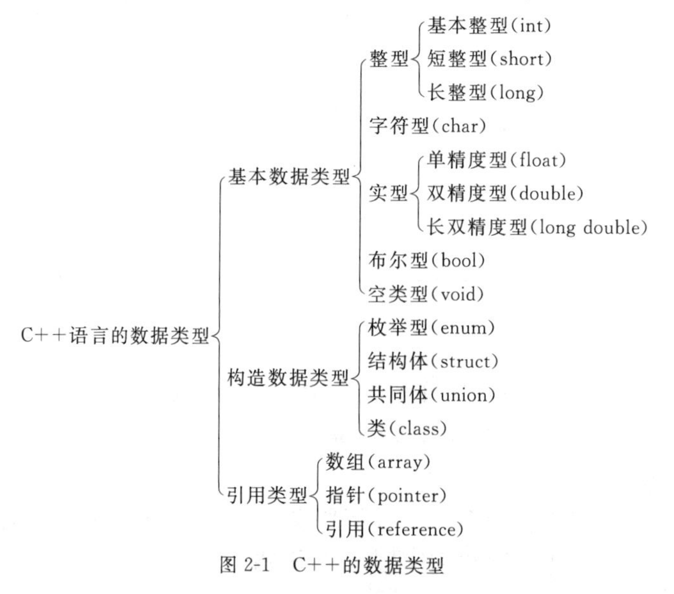

图 2-1 C++的数据类型

2.2.1　整型数据

1. 整型的类别

在 C++语言中，整型数据分为基本整型、短整型、长整型三大类，其中每一类又分为无符号和有符号两种。见表 2-2。

表 2-2　　整型数据的分类

类型名	类型标识符	字　节	数值范围
有符号基本整型	[signed] int	4	−2147483648～2147483647
无符号基本整型	unsigned [int]	4	0～4294967295
有符号短整型	[signed] short [int]	2	−32768～32767
无符号短整型	unsigned short [int]	2	0～65535
有符号长整型	[signed] long [int]	4	−2147483648～2147483647
无符号长整型	unsigned long [int]	4	0～4294967295

说明

(1)表 2-2 中，“[ ]”内表示可以省略的关键字。

(2)根据 ANSI 标准规定，整型范围满足：short<int<long，表 2-2 中给出的字节数和取值范围是指字长为 32 位机。而 Visual C++ 6.0 是按字长为 32 位处理的。

2. 整型数据在内存中的存储形式

整型数据在内存中是以二进制数补码的形式存储的。对有符号数据，则存储单元的最高位为符号位，“1”表示负数，“0”表示正数。对无符号数据，则没有符号位，所有的存储单元均为数据位。以短整型数据在内存中占 2 个字节(16 位)为例，来说明有符号数据和无符号数据在内存中占用存储单元的区别，如图 2-2 所示。

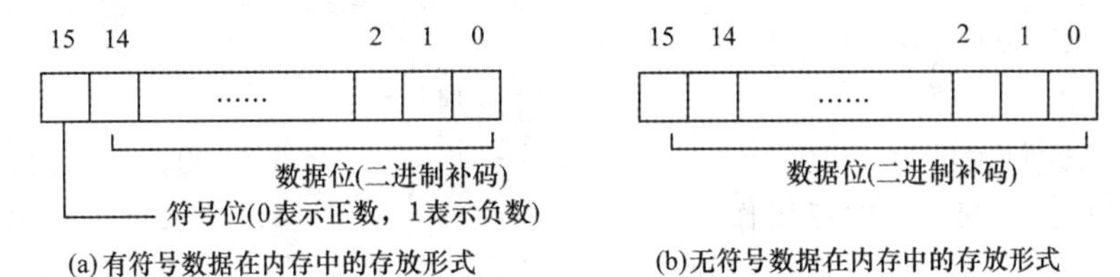

图 2-2　短整型数的存储形式

例如，十进制数 13 的补码就是其原码 1101，所以 13 在 16 位机的内存中的存储方式如图 2-3 所示。

0	0	0	0	0	0	0	0	0	0	0	0	1	1	0	1

图 2-3　十进制数 13 在内存中的存储方式

由于十进制数−13 的补码是 0xfff3，所以−13 在 16 位机的内存中的存储方式如图 2-4 所示。

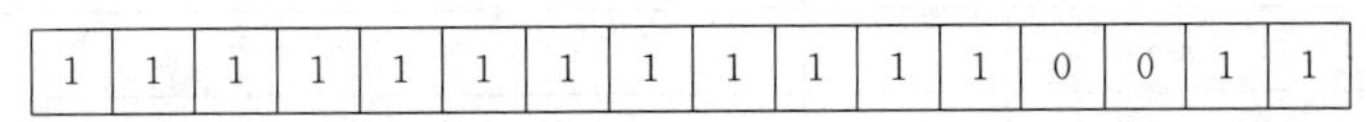

图 2-4　十进制数−13 在内存中的存储方式

3. 求补码的方法

在计算机中，整数有原码、反码和补码三种表示方法。

(1)一个正数的反码和补码与原码相同。

例如，十进制数 13 转换的二进制数是 1101，所以，13 的：

1 字节原码、反码和补码都是 00001101

2 字节原码、反码和补码都是 0000000000001101

4 字节原码、反码和补码都是 00000000000000000000000000001101

(2)负数的原码就是把符号位数值化。

例如，−13 的：

1 字节原码是 10001101

2 字节原码是 1000000000001101

4 字节原码是 10000000000000000000000000001101

(3)负数的反码是其原码的符号位不变，其他位按位取反。

例如，−13 的：

1 字节反码是 11110010

2 字节反码是 1111111111110010

4 字节反码是 11111111111111111111111111110010

(4)负数的补码是反码末位(最右端位)加 1。

例如，−13 的：

1 字节补码是 11110011

2 字节补码是 1111111111110011

4 字节补码是 11111111111111111111111111110011

求一个负整数补码的方法是：先求出该数的原码，除符号位外，其他位取反后末位再加 1。

【例 2-1】 求十进制数 −14 的 2 字节补码。

(1)求 −14 的绝对值 $|-14| = 14$

(2)14 的二进制表示为 1110 $[-14]_{原} = 1000,0000,0000,1110$

(3)对 14 的二进制表示取反操作 $[-14]_{反} = 1111,1111,1111,0001$

(4)反码末位加 1 操作，这样就得到 $[-14]_{补} = 1111,1111,1111,0010$

2.2.2 实型数据

1. 实型数据的类别

实型也称为浮点型。在 C++语言中，实型数据分为单精度(float)、双精度(double)和长双精度(long double)三种。实型数均为有符号数据，见表 2-3。

表 2-3 实型数据的分类

类型名	类型标识符	字 节	数值范围	十进制精度
单精度型	float	4	$3.4\times10^{-38} \sim 3.4\times10^{38}$	7 位
双精度型	double	8	$1.7\times10^{-308} \sim 1.7\times10^{308}$	15 位
长双精度型	long double	8	$3.4\times10^{-4932} \sim 1.1\times10^{4932}$	19 位

2. 实型数据在内存中的存储形式

实型数据在内存中是以指数形式存放的。系统把一个实型数据分成小数部分和指数部分分别存放。其中，指数部分采用规范化的指数形式。例如，实型数据 $3.14159=+0.314159\times10^1$ 在内存中的存放形式如图 2-5 所示。

+(符号)	.314159	1(指数部分)

图 2-5　实型数据的存储形式

说明

(1)对于一个 4 字节(32 位)的实型数据，用多少位来表示小数部分和指数部分，C++语言本身并无具体规定，而是由 C++编译系统确定。常用 24 位表示小数部分(包括小数部分的符号位)，用 8 位表示指数部分(包括指数的符号位)。

(2)多数计算机中，float 型数据占 4 字节(32 bit)，取值范围是 $-3.4\times10^{-38}\sim3.4\times10^{38}$，7 位有效数字精度。double 型数据占 8 字节(64 bit)的空间，数据范围是 $-1.7\times10^{-308}\sim1.7\times10^{308}$。

2.2.3　字符型数据

字符型数据分为字符型和无符号字符型两种，见表 2-4。

表 2-4　　字符型数据类型分类

类型名	类型标识符	字　节	数据范围
字符型	char	1	－128～127
无符号字符型	unsigned char	1	0～255

1. 字符型数据在内存中的存储形式

在内存中，一个字符型数据占用一个字节(8 位)，以 ASCII 码(的二进制)形式存放。例如，当'a'放到一个字符型变量 C 中时，并不是将字符本身('a')放到变量 C 的存储单元中，而是将字符'a'的 ASCII 码值 97 的二进制码放到变量 C 的存储单元中。如图 2-6 所示。

数字有时也作为字符来处理，'0'的 ASCII 码值是 48，'1'的 ASCII 码值是 49；'A'的 ASCII 码值是 65，'B'的 ASCII 码值是 66；'a'的 ASCII 码值是 97，'b'的 ASCII 码值是 98。对同一个字母，其大小写的 ASCII 码值相差 32。只要记住'A'或'a'的 ASCII 码值，可推算出其他字母的 ASCII 码值。

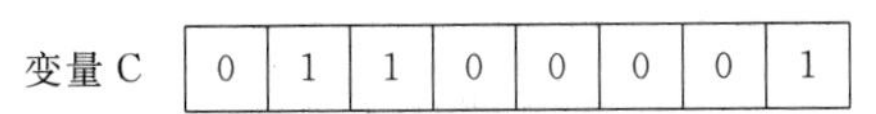

图 2-6　字符'a'(97)的存储形式

2. 字符型数据与整数通用

char 型数据的 ASCII 码值的取值范围为－128～127，其最高位是符号位。如果使用 ASCII 码值为 0～127 的字符，因为最高位为 0，所以在用整数格式%d 输出时，输出一个正整数。如果使用 128～255 的字符，因为最高位为 1，所以在用整数格式%d 输出时，输出一个负整数。

unsigned char 型数据的 ASCII 码值的取值范围为 0～255，字节中无符号位。在用整数格式%d 输出时，输出一个 0～255 的正整数。

所以,在一定范围(0～127)内,int 类型和 char 类型的数据是通用的,可以相互代替、相互运算。

【例 2-2】 字符型数据和整型数据通用举例。

```
#include <stdio.h>
void main()
{
    int c1,c2;                          //定义整型变量 c1,c2
    c1='a';                             //将字符常量 a 赋给变量 c1
    c2=97;                              //将 97( a 的 ASCII 码值)赋给变量 c2
    printf("c1=%c,c2=%c\n",c1,c2);      //用字符格式输出变量 c1,c2
    printf("c1=%d,c2=%d\n",c1,c2);      //用整数格式输出变量 c1,c2
}
```

运行结果如下:

```
c1=a,c2=a
c1=97,c2=97
```

注意

变量 c1、c2 在内存中的值都是 97,输出什么完全取决于输出格式是%d 还是%c。

2.3 常量与变量

常量与变量

C++程序处理的数据分为常量和变量,二者的区别在于:在程序的执行过程中,变量的值是可以改变的,而常量的值是不变的。

2.3.1 常 量

1. 整型常量

(1)整型常量的类型

整型常量可以是长整型、短整型、符号整型和无符号整型。在编写整型常量时,只要它的数值范围在 int 型常量的取值范围内,则它的默认类型是 int 型,而不是 char 型、short 型或 long 型。例如,常量 234 是 int 型常量。

在常量的后面加上符号 L(或 l)进行修饰,表示该常量是长整型。而后缀 U(或 u)表示该常量是无符号整型。例如:

```
LongNum=2000L;              //L 表示长整型
UnsignLongNum=300U;         //U 表示无符号整型
```

(2)整型常量的表示

整型常量可以用十进制数、八进制数和十六进制数三种形式书写。

①八进制数

八进制数使用 0(零)做前缀修饰。八进制数所含的数字是 0～7。例如:

```
OctaNum2=0571;              //正确,在常量前面加上 0 进行修饰
OctaNum4=0591;              //错误,含有非八进制数 9
```

②十六进制数

十六进制数使用0x或0X做前缀。十六进制数所含的数字是0～9以及字母A～F(或a～f)。例如：

```
HexNum2=0x59af;              //正确,在常量前面加上0x进行修饰
HexNum4=0x59ak;              //错误,含有非十六进制数的字母k
```

③十进制数

十进制常量是不需要在前面添加前缀的。十进制数所含的数字是0～9。例如：

```
AlgorismNum1=123;
```

八进制数、十六进制数与十进制数的换算关系如下：

-0537——八进制整数，$(-537)_8=-(5\times8^2+3\times8^1+7\times8^0)$

$=-(5\times64+3\times8+7\times1)$

$=(-351)_{10}$

0x2AF——十六进制整数，$(2AF)_{16}=2\times16^2+10\times16^1+15\times16^0$

$=2\times256+10\times16+15\times1$

$=(687)_{10}$

【例2-3】 三种进制表示方法的转换。

```
#include "iostream.h"
void main()
{
    int x=1234,y=01234,z=0x1234;
    //dec:十进制格式符输出
    cout<<" 十进制:"<<dec<<"x="<<x<<",y="<<y<<",z="<<z<<endl;
    //oct:八进制格式符输出
    cout<<"八进制:"<<oct<<"x="<<x<<",y="<<y<<",z="<<z<<endl;
    //hex:十六进制格式符输出
    cout<<" 十六进制:"<<hex<<"x="<<x<<",y="<<y<<",z="<<z<<endl;
}
```

运行结果如图2-7所示。

图2-7　三种进制格式的输出

模仿练习

(1)将下列二进制数转换为十进制数。

①10001101　　②01110111　　③00110001

(2)将下列八进制数和十六进制数分别转换为十进制数。

①035　　②0x1f4　　③0x4DF1

2. 实型常量

实型常量就是通常所说的实数，又称浮点数，它们在计算机中是近似表示的。C++语言中的实数只有十进制表示，有以下两种书写形式：

(1)小数形式

必须写出小数点，如 123.9，－20.234，0.1234，0.0 等都是合法的实型常量。

(2)指数形式

也称科学表示形式，由正负号、整数部分、小数点、小数部分和字母 E 或 e 后面带正负号的整数组成。例如：

－1.234e+2，3.45－02，.89E3 等都是正确的指数表示形式。其中 e(或 E)前面的数字表示尾数，e(或 E)后面的整数表示指数。如 1.234E+3 表示 1.234×10^3。

注意

(1)字母 e(或 E)之前必须有数字，同时 e(或 E)后面的指数部分必须是整数。例如，e－3，E5，1.2e2.5 都是不合法的。

(2)如果字母 e(或 E)前面的数字中的整数部分为一位非零整数，这种表现形式称为"规范化的指数形式"。例如，1.23e+2，－3.45e4 都是规范化的指数形式。

(3)实型常量的默认类型是 double，所以，如果想把一个实型常量表示成 float 型常量，可加后缀 F(或 f)。例如：

```
DoubleNum=3.4;          //双精度类型 double
FloatNum=3.2F;          //单精度类型 float
```

3. 字符型常量(简称字符常量)

字符常量是用一对单引号(即撇号)括起来的单个字符，在内存中占一个字节。例如：

```
'a','b','1','$','A'、'#'          //正确的字符常量
'AB',"AB","a"                     //错误的字符常量
```

(1)一个字符常量的值是该字符对应的 ASCII 码值。

例如，字符常量'a'～'z'对应的 ASCII 码值是 97～123；字符常量'0'～'9'对应的 ASCII 码值是 48～57。显然'0'与数字 0 是不同的。

(2)C++语言中还允许一种特殊形式的字符常量，即以反斜线"\"开头的字符序列，称为转义字符。例如，用输出流 cout 输出 '\n'代表换行，而不是字符'n'。常用的转义字符见表 2-5。

表 2-5　　C++中预定义的转义字符

字符形式	含 义	ASCII 码值
\n	换行符，将光标从当前位置移到下一行开头(第 1 列)	10
\t	将光标移到下一个位置的水平制表符	9
\b	退格符，将光标退回到前一列的位置	8
\r	回车符，将光标从当前位置移到本行的开头(第 1 列)	13
\f	换页符，将光标从当前位置移到下一页的开头	12
\\	反斜杠字符(\)	92
\'	单引号字符(')	39
"	双引号字符(")	34
\ddd	1 到 3 位八进制数，代表一个字符	
\xhh	1 到 2 位十六进制数，代表一个字符	

说明

表 2-5 中最后两行是用 ASCII 码(八进制或十六进制)表示一个字符。例如,'\101' 代表 ASCII 码值为 65(十进制)的字符'A';'\012' 代表 ASCII 码值为 10(十进制)的字符'\n',即换行符;字符'\000'或'\0'代表的是 ASCII 码值为 0 的控制符,即空字符。

【例 2-4】 字符常量的输出。

```
#include "iostream.h"
void main()
{
    cout<<'H';              //输出字符常量'H'
    cout<<'e';              //输出字符常量'e'
    cout<<'l';              //输出字符常量'l'
    cout<<'\154';           //输出转义字符'\154',即字符常量'l'
    cout<<'\x6F';           //输出转义字符'\x6F',即字符常量'o'
}
```

4. 符号常量

使用符号常量可以使数据含义清楚,同时也便于该数据的修改。符号常量的定义形式:

#define　符号常量标识符　常量值

例如:

```
#define  NULL  0          //定义符号常量 NULL 代表 0
#define  PI    3.14159    //定义符号常量 PI 代表 3.14159
```

5. 布尔型常量

布尔型常量只有两个,即 true 和 false,分别代表“真”和“假”。

6. 字符串常量

字符串常量是用双引号括起来的字符序列。例如,"CHINA"," ","teacher and student","12345.456","a"等都是字符串常量。

字符串常量一般用一个字符数组(参见第 4 章)来存储,每个字符占一个字节,存放其对应的 ASCII 码值。字符串常量在内存中存储时,系统自动加上串尾标志'\0'。

每个字符串常量在内存中占用的存储单元数目应为该字符串长度(字符个数)加 1。例如,"CHINA"的存储形式如图 2-8 所示。

注意

(1)字符串常量"a"与字符常量'a' 是不同的。字符常量'a'在内存中占用一个字节,而字符串常量"a"在内存中占用两个字节,如图 2-9 所示。

(2)字符常量可以进行加减运算,例如,'a'+'d'是 a 的 ASCII 码值与 d 的 ASCII 码值相加;而字符串常量则不能进行加减运算,只能做连接、复制等操作。

存储内容	说明
0100 0011	'C' 的 ASCII 码67
0100 1000	'H' 的 ASCII 码72
0100 1001	'I' 的 ASCII 码73
0100 1110	'N' 的 ASCII 码78
0100 0001	'A' 的 ASCII 码65
0000 0000	'\0' 的 ASCII 码0

图 2-8　字符串"CHINA"的存储形式

	存储内容	说明
'a'	0110 0001	'a' 的 ASCII 码97
"a"	0110 0001	'a' 的 ASCII 码97
	0000 0000	'\0' 的 ASCII 码0

图 2-9　字符'a'和字符串"a"存储形式的比较

2.3.2 变 量

变量是指在程序运行过程中,其值可以改变的量。使用变量前必须先定义(声明),变量是用来保存常量的。变量有三个要素:名称、类型和值。

1. 变量的名字

变量名字是一个标识符,所以必须符合标识符的命名规则。例如:

```
a_abc,AREA,x1,x2                    //合法的变量名
4ac,#g,a+1,fn!a,a$                  //不合法的变量名
```

2. 变量的定义

变量在使用之前必须先定义,要声明自己的数据类型和存储类型。

变量的定义格式为:

数据类型 变量名1,变量名2,…,变量n;

例如:

```
int iSum,iLength,x,y;               //定义4个整型变量iSum,iLength,x,y
char ch;                            //定义1个字符型变量ch
float fSum,fWidth;                  //定义2个实型(单精度)变量fSum,fWidth
double u,v;                         //定义2个实型(双精度)变量u,v
```

说明

(1)变量名表明数据在内存中的地址,由系统为每个变量名分配存储空间。对变量的存取操作,是通过变量名找到相应的内存地址,然后从其存储单元存取数据。

(2)声明类型的目的是告诉系统变量需要占用的存储单元数目,以便系统为变量分配相应的存储单元。例如,一个整型(int)变量占用4个字节,一个字符型(char)变量占用1个字节,而一个双精度实型(double)变量则占用8个字节。

3. 变量赋初值

当使用变量时,变量必须有值。C++语言允许在定义变量的同时使变量初始化。例如:

```
int a=2;                            //定义a为整型变量,初值为2
char b='A';                         //定义b为字符型变量,初值为'A'
float x=2.1234F;                    //定义x为实型变量,初值为2.1234F
```

也可对定义的部分变量进行初始化。例如:

```
int u,v=100,w;                      //定义u,v,w为整型变量,v的初值为100
```

注意

如果变量定义时没赋初值,局部变量的值是不确定的,而全局变量的值是0。

【例2-5】 字符变量的定义形式和用法。

```
#include "iostream.h"
void main()
{
    char c1,c2;                                    //定义字符型变量c1,c2
    c1='a';                                        //将字符'a'放到变量c1中
    c2='\101';                                     //将字符'\101'放到变量c2中
    cout<<"c1="<<c1<<",c2="<<c2<<endl;             //输出字符变量c1,c2
}
```

运行结果如下：

```
c1=a,c2=A
```

4. const 型变量

变量的值可以随时变化，即按需要给变量重新赋值。但有时为了保护变量的值，不允许对变量做修改，则需要将变量说明成常变量，具体方法是在变量定义语句前面（或类型与变量之间）加说明符 const。例如：

```
const float PI=3.14;
int const MaxCout=100;
```

常变量定义时必须初始化。在使用 const 型变量时，除了不可以给它赋值外，其他均与使用一般变量一样。

模仿练习

使用定义变量初始化方法，编程输出英文单词 How are you。

2.4　运算符与表达式

数据相当于原料，程序设计就是对数据进行加工和处理。对于数据的加工，C++提供了各种运算符，用运算符将数据结合成表达式。

2.4.1　算术运算符与算术表达式

C++语言的算术运算符包括基本算术运算符和自增、自减运算符。

1. 基本算术运算符

基本算术运算符及其功能见表 2-6。

表 2-6　基本算术运算符

运算符	名 称	例 子	功 能
+	加法运算	x+y	求 x 与 y 的和
−	减法运算	x−y	求 x 与 y 的差
*	乘法运算	x*y	求 x 与 y 的积
/	除法运算	x/y	求 x 与 y 的商
%	模运算	x%y	求 x 除以 y 的余数

说明

（1）两个整数相除的结果仍为整数。如 5/2 的值是 2，而不是 2.5。

（2）如果参加+、−、*、/ 运算的两个数据中有一个是实型数据，则运算结果为 double 型数据。因为 C++语言中所有的实数在运算过程中都是按 double 型数据处理的。例如，3.2+6 的结果是 9.2，5.0/2 或 5/2.0 的结果是 2.5，这里的 9.2 和 2.5 都是 double 型。

（3）%运算符的两侧都必须是整型数据。

【例 2-6】 简单的算术运算。

```
#include "iostream.h"
void main()
{
    int a=5,b=2,c,d,e;
    c=a+b;
    d=a/b;
    e=a%b;
    cout<<"c="<<c<<",d="<<d<<",e="<<e<<endl;
}
```

运行结果如下：

```
c=7,d=2,e=1
```

2. 自增、自减运算符

自增、自减运算符是单目运算符，即对一个运算对象施加运算，运算结果仍赋予该对象。见表 2-7。

表 2-7 自增、自减运算符

运算符	名　称	例　子	等价于
++	加 1	x++ 或 ++x	x=x+1
--	减 1	x--或--x	x=x-1

说明

(1) 自增(++)或自减(--)运算符只能运用于简单变量，常量和表达式是不能做这两种运算的。例如：

```
x++;                    //正确，自增(++)或自减(--)运用于简单变量
5--;                    //错误，常量不能自增(++)或自减(--)
(x+y)++;                //错误，表达式不能自增(++)或自减(--)
```

(2)++x 与 x++是有区别的。其中，++x 是在使用变量 x 之前先自身加 1；而 x++是在使用变量 x 之后，再自身加 1。

【例 2-7】 分析以下程序的运行结果。

```
#include <iostream.h>
void main()
{
    int x1=1,x2=1,y1,y2;
    y1=++x1;            //使用 x1 之前先自身加 1,等价于 x1=x1+1;y1=x1;
    y2=x2++;            //使用 x2 之后再自身加 1,等价于 y2=x2;x2=x2+1;
    cout<<" x1="<<x1<<",y1="<<y1<<endl;
    cout<<" x2="<<x2<<",y2="<<y2<<endl;
}
```

运行结果如下：

```
x1=2,y1=2
x2=2,y2=1
```

3. 算术表达式

用算术运算符和括号将运算对象(也称操作数)连接起来的式子,称为算术表达式。运算对象可以是常量、变量、函数等。例如:

```
2*(a+4)/18-2.98+'A'                    //正确,合法的C++算术表达式
sin(x)+cos(x)/2,(int)a+4+(--z)         //正确,合法的C++算术表达式
|x|+8a                                 //错误,不是合法的C++算术表达式
```

4. 算术运算符优先级和结合性

在表达式求值时,先按算术运算符的优先级别高低次序执行,再按算术运算符的结合方向结合(相同优先级时),例如,先乘除后加减。算术运算符的优先级和结合性见表2-8。

表2-8 算术运算符的优先级和结合性

运算种类	结合性	优先级
++,--	自右至左	高 ↓ 低
*,/,%	自左至右	
+,-	自左至右	

(1)运算符*、/、% 的优先级高于+、-,结合方向为“自左至右”(左结合性)。例如:

a+b*c-2

等价于:(a+(b*c))-2

(2)自增、自减和强制类型转换运算符(++、--、())的优先级别相同,均高于基本算术运算符(+、-、*、/、%),是单目运算符,结合方向是“自右至左”(右结合性)。

【例2-8】 算术运算符优先级和结合方向应用。

```
#include <iostream.h>
void main()
{
    float a=2.5F;
    int z=5,x;
    x=(int)a+++4+--z*4;        //相当于 x=(int)(a++)+4+(--z)*4;
    cout<<"a="<<a<<",z="<<z<<",x="<<x<<endl;
}
```

运行结果如下:

```
a=3.5,z=4,x=22
```

说明

(1)表达式(int)a+++4+--z*4在执行过程中,对于(int)a++,按自右至左的次序先执行a++,再执行(int)(a++),对于--z*4,按运算符优先级别的高低,先执行--z,后执行乘法*,加法运算符“+”的优先级最低,最后执行,表达式是按从左到右的顺序依次将各个操作对象加起来,得到最终的结果。

(2)表达式(int)a+++4+--z*4,建议写成(int)(a++)+4+(--z)*4,既明了又易读,同时也确定了一定的运算次序。

模仿练习

1. 设 a=10,b=3,计算表达式 a-b+++1 的值。

2. 输入一个 3 位数的整数,编写一个程序,将它的十位数和百位数互换位置。

思政小贴士

不以规矩,不成方圆,遵章守法事事顺,违法犯规时时难。遵守法律,只是对我们最低要求,而高尚的道德观念是我们最高追求。在表达式求值时,必须严格按运算符的优先级别高低次序执行,再按运算符的结合方向结合,才能得出正确的运算结果。

2.4.2 关系运算符与关系表达式

1. 关系运算符

"关系运算符"实际上就是"比较运算符"。关系运算的结果为逻辑值(true 或 false)。C++语言中提供了 6 种关系运算符:<,<=,>,>=,==,!=,见表 2-9。

表 2-9　　关系运算符

运算符	名　称	例　子	关　系	优先级	
>	大于	a>b	a 大于 b	同级	高 ↓ 低
>=	大于等于	a>=b	a 大于等于 b		
<	小于	a<b	a 小于 b		
<=	小于等于	a<=b	a 小于等于 b		
==	等于	a==b	a 等于 b	同级	
!=	不等于	a!=b	a 不等于 b		

(1)优先级别顺序是:自上而下,优先级由高到低。

(2)同级运算符的结合性是"左结合性",即"自左向右"顺序。关系运算符的优先级都低于算术运算符,高于赋值运算符。例如:

a>b+c　等效于　a>(b+c)

a=b+c　等效于　a=(b+c)

(3)关系运算符<=,>=,==,!=在书写时,不要用空格将其分开,否则会产生语法错误。

2. 关系表达式

关系表达式是用关系运算符连接两个表达式构成。一般形式为:

表达式 1　关系运算符　表达式 2

该表达式执行时,先计算"表达式 1"和"表达式 2"的值,然后进行比较,运算结果为 true(真)或 false(假),分别用非 0(true)或 0(false)表示。

【例 2-9】 关系表达式。

```
#include <iostream.h>
void main()
{
    int z;
    z=3+5==2*4;          //即判断(3+5)是否等于(2*4),z=1 表示 true
    cout<<"\n z="<<z;
```

```
    z=2+3!=5>5-3;        //等价于(2+3)!=(5>(5-3)),z=1 表示 true
    cout<<"\n z="<<z;
    z=5>4>=3;            //先求 5>4,结果为 1,再进行 1>=3 的比较,z=0 表示 false
    cout<<"\n z="<<z;
}
```

运行结果如下:

```
z=1
z=1
z=0
```

模仿练习

1. 写出表达下列条件的关系表达式。

(1)x 为负数　　(2)x 为奇数　　(3)x 不能被 3 整除　　(4)x 为非负数

2. 设 a=-1,b=3,计算表达式++a+++c<5 的值。

2.4.3 逻辑运算符与逻辑表达式

逻辑运算符和逻辑表达式

1. 逻辑运算符

逻辑运算可以表示运算对象的逻辑关系。表 2-10 给出了 C++语言中三种逻辑运算符、功能及其运算规则。

表 2-10　　逻辑运算符

运算符	名 称	例 子	功 能	运算规则
!	逻辑"非"	!a	非 a	当运算量的值为"真"时,运算结果为"假";当运算量的值为"假"时,运算结果为"真"
&&	逻辑"与"	a&&b	a 与 b	当且仅当两个运算量的值都为"真"时,运算结果为"真",否则为"假"
||	逻辑"或"	a||b	a 或 b	当且仅当两个运算量的值都为"假"时,运算结果为"假",否则为"真"

逻辑运算符中,"!"优先级最高,而且高于算术运算符和关系运算符;其次是"&&","||"最低。"&&"和"||"都低于算术运算符和关系运算符。

表 2-11 给出了逻辑运算的真值表,说明了当参加逻辑运算对象为不同组合时,各种逻辑运算得到的结果。

表 2-11　　逻辑运算"真值表"

a	b	!a	!b	a&&b	a||b
1	1	0	0	1	1
1	0	0	1	0	1
0	1	1	0	0	1
0	0	1	1	0	0

2. 逻辑表达式

用逻辑运算符连接起来的表达式称为逻辑表达式。一般形式为:

!表达式

或：

表达式 1 && 表达式 2

或：

表达式 1 || 表达式 2

例如，! x ，x&&y，x||y。

(1)逻辑量的真假判定——0 和非 0

逻辑运算的结果是逻辑值“真”或“假”。对于逻辑表达式而言，参加运算的量可以是任何类型的量，在进行判断时系统视非 0 值为“真”，0 值为“假”；而关系运算或逻辑运算的结果若为“真”其值为 1，若为“假”其值为 0，结果值是无符号整数，又可参与其后的运算。

(2)逻辑运算符两侧的操作数，除可以是 0 和非 0 的整数外，也可以是其他任何类型的数据，如实型、字符型等。

【例 2-10】 逻辑表达式。

```
#include <iostream.h>
void main()
{
    int x=2,y=5,z;
    z=(x>0)||(y<8);
    cout<<"\n z="<<z;          //z=1 表示 true
    z=(x==0)&&(y<8);
    cout<<"\n z="<<z;          //z=0 表示 false
    z=!(x==2);
    cout<<"\n z="<<z;          //z=0 表示 false
}
```

3. 逻辑表达式的运用

在生活中，人的很多行为只有两种状态，例如，参加会和不参加会等。当某一结果又受多种条件制约时，用 C++语言的逻辑表达式来描述，问题就简单了。

【例 2-11】 A、B、C、D、E 共 5 名学生有可能参加某次计算机竞赛，也可能不参加。因为某种原因，他们是否参赛受到一些条件的制约。请用逻辑表达式表达如下的条件：

(1)如果 A 参加，B 也参加；(2)A 和 C 中只能有一个人参加；

(3)A、B、C、E 中至少有 2 人参加；(4)C 和 D 或者都参加，或者都不参加；

(5)C、D、E 中至多只能 2 人参加；(6)如果 A、B 都不参加，D 必须参加。

分析：X 参加用 X=1 表示，不参加用 X=0 表示；则上述条件可用逻辑表达式描述如下：

(1)A==0||B==1　(2)A+C<=1　(3)A+B+C+E>=2

(4)C+D==2||C+D==0　(5)C+D+E<=2　(6)A+B>0||D==1

注意

(1)在 C++程序中，要表示数学关系 0≤x≤10 时，逻辑表达式必须写成 0≤x&&x≤10，而不能写成 0≤x≤10。

(2)根据形式逻辑推理，命题“如果 A 参加，B 也参加”的等价命题是“A 不参加或 B 参加”，即“a⇒b”等价于“~a||b”。

模仿练习

1. 写出表达下列条件的逻辑表达式：

(1)x 为负数或大于 10 的数； (2)x 能被 3 整除，但不能被 5 整除。

2. 有 A、B、C、D 四人是否参加会议，请用逻辑表达式表达如下的条件：

(1)如果 A 不参加，B 也不参加； (2)A、B、C 中最多一人不参加；

(3)A 和 C 有且只有一个人参加； (4)如果 A 参加，那么 C 和 D 也都参加。

2.4.4 位运算符与位运算

所谓位(Bit)运算，是指对一个数据的某些二进制位进行的运算。每个二进制位只能存放 1 位二进制数“0”或者“1”。通常把组成一个数据的最右边的二进制位称作第 0 位，从右到左依次称作第 1 位，第 2 位……最左边一位称作最高位。C++语言提供了 6 种位运算符，位运算符及其含义见表 2-12。

表 2-12 位运算符及其含义

位运算符	含 义	位运算符	含 义
&	按位与	~	取反
|	按位或	<<	左移
^	按位异或	>>	右移

1. 按位与(&)

运算符“&”将两个运算量的对应二进制位进行“逻辑与”运算。当且仅当参加运算的两个对象的对应二进制位都为“1”时，结果的对应二进制位为“1”，否则为“0”。

```
例如，char x=3,y=5,z;           //将 x,y,z 看成一个字节长的整型数
        z =x & y;
        x =00000011
      & y =00000101
      ---------------
        z =00000001
```

运算结果：变量 z 的值为 1。

按位与(&)运算的应用主要为：位清 0、测试指定位的值和获取指定位的值。

2. 按位或(|)

运算符“|”将两个运算对象的对应二进制位进行“逻辑或”运算。即当参加运算的两个对象的对应二进制位有一个为“1”时，结果的对应二进制位为“1”。

```
例如，char x=3,y=-5,z;
        z =x | y;
        x =00000011
      | y =11111011              //-5 的补码
      ---------------
        z =11111011
```

运算结果：变量 z 的值为-5。

按位或(|)运算常用于对一个数据中的某些位置 1。

例如,将一个 2 字节长的无符号整数 x 的第 9 位置 1 的运算为:

```
x=x | 0x0100;
```

运算过程为:

```
   x =****************
   |   0000000100000000
  ----------------------
       *******1********
```

其中,"*"是 0 或 1。可以看出,结果的第 9 位为 1,其余位不变。

3. 按位异或(^)

运算符"^"将两个运算对象按对应二进制位进行"逻辑异或"运算。即当参加运算的两个对象的相应二进制位一个为"0",另一个为"1"时,结果的对应二进制位为"1",否则为"0"。

0^0=0; 0^1=1; 1^0=1; 1^1=0。

例如,char x=3,y=5,z;

```
     z =x ^ y;
     x =00000011
 ^   y =00000101
 ----------------
     z =00000110
```

运算结果:变量 z 的值为 6。

4. 按位取反(~)

运算符"~"为一元运算符,它将运算对象的各位取反,即将"1"变"0","0"变"1"。

例如,

```
int x=20,y;
y=~x;
~    x   0000 0000 0000 0000 0000 0000 0001 0100
--------------------------------------------------
     y   1111 1111 1111 1111 1111 1111 1110 1011
```

运算结果:变量 y 的值为-21,或记为十六进制数 0xffffffeb。

5. 左移运算符(<<)

左移运算的一般格式为:

运算对象<<左移位数

左移运算符将运算对象的每个二进制位同时向左移动指定的位数,从左边移出的高位部分被丢弃,右边空出的低位部分补 0。

【例 2-12】 设 short a=31,b=8199;计算 a<<3,b<<3 的值。

(1)因为 a 为 short 型,占 2 个字节,对应的二进制形式为:

0000000000011111

左移 3 位时高 3 位的 0 被移出丢弃,低 3 位补 0,所以结果为:

0000000011111000

即 a=248,相当于 a=a*8。

(2)因为 b 是 short 型,占 2 个字节,对应的二进制形式为:

0010000000000111

左移 3 位时高 3 位被移出丢弃,低 3 位补 0,所以结果为:

0000000000111000

即 b=56。

分析：对于 a，左移 1 位相当于乘 2，左移 3 位相当于乘 8，而对于 b 结论则不成立。这是为什么呢？

从上述左移过程不难发现：对于 b 来说，第 14 位的 1 被移出丢弃，相当于丢掉了 8 * 8192（$8*2^{13}$）。可以得到结论：在不溢出的情况下，左移一位相当于乘 2。见表 2-13。

表 2-13　　左移 3 位实例

x 的十进制数值	x 的二进制形式	x<<3		
		移出丢弃	二进制形式	十进制数值
a=31	0000000000011111	000	0000000011111000	248(=a*8)
b=8199	0010000000000111	001	0000000000111000	56 (≠b*8)

6. 右移运算符(>>)

右移运算的一般格式为：

运算对象>>右移位数

右移运算符将运算对象的每个二进制位同时向右移动指定的位数，从右边移出的低位部分被丢弃。对无符号数，左边空出的高位补 0；对有符号数，正数的高位部分补 0，负数高位部分补 0 还是补 1 跟计算机系统有关，补 0 的称为"逻辑右移"，补 1 的称为"算术右移"。

"逻辑右移"相当于无符号数除以 2，"算术右移" 相当于有符号数除以 2。例如：

a：　　1001011111101101

a>>1：　0100101111110110　——逻辑右移

a>>1：　1100101111110110　——算术右移

【例 2-13】 分析以下程序的执行结果。

```
#include <iostream.h>
void main()
{
    unsigned int a=0x1234;      //0001,0010,0011,0100=>1234(前面 16 位均为 0)
    unsigned int b=a<<2;        //0100,1000,1101,0000=>48d0(前面 16 位均为 0)
    unsigned int c=a>>2;        //0000,0100,1000,1101=>048d(前面 16 位均为 0)
    unsigned int d=b&c;         //0000,0000,1000,0000=>0080(前面 16 位均为 0)
    unsigned int e=b|c;         //0100,1100,1101,1101=>4cdd(前面 16 位均为 0)
    unsigned int f=b^c;         //0100,1100,0101,1101=>4c5d(前面 16 位均为 0)
    unsigned int g=~a;          //1110,1101,1100,1011=>edcb(前面 16 位均为 0)
    cout<<"a="<<hex<<a<<endl;
    cout<<"b="<<hex<<b<<endl;
    cout<<"c="<<hex<<c<<endl;
    cout<<"d="<<hex<<d<<endl;
    cout<<"e="<<hex<<e<<endl;
    cout<<"f="<<hex<<f<<endl;
    cout<<"g="<<hex<<g<<endl;
}
```

运行结果如下：

```
a=1234
b=48d0
c=48d
d=80
e=4cdd
f=4c5d
g=ffffedcb
```

注意

(1)位运算的运算对象只能是整型或字符型数据，而不能是实型数据。

(2)位运算符的优先级别比较分散，使用时一定要注意。

模仿练习

1. 设 x 是一个字符型变量(8 位二进制位)，判断 x 的最低位是否为 0。

2. 设计一个字符型变量(8 位二进制位)，把它的低 4 位清 0。

2.4.5 条件运算符

条件运算符

条件运算符“?:”是 C++语言中唯一的一个具有 3 个操作数的运算符，其与表达式连接的表达式称为条件表达式。一般格式如下：

<表达式 1> ? <表达式 2> :<表达式 3>

功能：首先计算表达式 1 的值，如果表达式 1 的值为非 0(真)，则整个条件表达式的值取表达式 2 的值；否则，整个条件表达式的值取表达式 3 的值。

说明

(1)条件运算符的优先级与结合性

条件运算符的优先级高于赋值运算符，但低于关系运算符和算术运算符。其结合性为“从右到左”(即右结合性)。

(2)表达式类型

条件表达式中的“表达式 1”“表达式 2”“表达式 3”的类型，可以各不相同。

(3)条件表达式在某种程度上可以起到逻辑判断的作用。

例如，求 x 的绝对值的 if—else 选择结构为：

```
if(x>=0)  y=x;
else      y=-x;
```

用条件运算符处理为：

```
y=(x>=0)? x :-x;
```

【例 2-14】 从键盘输入两个整数并输出较大数(用条件表达式求解)。

```
#include "iostream.h"
void main()
{   int a,b,max;
    cout<<"请输入 2 个数 a,b :";
```

```
    cin>>a>>b;
    max=a>b?a:b;            //a>b?a:b 是一个条件表达式
    cout<<"max="<<max<<endl;
}
```

运行结果如下：

```
请输入 2 个数 a,b:2␣3 ↙ (↙表示回车)
max=3
```

模仿练习

输入一个字符，判断它是不是大写字母，如果是，则将其转换为小写字母，否则不转换。

2.4.6　赋值运算符与赋值表达式

1. 赋值运算符

在 C/C++语言中，等号“=”被作为一种运算符，称为赋值运算符。

一般形式：

　　＜变量名＞=＜表达式＞;

功能：将右边表达式的值赋给左边的变量。例如：

```
x=a+15;             //将右边表达式(a+15)的值赋给左边的变量 x
```

2. 复合赋值运算符

在赋值运算符的前面加上一个其他运算符后就构成复合赋值运算符。

一般形式：

　　＜变量＞＜双目运算符＞=＜表达式＞;

等价于：

　　＜变量＞=＜变量＞＜双目运算符＞＜表达式＞;

例如：

```
a+=13;                      //等价于 a=a+13;
x*=y;                       //等价于 x=x*y;
```

大部分的二元(双目)运算符都可以和赋值运算符结合成复合的赋值运算符，共有 10 种复合赋值运算符。即：

　　+=，-=，*=，/=，%=，<<=，>>=，&=，^=，|=

3. 赋值表达式

由赋值运算符将一个变量和一个表达式连接起来的式子称为赋值表达式。

一般形式：

　　＜变量＞＜赋值运算符＞＜表达式＞

例如，a=12 是一个赋值表达式。对赋值表达式求解的过程是：将赋值运算符右侧的“表达式”的值赋给左侧的变量，而赋值表达式的值就是被赋值的变量的值。如 a=12 这个赋值表达式的值就是变量 a 的值 12。

说明

(1)可以把一个赋值表达式的值赋给一个变量。例如：

```
b=(a=2);
```

可看成将赋值表达式 a=2 的值赋给变量 b。此时变量 b 的值就是赋值表达式 a=2 的值 2,也就是变量 a 的值。

(2)赋值运算符的结合方向是“自右至左”。因此 b=(a=2)也可以写成 b=a=2。

【例 2-15】 理解赋值运算符和赋值表达式。

```
#include "iostream.h"
void main()
{
    int a,b,c,x,y;
    x=5+(y=6);
    cout<<"a=b=c=2 is "<<(a=b=c=2);              //输出赋值表达式 a=b=c=2 的值
    cout<<"\na="<<a<<",b="<<b<<",c="<<c;        //输出变量 a,b,c 的值
    cout<<"\nx=5+=(y=6)is "<<(x=5+(y=6));        //输出赋值表达式 x=5+=(y=6)的值
    cout<<"\nx="<<x<<",y="<<y<<endl;            //输出变量 x,y 的值
}
```

运行结果如下:

```
a=b=c=2 is 2
a=2,b=2,c=2
x=5+=(y=6)is 11
x=11,y=6
```

模仿练习

1. 设 a=10,b=3,c=10,且 a*=b=c-2;计算 a,b,c 的值。

2. 设计一个程序计算 a*=7*3-15 和 a*=b*=5+4 的值,并分析执行过程。

2.4.7 逗号运算符与逗号表达式

逗号运算符“,”作为 C++语言的一种特殊的运算符,也称为顺序求值运算符,它的作用是把多个表达式连接起来。例如:

3+2,4+6

x+3,y+z,s-1

等都是在做逗号运算。我们把用逗号运算符连接起来的式子称为逗号表达式,其一般形式为:

表达式 1,表达式 2,…,表达式 n

1. 求解过程

按照从左到右的顺序逐个求解表达式 1,表达式 2,…,表达式 n,而整个逗号表达式的值是最后一个表达式(表达式 n)的值。例如:

```
a=3*5,a*4           //是逗号表达式,运算结束后 a=15,表达式的值是 60
x=(a=3,6*3)         //是赋值表达式,运算结束后 a=3,x=18,表达式的值是 18
x=a=3,6*3           //是逗号表达式,运算结束后 a=3,x=18,表达式的值是 18
```

2. 优先级

逗号运算符在所有运算符中的优先级别最低,且具有从左至右的结合性。例如:

```
a=3*4,a*5,a+10
```

求解过程为:先计算 3＊4 的值为 12,将值 12 赋给 a,然后计算 a＊5 的值为 60,最后计算 a+10的值为 22,所以整个逗号表达式的值为 22,而 a 的值为 12。

【例 2-16】 理解逗号运算符和逗号表达式。

```
#include "iostream.h"
void main()
{
    int a,b,c,d;
    a=10,b=10,c=10;
    d=(c++,c+10,100-c);
    cout<<"a="<<a<<",b="<<b<<",c="<<c<<",d="<<d<<endl;
    c=(d=a+b),(b+d);
    cout<<"a="<<a<<",b="<<b<<",c="<<c<<",d="<<d<<endl;
}
```

运行结果如下:

```
a=10,b=10,c=11,d=89
a=10,b=10,c=20,d=20
```

2.4.8 运算符的优先级与结合顺序

当表达式中包含多个运算符时,哪个运算符先参加运算是由运算符的优先级来决定的,高优先级的先参加运算,低优先级的后参加运算。运算符的优先级详见表 2-14。

表 2-14　运算符的优先级

优先级	类别		运算符
高 ↓ 低	圆括号		( )
	逻辑非		!
	算术运算	自增,自减	++,--
		乘、除、余数	*,/,%
		加、减	+,-
	移位运算		<<,>>
	关系运算	关系	<,>,<=,>=
		相等,不等	==,!=
	位运算	与	&
		异或	^
		或	|
	逻辑运算	与	&&
		或	||
	条件运算		?:
	赋值运算		=,*=,/=,%=,+=,-=,<<=,>>=,&=,^=,|=

**说明**

(1)算术、关系、逻辑、赋值混合运算的优先级如下所示:

!(非) → 算术运算 → 关系运算 → && → || → 赋值运算

(2)当操作数出现在具有相同优先级的两个运算符之间时,要依据运算符的结合性决定哪个运算符先参加运算。赋值运算符和条件运算符从右向左运算,例如:

a=b=c;

将按以下顺序运算。

a=(b=c);

除此之外,其他运算符均从左到右运算。也可通过括号来改变优先级,如 a*(b+c)。

【例 2-17】 算术、关系、逻辑、赋值运算符的混合使用。

```
#include <iostream.h>
void main()
{
    int z1,z2;
    z1=3>5&&2||8<4-!0;        /* 等价于((3>5)&&2)||(8<(4-(!0)))
                                    =(0&&2)||(8<(4-1))
                                    =0||0
                                    =0 */
    cout<<"z1="<<z1;          //z1=0 表示 false
    int a=3,b=4,c=5;
    z2=!(a+b)+c-1&&b+c/2;     /* 等价于 (!(a+b)+c-1)&&(b+(c/2))
                                    =(0+5-1)&&(4+2)
                                    =4&&6
                                    =1 */
    cout<<"z2="<<z2;          //z2=1 表示 true
}
```

运行结果如下:

```
z1=0 z2=1
```

模仿练习

设 a=2,b=5,c=6,计算下列表达式的值。

(1)++a-b+++1　　　　(2)a+b>c&&b=c

(3)!(a+b)+c-1&&b+c/2　　　　(4)++a+10+3*4/5-'a'

类型转换

2.5 类型转换

C++语言中不同的数据类型可以混合运算。两个量运算时,先将它们转换成相同类型的量,然后进行运算。不同类型的数据有两种转换方式:自动类型转换和强制类型转换。

1. 自动类型转换(隐式转换)

C++语言允许在整数、单精度浮点型数据之间进行混合运算。在进行混合运算时,首先将不同类型的数据由低向高转换成同一类型,然后进行运算。转换规则如图 2-10 所示,其中,向左的横向箭头和向上的纵向箭头,表示当运算对象类型不同时的转换方向。

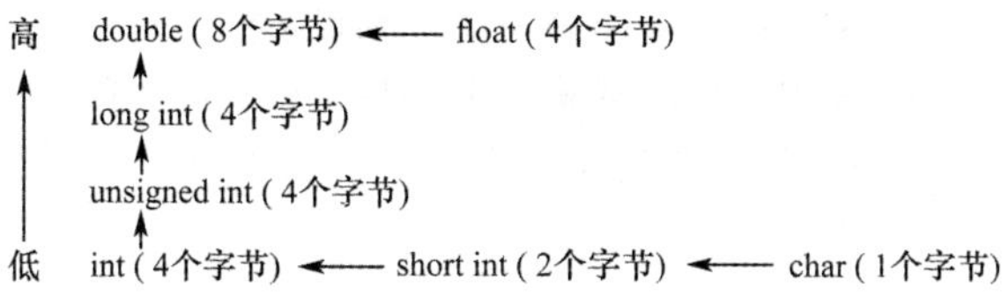

高　double (8个字节) ←—— float (4个字节)

↑　long int (4个字节)

　unsigned int (4个字节)

低　int (4个字节) ←—— short int (2个字节) ←—— char (1个字节)

图 2-10　自动类型转换规则

说明

(1)横向箭头向左表示必定的转换。

例如,若一个 char 型数据与一个 int 型数据进行运算,先把 char 型转换成 int 型,然后再运算,结果是 int 型数据。

(2)纵向箭头表示数据类型级别的高低。按"就高不就低"的原则进行转换。

例如,一个 int 型数据与一个 double 型数据进行运算,先把 int 型转换成 double 型,然后再运算,结果是 double 型数据。

(3)赋值号右边的数据类型转换成左边的类型。

当把一个变量值赋给另一个变量时,转换规则是:把赋值号右边的数据类型转换成赋值号左边的类型。若右边的数据类型长度大于左边,则要进行截断或舍入操作。

例如,设如下变量声明语句:

```
int i;
float f;
double d;
long e;
```

则算术表达式 10+'a'+i*f—d/e 的自动运算转换过程如图 2-11 所示。

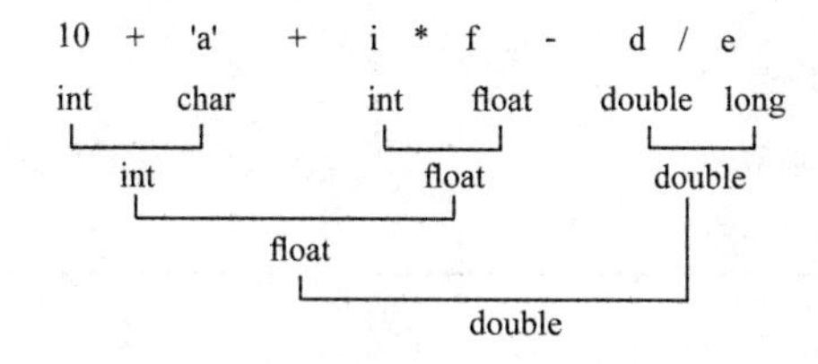

图 2-11　表达式数据类型的自动转换

①进行 10+'a'的运算,'a' 被转换为 int 型整数 97,运算结果为 107。

②进行 i*f 的运算,i 被转换为 float 型,运算结果为 float 型。

③进行 d/e 的运算,e 被转换为 double 型,运算结果为 double 型。

④int 型整数 107 与 i*f 的结果相加,int 型整数 107 被转换成 float 型,运算结果为 float 型。

⑤10+'a'+i*f 的结果与 d/e 的结果相减,结果为 double 型。

【例 2-18】 分析下列程序的运行结果。

```
#include "iostream.h"
void main()
{
    int x,y;
    float a,b=1.8F;
```

```
    x=30.9;            //赋值时因为 x 是整型变量,所以 x=30
    a=40;              //赋值时因为 a 是实型变量,所以 a=40.000000
    y=x+a+b;           //x+a+b=30+40.000000+1.8F=71.8F,但 y 是整型变量,所以 y=71
    cout<<"y="<<y<<endl;
}
```

运行结果如下:

```
y=71
```

2. 强制类型转换

强制类型转换的一般格式为:

(强制转换的类型名)(表达式)

功能:把表达式强制转换为指定的类型。

例如:

```
(int)(a)或 (int)a                //将 a 转换成整型
(double)(x+y)                    //将 x+y 的值转换成 double 型
```

【例 2-19】 强制类型转换举例。

```
#include <iostream.h>
void main()
{
    int a=5,b=2;
    double z1,z2;
    z1=(double)(a)/b;
    z2=a/b;
    cout<<"z1="<<z1<<",z2="<<z2<<endl;
}
```

运行结果如下:

```
z1=2.5,z2=2
```

模仿练习

1. 若有 int b=7;float a=2.5F,c=4.7F;求表达式 a+(b/2 * (int)(a+c)/2)%4 的值。

2. 若有 int a=2,b=6;表达式(a++) * (--b)执行后,求变量 a 和 b 的值。

2.6 情景应用——训练项目

项目 1 求解方程 $ax^2+bx+c=0$

【项目描述】

求解一元二次方程 $ax^2+bx+c=0$,a 不为 0,由键盘输入系数,输出方程的根。已知一元二次方程的求根公式为:

$(-b+\sqrt{b^2-4ac})/2a$ 和 $(-b-\sqrt{b^2-4ac})/2a$

运行程序,输入系数 a,b,c,计算表达式的值,运行结果如图 2-12 所示。

```
"D:\■YVC\chapter2\Debug\chapter2.exe"
请输入一元二次方程的系数a,b,c: 2 18 16
x1=-1,x2=-8
Press any key to continue
```

图 2-12　求一元二次方程 $ax^2+bx+c=0$ 的根

参考代码如下：

```
#include "iostream.h"
#include "math.h"
void main()
{
    double a,b,c,x1,x2,p;
    cout<<"请输入一元二次方程的系数 a,b,c：";
    cin>>a>>b>>c;
    p=b*b-4*a*c;
    x1=(-b+sqrt(p))/(2*a);
    x2=(-b-sqrt(p))/(2*a);
    cout<<"x1="<<x1<<",x2="<<x2<<endl;
}
```

训练项目

正四棱台上底边长为 a，下底边长为 b，高为 h，求其体积。正四棱台的体积公式为：$\frac{1}{3}h(s_1+s_2+\sqrt{s_1 s_2})$，其中，$s_1$、$s_2$ 分别是两底的面积。

项目 2　逻辑推理与判断

思政小贴士

遵纪守法是每个公民的基本职责，法网恢恢疏而不漏。每个公民，都必须遵守宪法的神圣，都必须敬畏法律，维护法律的尊严。

【项目描述】

遵纪守法是每个公民的基本职责。公安人员审问四名盗贼嫌疑犯，这四人中仅有一名是盗贼者，且这四人中每人要么是诚实的，要么是说谎的。在回答公安人员的问题中：

甲说："乙没有偷，是丁偷的。"

乙说："我没有偷，是丙偷的。"

丙说："甲没有偷，是乙偷的。"

丁说："我没有偷。"

根据这四个人的答话，小明想了想，用笔在纸上画了画，5 分钟后做出答案：是乙偷的。

请问：小明是怎么知道的，他的判断正确吗？

【算法设计】

假设用变量 A、B、C、D 分别代表四个人，变量的值为 1 代表该人是盗贼，为 0 就不是盗贼。

由题目已知：四个人中仅一人是盗贼，且这四个人中每个人要么说真话，要么说假话，而由于甲、乙、丙三人都说了两句话："X 没有偷，Y 偷了"，故不论该人是否说谎，他提到的两人之中必有一人是小偷。故在列条件表达式时，可以不关心谁说谎，谁说实话。这样，可列出下列条件表达式：

甲说："乙没有偷，是丁偷的。"⇒ B+D=1

乙说："我没有偷，是丙偷的。"⇒ B+C=1

丙说："甲没有偷，是乙偷的。"⇒ A+B=1

丁说："我没有偷。" ⇒ A+B+C+D=1

本案例的任务就是利用 C++语言提供的选择结构，对小明的判断进行验证。

(1)定义四个变量 a、b、c、d 分别代表四个人，变量的值为 1 代表是窃贼。

(2)根据对话，列出判断条件表达式：

b+d==1 && b+c==1 && a+b==1 && a+b+c+d==1 (*)

(3)从小明的答案：b=1；a=c=d=0⇒表达式(*)的值是否为真？

如果表达式(*)的值为真，则小明的判断正确，否则小明的判断错误。

参考代码如下：

```
#include <stdio.h>
void main()
{
    int a,b,c,d;
    b=1;                    /*盗贼者是乙*/
    a=c=d=0;                /*盗贼者不是甲、丙、丁*/
    if(b+d==1 && b+c==1 && a+b==1 && a+b+c+d==1)
        printf("小明的判断正确，盗窃者是乙\n");
    else printf("小明的判断错误，盗窃者不是乙\n");
}
```

自我测试练习

一、单选题

1. 下列标识符合法的是(　　)。

A. char　　B. a $　　C. a-9　　D. x_y

2. C++语言规定，程序中用到的变量一定要(　　)。

A. 先定义后使用　　B. 先使用后定义　　C. 使用时再定义　　D. 前面 3 种都行

3. 下列字符串中，合法的字符常量是(　　)。

A. n　　B. '\n'　　C. 110　　D. "n"

4. C++程序中，运算对象必须为整数的运算符是(　　)。

A. *　　B. /　　C. %　　D. ++

5. int k=x>y?(x>z?x:z):(y>z?y:z)语句的目的是(　　)。

A. 求 x,y,z 最大值　　B. 求 x,y,z 最小值

C. 求 x,y,z 中间值　　D. 求 x,y,z 平均值

二、填空题

1. 写出下面各表达式的值(假设 a=1,b=2,c=3,x=4,y=3)。

(1) !a<b&&b!=c||x+y<=3 ________

(2) a||1+'a'&&b&&'c' ________

2. 下面程序的运行结果是 ________。

```
#include <iostream.h>
main()
{   char c1='a',c2='b',c3='c',c4='\101',c5='\116';
    cout<<c1<<c2<<c3<<'\n';
    cout<<'\t'<<c4<<c5;
}
```

3. 下面程序的运行结果是 ________。

```
#include <iostream.h>
void main()
{
    int x=10,y=20,m,n;
    m=x++;
    n=++y;
    cout<<"x="<<x<<",y="<<y<<",m="<<m<<",n="<<n<<endl;
    m=x--; n=--y;
    cout<<"x="<<x<<",y="<<y<<",m="<<m<<",n="<<n<<endl;
}
```

4. 假设 a=12,表达式 a%=(5%2)中 a 的运算结果是 ________。

三、编程题

1. 用 C++语言编程求表达式 $4a^2+5b^3$ 的值,假设 a=3,b=1.5。

2. 假设 a=10,编程求表达式 a+=a-=a*=a 中 a 的运算结果。

3. 计算表达式的值。

int x=1,y=2,z=-2;

(1) (x+3)>4　　(2) x&&y>=z　　(3) x+y||z　　(4) x||y>z

4. 从键盘输入三角形的三个边长 a,b,c,求出三角形的面积。

求三角形的面积用公式:area=sqrt(s*(s-a)*(s-b)*(s-c)),其中 s=1/2(a+b+c)。

第3章

控制结构

学习目标

知识目标：了解选择结构的条件构成，熟练掌握选择结构和循环结构设计方法，以及掌握控制转移语句的使用方法。

能力目标：学会使用选择结构、循环结构进行程序设计，具备编写简单 C++程序的能力。

素质目标：坚持民族自尊、文化自信，激发爱国热情。

思政小贴士

人无规矩则殆，国无规矩则衰。立规矩是人们一切事情的基础，是人类文化体系的基石。程序设计也一样，有一套语法规则。顺序结构、选择结构和循环结构一起构成 C++语言的三种基本结构，成为各种复杂程序设计的基础。

3.1 选择结构

选择结构就是根据条件做出选择，有时只有一个条件可供选择，就是单分支结构；有时提供两个条件只能选其一，就是双分支结构；有时可以从多个条件选其一，就是多分支结构。C++提供两种选择语句：if 语句和 switch 语句。

微课

if 语句

3.1.1 if 语句

if 语句有三种基本形式。

1. 单分支 if 语句

格式：if(表达式) 语句

功能：如果表达式的值为“真”(非 0)，则执行语句；否则不执行该语句。其流程图如图 3-1 所示。

【例 3-1】 编写一个单分支 if 语句结构程序，用于显示用户输入数据的绝对值。

问题转化为求 y=|x|。如果 x≥0，则 y 取 x 的值是正确的，即维持原值，不做修改；如果 x<0，则 y 取 x 的值是错误的，需重新为 y 取－x 的值；最后输出 x 和 y 的值。

```
#include "iostream.h"
void main()
{
    float x,y;
    cout<<"请输入 x:";
```

```
    cin>>x;
    y=x;
    if(x<0) y=-x;
    cout<<"y=|"<<x<<"|="<<y<<endl;
}
```

运行结果如下：

```
请输入 x:-2.5↙(回车)
y=|-2.5|=2.5
```

2. 双分支 if 语句

格式：if(表达式) 语句 1
　　　else　　　语句 2

功能：如果表达式的值为“真”(非 0)，则执行语句 1；否则执行语句 2。其流程图如图 3-2 所示。

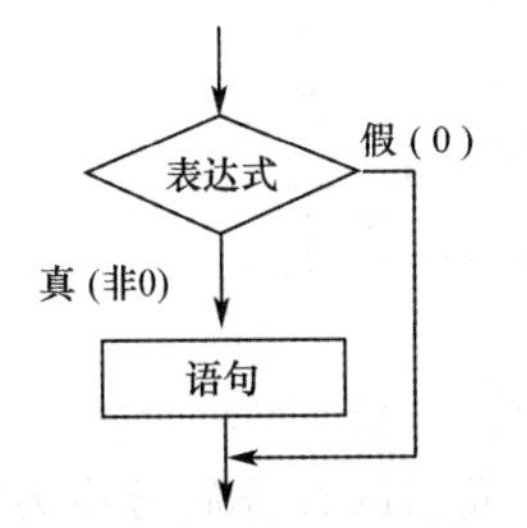

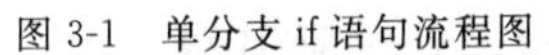
图 3-1　单分支 if 语句流程图

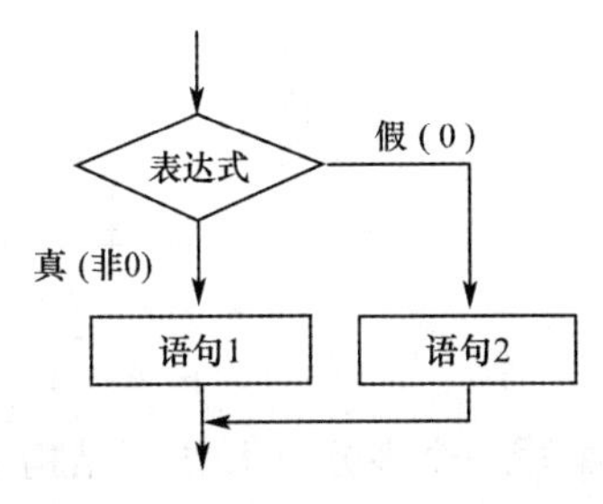

图 3-2　双分支 if 语句流程图

【例 3-2】　编写一个双分支 if 语句结构程序，用于显示用户输入数据的绝对值。

问题转化为求 y=|x|。如果 x≥0，则 y 取 x 的值是正确的，即维持原值，不做修改；如果 x<0，则 y 取 x 的值是错误的，需重新为 y 取-x 的值；最后输出 x 和 y 的值。

```
#include "iostream.h"
void main()
{
    float x,y;
    cout<<"请输入 x:";
    cin>>x;
    if(x>=0) y=x;
    else     y=-x;
    cout<<" y=|"<<x<<"|="<<y<<endl;
}
```

运行结果如下：

```
请输入 x:-30.5↙(回车)
y=|-30.5|=30.5
```

模仿练习

(1)利用单分支 if 语句，判断输入的整数是否是 3 的倍数，而不是 5 的倍数。

(2)编写一个双分支 if 语句结构程序，从键盘输入两个整数，求其中较大数并输出。

3. 多分支 if 语句

格式：if(表达式 1) 语句 1

```
else if(表达式 2) 语句 2
    …
    else if(表达式 n) 语句 n
        else 语句 n+1
```

功能：依次判断表达式的值，当出现某个表达式的值为真时，则执行其对应的语句，然后跳到整个 if 语句之外继续执行后续程序。如果所有的表达式的值均为假，则执行语句 n+1，然后继续执行后续程序。如图 3-3 所示。

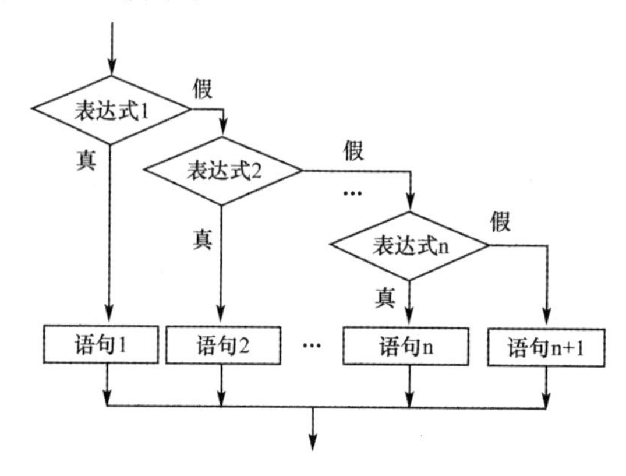

图 3-3　多分支 if 语句流程图

【例 3-3】　编写一个多分支 if 语句结构的程序，将成绩的百分制转换为等级制。百分制与等级制的对应关系如下：90～100 分对应 A 级、80～89 分对应 B 级、70～79 分对应 C 级、60～69 分对应 D 级、0～59 分对应 E 级。

对于任一成绩，必对应某一等级，所以，属于多选一类型。本题的关键是 if 语句中的“条件”构成，例如，分数段“90～100”可用“iScore>=90 && iScore<=100”表示，其他分数段类似。

```
#include "iostream.h"
void main()
{
    int iScore;
    cout<<"请输入考试成绩：";
    cin>>iScore;
    if(iScore>=90 && iScore<=100)
        cout<<"你成绩的等级是 A."<<endl;
    else if(iScore>=80 && iScore<=89)
        cout<<"你成绩的等级是 B."<<endl;
    else if(iScore>=70 && iScore<=79)
        cout<<"你成绩的等级是 C."<<endl;
    else if(iScore>=60 && iScore<=69)
        cout<<"你成绩的等级是 D."<<endl;
    else if(iScore>=0 && iScore<=59)
        cout<<"你成绩的等级是 E."<<endl;
    else cout<<"无效成绩!!"<<endl;
}
```

运行结果如下：

```
请输入考试成绩：76↙(回车)
你成绩的等级是C.
```

4. 使用 if 语句的注意事项

(1)if 后面的表达式必须用圆括号括起来。

(2)如果每个表达式后面的语句不止一条语句，那么必须用一对花括号“{}”括起来组成复合语句；否则只能执行最前面的一条语句。例如：

```
if(a>b){a++;b++;}
else {a=0;b=1;}
```

(3)表达式可以是任意类型的 C++语言合法表达式，除常见的算术表达式、关系表达式或逻辑表达式外，也可以是其他表达式，如赋值表达式，甚至也可以是一个变量。例如：

```
if(a=4)…;          //表达式是赋值表达式
if(a)…;            //表达式是一个变量
```

模仿练习

(1)编写一个多分支 if 语句结构程序，用户输入 3 个整数，求其中较小数并输出。

(2)编写程序，输入 x 值，输出 y 值。其中，x 与 y 的函数关系如下：

$$y=\begin{cases}3x^2-2x+9 & (x\geqslant 10)\\ 4x+5 & (10>x\geqslant 0)\\ x^3-7x & (x<0)\end{cases}$$

3.1.2 if 语句的嵌套

所谓 if 语句的嵌套，就是在 if 语句中又包含了一个或多个 if 语句。在 if 语句中可根据需要，用 if 语句的三种形式进行互相嵌套。一般形式如下：

1. 嵌套在 if 子句中

```
if(条件)
{
    if 语句
}
else 语句 2
```

2. 嵌套在 else 子句中

```
if(条件) 语句 1
else
{
    if 语句
}
```

注意

多分支 if 语句可以看成由双分支 if 语句多次嵌套而成，即多分支 if 语句是 if 语句嵌套的特例。

【例 3-4】 编程求解如下符号函数值：

$$y=\begin{cases}-1 & (x<0)\\ 0 & (x=0)\\ 1 & (x>0)\end{cases}$$

这是一个分段函数求值问题，要求编写程序，输入一个 x 值，输出对应的 y 值。可以用多种方法来解决。这里只给出用 if 语句的嵌套来完成的方法。

方法 1 嵌套在 else 子句中，就变成了多分支 if 语句结构。

```
#include "iostream.h"
void main()
{
    int x,y;
    cout<<"请输入 x: ";
    cin>>x;
    if(x<0) y=-1;
    else  if(x==0) y=0;   } 内嵌
          else     y=1;   } if…else
    cout<<"x="<<x<<",y="<<y<<endl;
}
```

方法 2 嵌套在 if 子句中。

```
#include "iostream.h"
void main()
{
    int x,y;
    cout<<"请输入 x: ";
    cin>>x;
    if(x! =0)
        if(x<0) y=-1;   } 内嵌
        else    y=1;    } if…else
    else y=0;
    cout<< "x="<<x<< ",y="<<y<<endl;
}
```

注意

(1)else 与 if 配对规则：else 总是与它前面最接近它而又没有和其他 else 语句配对的 if 语句配对。

(2)书写格式要注意层次感。必要时加花括号"{}"来强制确定配对关系。为了使逻辑关系清晰，一般情况下，总是把内嵌的 if 语句放在外层的 else 子句中(如方法 1)，这样由于有外层的 else 相隔，内嵌的 else 不会被误认为和外层的 if 配对，只能与内嵌的 if 配对。

3.1.3 switch 语句

微课

switch 语句

switch 语句是一个多分支选择结构的语句，它所实现的功能与多分支 if 语句很相似，但在大多数情况下，switch 语句表达方式更直观、简单、有效。

1. switch 语句的语法格式

```
switch(<表达式>)
{   case <常量表达式 1>:<语句序列 1>;[break;]
    case <常量表达式 2>:<语句序列 2>;[break;]
    ……
    case <常量表达式 n>:<语句序列 n>;[break;]
    [default:<语句序列 n+1>;[break;]]
}
```

2. switch 语句的执行过程

switch 语句的执行过程可以用图 3-4 表示。

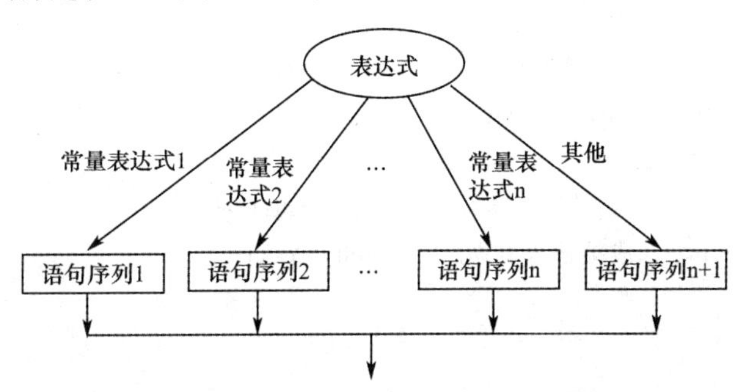

图 3-4 switch 语句流程图

(1)计算 switch 后的表达式的值。

(2)将结果值与 case 后的常量表达式的值比较,如果找到相匹配的 case,程序就执行相应的语句序列,直到遇到 break 语句,switch 语句执行结束;如果找不到相匹配的 case,就归结到 default 处,执行它的语句序列,直到遇到 break 语句为止;如果没有 default,则不执行任何操作。

3. 使用 switch 语句的注意事项

(1)switch 后面的"表达式"和"常量表达式"必须是整数类型或枚举类型,如 int、char、unsigned short、short、unsigned int、unsigned long、long 等。

(2)case 后的"常量表达式"必须互异,不能有重复,其中 default 和＜语句序列 n+1＞可以省略。

(3)switch 语句中的 case 和 default 的出现次序是任意的,且 case 的次序不要求按常量表达式的大小顺序排列。

(4)case 后面的常量表达式仅起语句标号作用,必须在运行前就是确定的。系统一旦找到入口标号,就从此标号开始执行,不再进行标号判断,所以必须加上 break 语句,以便结束 switch 语句。

(5)多个 case 的后面可以共用一组执行语句,也能执行多个 case 后面的＜语句序列＞。

【例 3-5】 用 switch 语句编写程序,根据输入的成绩输出相应的 A、B、C、D、E 等级,其中 A:90～100;B:80～89;C:70～79;D:60～69;E:0～59。

```
#include "iostream.h"
void main()
{
    int score,temp=-1;
    cout<<"请输入学生成绩:";
    cin>>score;
    temp=score/10;
    switch(temp)
    {
        case 10:
        case 9: cout<<"你的等级是 A."<<endl;break;
        case 8: cout<<"你的等级是 B."<<endl;break;
        case 7: cout<<"你的等级是 C."<<endl;break;
        case 6: cout<<"你的等级是 D."<<endl;break;
        case 5: case 4: case 3: case 2: case 1: case 0:
                    cout<<"你的等级是 E."<<endl;break;
        default: cout<<"成绩输入有误."<<endl;break;
    }
}
```

运行结果如下：

```
请输入学生成绩:55↙(回车)
你的等级是 E.
```

模仿练习

某市不同品牌的出租车 3 公里的起步价和计费分别为：夏利 7 元，3 公里以外 2.1 元/公里；富康 8 元，3 公里以外 2.4 元/公里；桑塔纳 9 元，3 公里以外 2.7 元/公里。编程：从键盘输入乘车的车品牌及行车公里数，输出应付车费。

3.2 循环语句

循环语句是指在一定条件下，重复执行一组语句，它是程序设计中一个非常重要也是非常基本的方法。C++提供了三种循环语句：while 语句、do-while 语句和 for 语句。

3.2.1 while 语句

while 语句

语法形式：

```
while(<表达式>)
{
    <循环体语句>
}
```

如果表达式的值为真(true)，则执行循环体语句。然后重新计算表达式的值，并再次判断；如此反复，直到表达式的值为假(false)，则退出循环结构。while 语句执行流程图如图 3-5(a)所示。

【例 3-6】 利用 while 语句,计算 1+2+…+100 的值,并输出计算结果。

```
#include "iostream.h"
void main( )
{
    int Sum,i;
    Sum=0;i=1;
    while(i<=100)
    {
        Sum+=i;
        i++;
    }
    cout<<"Sum is "<<Sum<<endl;
}
```

图 3-5(b)是程序执行的流程图。

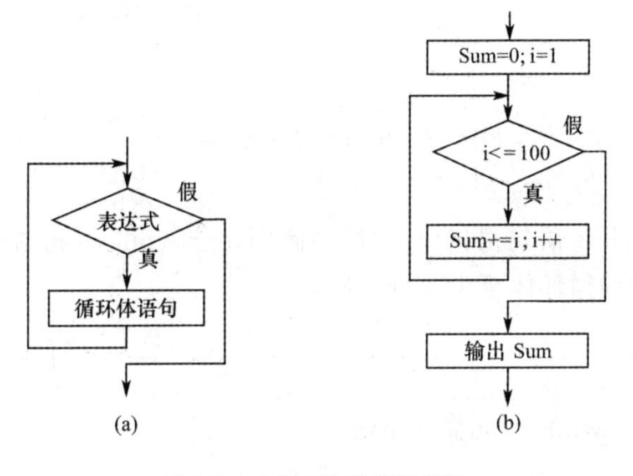

图 3-5 while 语句执行流程图

3.2.2 do-while 语句

do-while 语句

语法形式:

do

{

<循环体语句>

}while(<表达式>);

先执行循环体语句,再判定表达式的值。若表达式的值为真(true),则再次执行循环体语句,如此反复,直到表达式的值为假(false)结束循环,并转到下一条语句执行,执行流程图如图 3-6(a)所示。

【例 3-7】 用 do-while 语句,计算 1+2+…+100 的值。

```
#include "iostream.h"
void main( )
{
    int Sum,i;
    Sum=0;i=1;
```

```
    do{
        Sum+=i;
        i++;
    }while(i<=100);
    cout<<"Sum is "<< Sum<<endl;
}
```

图 3-6(b)是程序执行的流程图。

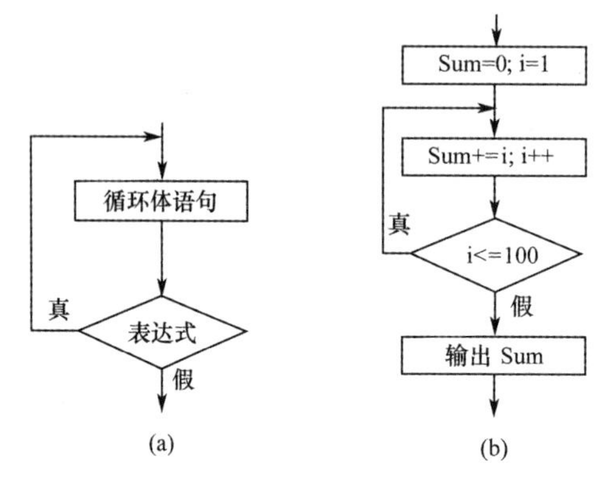

图 3-6　do-while 语句执行流程图

注意

while 语句与 do-while 语句很相似，它们的区别在于 while 语句的循环体有可能一次也不执行，而 do-while 语句的循环体至少执行一次。

模仿练习

分别用 while 和 do-while 语句做如下练习。

1. 计算 1/1+1/2+…+1/50 的值。

2. 计算 $1^2+2^2+3^2+\cdots+10^2$ 的值。

3.2.3　for 语句

微课

for 语句

C++的 for 循环语句是循环语句中最具特色的。它功能较强、灵活多变而且使用广泛。

语法形式：

```
for(<初始表达式>;<条件>;<变量增值表达式>)
{
    <循环体语句>
}
```

for 循环语句的执行流程如图 3-7 所示。一般情况下，初始表达式设置循环控制变量的初值；条件是 bool 类型，作为循环控制条件；变量增值表达式设置循环控制变量的增值(正负均可)。

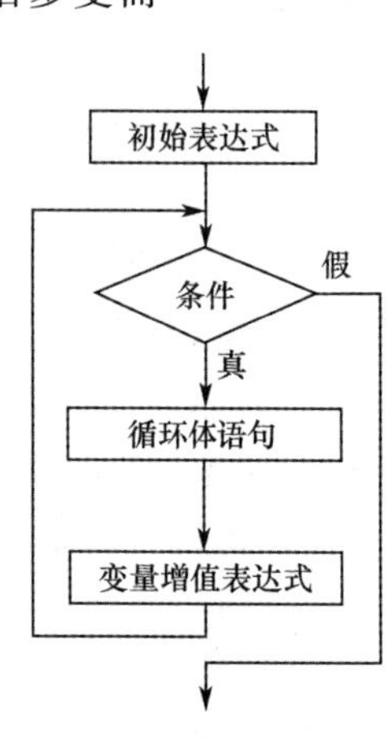

图 3-7　for 语句的执行流程图

【例 3-8】　用 for 语句计算 1+2+…+100 的值。

```
#include "iostream.h"
void main( )
```

```
{
    int Sum,i;
    Sum=0;
    for(i=1;i<=100;i++)
        Sum+=i;
    cout<<"Sum is "<<Sum<<endl;
}
```

for 循环的一些变化特点：

(1)for 循环语句的“初始表达式”和“变量增值表达式”可引入逗号运算符“,”,这样可以对若干个变量赋初值或增值。

【例 3-9】 用 for 语句计算 1+2+…+100 的值。

```
#include "iostream.h"
void main( )
{
    int Sum,i;
    for(Sum=0,i=1;i<=100;i++)           //初始表达式中,逗号运算符“,”
        Sum+=i;
    cout<<"Sum is "<<Sum<<endl;
    for(Sum=0,i=1;i<=100;Sum+=i,i++)    //增值表达式中,逗号运算符“,”
    { ; }                               //循环体是一个空语句
    cout<<"Sum is "<<Sum<<endl;
}
```

(2)for 循环的三个表达式可以任意缺省,如果“条件”缺省就约定它的值是 true。但不管哪个表达式缺省,其相应的分号“;”不能缺省。

【例 3-10】 用 for 语句计算 1+2+…+100 的值。

```
#include "iostream.h"
void main( )
{
    int Sum,i;
    for(Sum=0,i=1;i<=100; )          //变量增值表达式缺省
        Sum+=i++;
    cout<<"Sum is "<<Sum<<endl;
    for(Sum=0,i=1; ;Sum+=i,i++)      //“条件”表达式缺省,约定为 true
        if(i>100) break;             //条件满足时,break 语句跳出循环
    cout<<"Sum is "<<Sum<<endl;
    Sum=0;i=1;
    for( ; ; )                       //三个表达式都缺省
    {
        Sum+=i++;
        if(i>100) break;             //这种情况一般都会用 if 语句来设置跳出循环
    }
    cout<<"Sum is "<<Sum<<endl;
}
```

(3)可以在 for 循环内部声明循环控制变量。

如果循环控制变量仅仅只在这个循环中用到,那么为了更有效地使用变量,也可以在 for 循环的初始化部分(初始表达式)声明该变量。当然这个变量的作用域就在这个循环内。

【例 3-11】 用 for 语句计算 1+2+…+100 的值。

```
#include "iostream.h"
void main( )
{
    int Sum;
    Sum=0;
    for(int i=1;i<=100;i++)            //在初始表达式中声明变量 i
        Sum+=i;
    cout<<"Sum is "<<Sum<<endl;
}
```

模仿练习

用 for 语句做如下练习。

1. 计算 1+3+5+…+99 的值。
2. 输入 n(n<=5),计算 n! 的值。
3. 统计 100 以内同时能被 3、5、7 整除的数的个数。

3.2.4 循环的嵌套

循环的嵌套

一个循环语句的循环体内包含另外一个循环语句,称为循环的嵌套。图 3-8 是一个循环嵌套的例子。循环嵌套时,外层循环执行一次,内层循环从头到尾执行一遍。三种循环语句不仅可以自身嵌套,而且还可以互相嵌套。

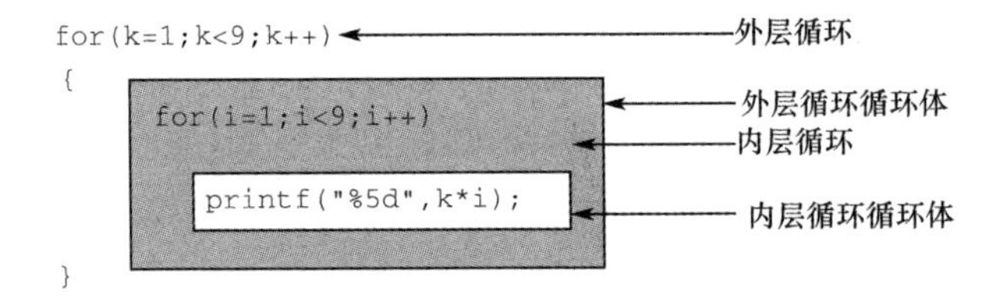

图 3-8 循环嵌套的结构

【例 3-12】 打印九九乘法表。

为简化问题,仅考虑打印表中的乘积,被乘数和乘数两项留给读者完成。

(1)如图 3-9 所示,从上往下看,问题简化为打印第 1 行乘积,第 2 行乘积,……,第 k 行乘积,……,第 9 行乘积,可用以下 for 循环语句实现:

	1	2	3	4	5	6	7	8	9	
1	1	2	3	4	5	6	7	8	9	第 1 行
2	2	4	6	8	10	12	14	16	18	第 2 行
…										…
k	k*1	k*2	k*3	k*4	…	k*i	…		k*9	第 k 行
…										…
9	9	18	27	36	45	54	63	72	81	第 9 行

图 3-9 九九乘法表

```
for(k=1;k<=9;k++)
{
    打印第 k 行;
}
```

(2)待解决的问题就是“打印第 k 行”，观察第 k 行(k=1,2,3,…,9)：

k＊1　k＊2　k＊3　k＊4　…　k＊i…k＊9　(i=1,2,3,…,9)

是一个通项为 $a_i=k*i$ 的数列$\{a_i|i=1,2,\cdots,9\}$，可用循环语句实现。

```
for(i=1;i<=9;i++)
    cout<<k*i<<"\t";
```

程序代码如下：

```
#include "iostream.h"
void main()
{
    int k,i;
    for(k=1;k<=9;k++)
    {
        for(i=1;i<=9;i++)
            cout<<k*i<<"\t";
        cout<<"\n";
    }
}
```

运行结果如图 3-10 所示。

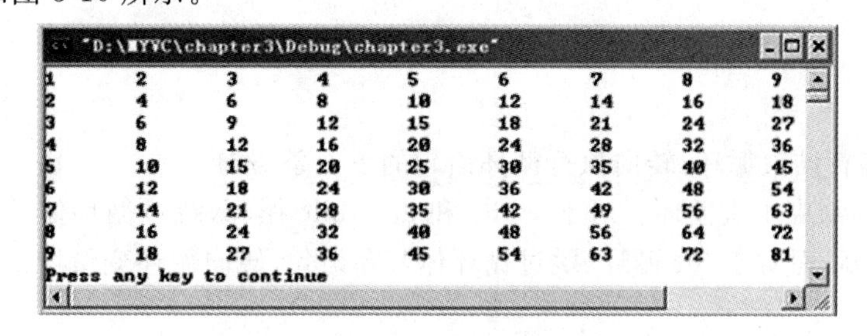

图 3-10　输出的九九乘法表

【例 3-13】　对于等式 xyz+yzz=532，编程求 x、y、z 的值(其中 xyz 和 yzz 表示两个 3 位数)。

(1)对各位数字 x、y、z 分别进行穷举，由于 x 和 y 均可作为最高位，所以 x 和 y 不能为 0，穷举范围为 1 到 9，而 z 始终做个位，所以 z 的穷举范围从 0 到 9。

(2)对 x、y、z 进行穷举，判断 xyz 和 yzz 之和是否是 532，是则将结果输出，否则进行下次判断。

```
#include "iostream.h"
void main()
{
    int x,y,z,data;
    for(x=1;x<10;x++)
        for(y=1;y<10;y++)
            for(z=0;z<10;z++)
            {
                data=100*x+10*y+z+100*y+10*z+z;
```

```
            if(data==532)
                cout<<"x="<<x<<",y="<<y<<",z="<<z<<endl;
        }
}
```

运行结果如下：

```
x=3,y=2,z=1
```

模仿练习

有如下一道算术题，被雨淋湿了，9 个数字中只能看清 4 个，第一个方格尽管看不清，但肯定不是 1，请编程把看不清的 5 个数字找出来。

$(\square\times(\square 3+\square))^2=8\square\square 9$

3.3 break、continue 和 goto 语句

跳转语句用于改变程序的执行流程，转移到指定之处。C++语言中有四种跳转语句：continue 语句、break 语句、return 语句和 goto 语句。它们具有不同的含义，用于特定的上下文环境中。

3.3.1 break 与 continue 语句

一般格式：

break;

continue;

功能：

(1)break：强行结束循环，转向执行循环语句的下一条语句。

(2)continue：结束本次循环。对于 while 和 do-while 循环，跳过循环体其余语句，转向循环终止条件的判断；而对于 for 循环，跳过循环体其余语句，转向循环变量增值表达式的计算，如图 3-11 所示。

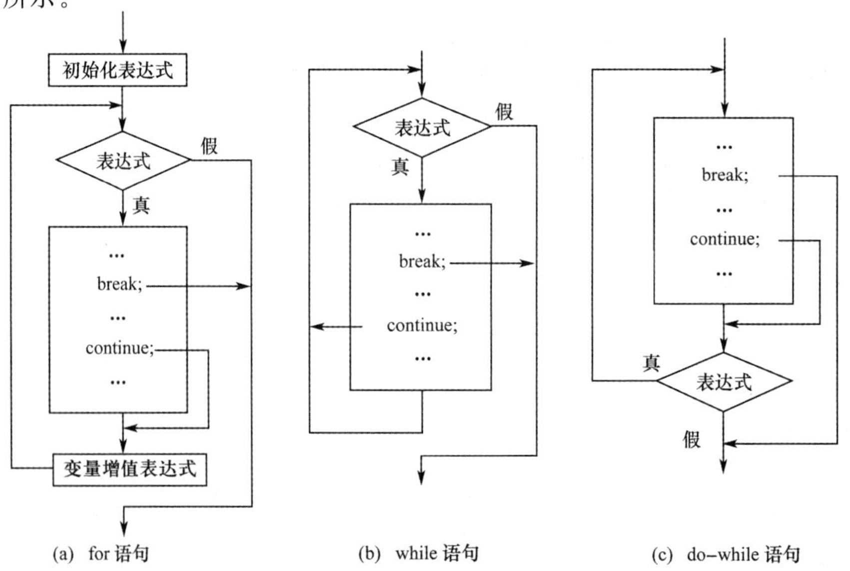

图 3-11 break 和 continue 语句对循环控制的影响

说明

(1)break 语句只能用于循环语句和 switch 语句中,continue 语句只能用于循环语句中。而且往往是在一个特殊的条件成立时,执行 break 或 continue 语句。

例如,输出 100 以内的自然数,可用如下含有 break 语句的循环语句实现:

```
for(int i=1; ;i++)
{
    cout<<i<<"\t";
    if(i>=100) break;
}
```

而输出 100 以内的偶数,可用如下含有 continue 语句的循环语句实现:

```
for(int i=1;i<100;i++)
{
    if(i%2) continue;
    cout<<i<<"\t";
}
```

(2)循环嵌套时,break 和 continue 语句只影响包含它们的最内层循环,与外层循环无关。

(3)continue 语句有点像 break 语句,但 continue 语句不造成强制性的中断循环,而是强行执行下一次循环,而 break 语句则终止本次循环。

【例 3-14】 输入一个正整数,判断其是否为素数。

所谓 k 是素数,是指 k 只能被 1 和本身整除的数,因此可以使用试探法来判断素数。要判断 k 是否为素数,就试探用[2,k-1]区间之内的所有整数去除 k,如果没有一个可以将 k 除尽,则 k 是素数,否则是合数。

```
#include <stdio.h>
void main()
{
    int i,k;
    cout<<"请输入一个正整数:";
    cin>>k;
    for(i=2;i<=k;i++)
    {
        if(k%i==0) break;                    //如果 i 是 k 的因子,则跳出循环
    }
    if(i==k) cout<<k<<"是素数.\n";          //判别前一条 for 循环语句的终止情况
    else cout<<k<<"不是素数.\n";
}
```

说明

寻找素数其实是寻找一种倍数关系,所以没必要试探[2,k-1]的所有整数,只要试探 2 到 $\sqrt{k}$之间的整数就可以了,这样可提高程序的效率。

设 k 不是素数,那么就存在 m、n 使得 $k=(\sqrt{k})^2=m*n$(其中,m、n>=2)。假设 m 是其中一个较小数,从而 $k=(\sqrt{k})^2=m*n\geqslant m^2\geqslant 2^2$,即$\sqrt{k}\geqslant m\geqslant 2$。故有结论:如果 k 不是素数

(是合数)，那么 k 在[2,$\sqrt{k}$]必有一个约数。

这需用到开方函数 sqrt()，而函数 sqrt()的原型在 math. h 头文件中，所以，要加预编译命令：

```
#include "math.h"
```

留给读者完成。

【例 3-15】 求 1～100 不能被 8 整除的数。

```
#include "iostream.h"
void main()
{
    int n;
    for(n=1;n<=100; n++)
    {
        if(n%8==0) continue;
        cout<<" "<<n;
    }
}
```

模仿练习

1. 求任意两个正整数的最大公约数和最小公倍数。
2. 输出 10～100 的全部素数。
3. 计算满足：$1^2+2^2+3^2+\cdots+n^2<1000$ 的最大 n 值。

3.3.2 goto 语句和标号语句

格式：

goto <语句标号>;

功能：goto 语句是无条件转移语句，程序执行到 goto 语句时，无条件地转移到<语句标号>所指定的语句并执行。

例如：

```
loop: sum+=i;                    //其中"loop:"是标号语句,"loop"称为语句标号
      i++;
      if(i<=36) goto loop;       //其中"goto loop;"称为 goto 语句
```

注意

(1)<语句标号>是一个标识符，应按标识符的命名规则来命名。

(2)标号语句则是由语句标号和其后的冒号构成的，是 goto 语句的转移目标。

(3)<语句标号>必须与 goto 语句处于同一个函数中，goto 语句一般用于同层跳转，或由里层向外层跳转，而不能用于由外层向里层跳转。

我们可以用 goto 语句构成循环。

【例 3-16】 求 1～36 的整数之和。

```
#include "iostream.h"
void main( )
{
```

```
    int i=1,sum=0;
loop:
    sum+=i;
    i++;
    if(i<=36) goto loop;
    cout<<sum<<endl;
}
```

注意

goto 语句作为一种语言成分是必需的，但是没有它照样能编写程序。由于 goto 语句无条件转移的大量使用会打乱各种有效的控制语句，造成程序结构不清晰，按结构化程序设计的原则，应该限制使用它，否则，影响程序的可读性。

3.4 情景应用——训练项目

项目 1 爱因斯坦阶梯问题

【项目描述】

爱因斯坦阶梯问题：有一条长长的阶梯，如果你每步跨 2 阶，那么最后剩 1 阶；如果你每步跨 3 阶，那么最后剩 2 阶；如果你每步跨 5 阶，那么最后剩 4 阶；如果你每步跨 6 阶，那么最后剩 5 阶；只有当你每步跨 7 阶时，最后才正好走完，一阶也不剩。请问这条阶梯至少有多少阶(求所有 3 位阶梯数)？程序运行结果如图 3-12 所示。

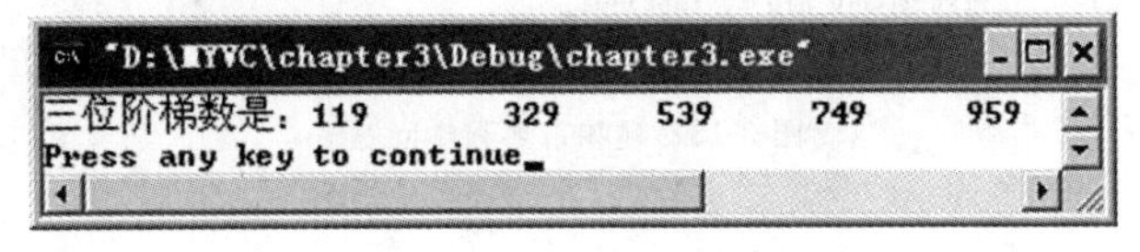

图 3-12 爱因斯坦阶梯问题

【算法设计】

(1)假设所求阶梯数为 k，那么问题条件有如下结论：

如果你每步跨 2 阶，那么最后剩 1 阶：k%2=1

如果你每步跨 3 阶，那么最后剩 2 阶：k%3=2

如果你每步跨 5 阶，那么最后剩 4 阶：k%3=4

如果你每步跨 6 阶，那么最后剩 5 阶：k%6=5

只有当你每步跨 7 阶时，最后才正好走完，一阶也不剩：k%7=0

(2)显然，满足条件有无数解，但求所有 3 位阶梯数是有穷解。只要对 3 位数进行枚举即可。

参考代码如下：

```
#include "iostream.h"
void main()
{
    int i;
```

```
	cout<<"三位阶梯数是:";
	for(i=100;i<1000;i++)          //for 循环求 100 到 1000 内的所有 3 位数
		if(i%2==1 && i%3==2 && i%5==4 && i%6==5 && i%7==0)
			cout<<i<<"\t";          //输出阶梯数
	cout<<"\n";
}
```

训练项目

海滩上有一堆桃子,5 只猴子来分。第 1 只猴子把这堆桃子平均分为 5 份,多了一个,这只猴子把多的一个扔入海中,拿走了一份。第 2 只猴子把剩下的桃子又平均分为 5 份,又多了一个,它同样把多的一个扔入海中,拿走了一份。第 3、第 4、第 5 只猴子都是这样做的,问海滩上原来最少有多少个桃子?

项目 2 趣味古典数学问题

思政小贴士

"龟兔赛跑"是人们十分熟悉的寓言,乌龟坚持不懈的精神被我们一再称道,而兔子的傲慢则成为笑谈。

【项目描述】 有一对兔子,从出生后第 3 个月起每个月都生一对兔子。小兔子长大到第 3 个月后每个月又生一对兔子。假设所有的兔子都不死亡,问每个月的兔子总对数为多少?程序运行结果如图 3-13 所示。

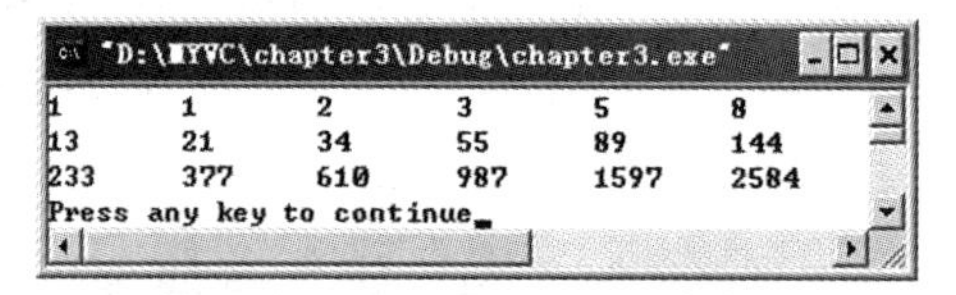

图 3-13 趣味古典数学问题

【算法设计】

把每个月的兔子总对数组成的数列记为$\{f_n \mid n=1,2,3,\cdots\}$,并把不满一个月的兔子称为小兔子,满一个月而不满两个月的兔子称为中兔子,满两个月及以上的兔子称为老兔子,根据题意有:每对老兔子每月都生一对小兔子。于是每月的小、中、老兔子以及兔子总数见表 3-1。

表 3-1 月份-兔子明细表

第几个月:n	小兔子对数	中兔子对数	老兔子对数	兔子总对数:f_n
1	1	0	0	1
2	0	1	0	1
3	1	0	1	2
4	1	1	1	3
5	2	1	2	5
6	3	2	3	8
…	…	…	…	…

显然,数列$\{f_n\}$有如下关系:

$f_1=1$

$f_2=1$

$f_n=f_{n-1}+f_{n-2}\quad(n\geqslant 3)$

这就是 Fibonacci 数列。因此，打印数列前 18 项可用如下算法描述：

```
Begin(算法开始)
1⇒ f1,1⇒ f2
print f1,f2
for(n=3;n<=18;n++)
{
    fn-1+fn-2⇒fn,print fn          //由前两项的 fn-1,fn-2求得 fn,并输出 fn
    fn-1⇒ fn-2,fn⇒fn-1             //修改 fn-1,fn-2的值,被下次循环递推
}
End(算法结束)
```

参考代码如下：

```
#include "iostream.h"
void main()
{
    int i;
    long f,f1=1L,f2=1L;
    cout<<f1<<"\t"<<f2<<"\t";
    for(i=3;i<=18;i++)
    {
        f=f1+f2;                       //由前两项的 f1,f2 求得当前项 f
        cout<<f<<"\t";                 //输出 f
        if(i%6==0) cout<<"\n";         //每行限输出 6 个 Fibonacci 数
        f1=f2;
        f2=f;                          //修改 f1,f2 的值,被下次循环递推
    }
}
```

训练项目

猴子吃桃问题：猴子第 1 天摘若干个桃子，当即吃了一半，还不过瘾，又多吃了一个；第 2 天早上又将剩下的桃子吃掉一半，又多吃了一个。以后每天早上都吃了前一天剩下的一半零一个。到第 10 天早上想再吃时，见只剩下一个桃子了。编写程序求第一天共摘了多少桃子。

项目 3　数学家维纳(N. Wiener)年龄问题

【项目描述】

美国数学家维纳(N. Wiener)智力早熟，11 岁就上了大学。他曾在 1935～1936 年应邀到中国清华大学讲学。

一次，他参加某个重要会议，年轻的脸庞引人注目。于是有人询问他的年龄，他回答说："我年龄的立方是个 4 位数。我年龄的 4 次方是个 6 位数。这 10 个数字正好包含了从 0 到 9 这 10 个数字，每个都恰好出现 1 次。"请你推算一下他当时的年龄。

【算法设计】

假设维纳 X 岁，4 位数为 abcd，那么有如下关系：

X^3 =abcd

X^4 =efghij=X * X^3

显然,a,e 的取值范围是 1~9,而其他的取值范围是 0~9,X 的取值范围是 17~21。

参考代码如下:

```
#include "stdio.h"
void main()
{
    int x,a,b,c,d,e,f,g,h,i,j;
    int x3,x4,x31,x41,k;
    for(x=17;x<22;x++)
    {
        x3=x * x * x;
        x4=x3 * x;
        for(a=1;a<10;a++)
        for(b=0;b<10;b++)
        for(c=0;c<10;c++)
        for(d=0;d<10;d++)
        {
            x31=a *1000+b *100+c *10+d;
            for(e=1;e<10;e++)
            for(f=0;f<10;f++)
            for(g=0;g<10;g++)
            for(h=0;h<10;h++)
            for(i=0;i<10;i++)
            for(j=0;j<10;j++)
            {
                x41=e *100000+f *10000+g *1000+h *100+i *10+j;
                if(x4==x41&&x3==x31)
                {
                    k=0x00000000;
                    k|=(1<<a);k|=(1<<b);k|=(1<<c);k|=(1<<d);
                    k|=(1<<e);k|=(1<<f);k|=(1<<g);k|=(1<<h);
                    k|=(1<<i);k|=(1<<j);
                    if(k==0x000003ff)          //每个都恰好出现 1 次
                    {
                      printf("[%d=%d%d%d%d%d%d%d%d%d%d]",x,a,b,c,d,e,f,g,h,i,j);
                      return;
                    }
                }
            }
        }
    }
}
```

训练项目

马虎的算式：小明是个急性子，上小学的时候经常把老师写在黑板上的题目抄错。有一次，老师出的题目是：36×495=？

他却给抄成了：396×45=？

但结果却很戏剧性，他的答案竟然是对的。

因为 36 * 495=396 * 45=17820

类似这样的巧合情况可能还有很多，例如，27 * 594=297 * 54。

假设 a、b、c、d、e 代表 1～9 不同的 5 个数字(注意是各不相同的数字，且不含 0)，能满足形如：ab * cde=adb * ce 这样的算式一共有多少种呢？

自我测试练习

一、单选题

1. 下面程序段的运行结果是(　　)。

```
int iNum=0;
while(iNum<=2)
    cout<<iNum;
```

A. 2　　B. 3　　C. 死循环，无限个 0　　D. 有语法错误

2. 以下是 if 语句的基本形式：

　　if(表达式) 语句

其中“表达式”(　　)。

A. 必须是逻辑表达式　　B. 必须是关系表达式

C. 必须是逻辑表达式或关系表达式　　D. 可以是任意合法的表达式

3. 以下循环语句执行的次数是(　　)。

```
int i=1;
for( ;i==0; ) cout<<i;
```

A. 2 次　　B. 1 次　　C. 0 次　　D. 无限次

4. 以下描述正确的是(　　)。

A. continue 语句的作用是结束整个循环的执行

B. 只能在循环体内和 switch 语句体内使用 break 语句

C. 在循环体内使用 break 语句或 continue 语句的作用相同

D. 从多层循环嵌套中退出时，只能使用 goto 语句

5. 与 while(E)不等价的是(　　)。

A. while(!E==0)　　B. while(E>0||E<0)

C. while(E==0)　　D. while(E!=0)

二、填空题

1. 以下程序的功能是计算 s=1+12+123+1234+12345 的值，请填空。

```
#include "iostream.h"
void main()
{
    int t=0,iSum=0,i;
```

```
    for(i=1;i<6;i++)
    {
        t=i+________;
        iSum=iSum+t;
    }
    ________;
}
```

2. 以下程序的功能是输出100以内能被3整除且个位数为6的所有整数，请填空。

```
#include "iostream.h"
void main()
{
    int i,j;
    for(i=0;i<10;i++)
    {
        j=i*10+6;
        if ________ continue;
        cout<<j;
    }
}
```

3. 下列程序的输出结果是________。

```
#include "iostream.h"
void main()
{   int i,j;
    i=j=2;
    if(i==2)
        if(i==1) cout<<i+j;
        else cout<<i-j;
    cout<<"\t"<<i;
}
```

4. 下列程序的输出结果是________。

```
#include "iostream.h"
void main()
{   int x=2;
    switch(x)
    {   case 1:
        case 2: x++;
        case 3: x+=2;
        case 4: cout<<x; break;
        default: cout<<"x unknown\n";
    }
}
```

三、编程题

1. 编程统计全班学生成绩。要求每次用键盘输入一个学生的两门课程分数，计算输出每个学生的总分和平均分。此外，如果平均分大于等于85，为优秀，60～85为通过。统计出成绩优秀的学生和及格的学生人数。

2. 一个数如果恰好等于它的因子之和，这个数就称为“完全数”。例如，6 的因子是 1,2,3，而 6=1+2+3。因此 6 是一个完全数。编程找出 1000 之内的所有完全数。

3. 打印出所有的“水仙花数”。所谓“水仙花数”，是指一个 3 位数，其各位数字立方和等于该数本身。例如，153 是一个水仙花数，因为 $153=1^3+5^3+3^3$。

4. 下列乘法算式中：每个汉字代表 1 个数字(1～9)。相同的汉字代表相同的数字，不同的汉字代表不同的数字。

赛软件 * 比赛=软件比拼

试编程确定使得整个算式成立的数字组合，如有多种情况，请给出所有可能的答案。

5. 求 sum=a+aa+aaa+…+aaaaa…a(n 个 a)之值，其中 a 是一位数字。例如，当 a=3，n=6 时，sum=3+33+333+3333+33333+333333。a 和 n 的值由键盘输入。

第 4 章

复合数据类型

学习目标

知识目标：掌握数组的定义、初始化和使用方法，掌握结构体类型变量的定义和使用，以及理解指针的概念和应用。

能力目标：正确使用复合数据进行程序设计，安全使用指针优化程序的能力。

素质目标：了解中国古代数学史上的杰作，激发民族自豪感。

在 C++中，数组、结构体和指针都是非基本数据类型，称为复合数据类型。在程序设计中，复合数据类型可以有效地表示和高效处理复杂数据结构、动态分配内存、直接处理内存地址。

微课

数组

4.1 一维数组

数组是相同类型元素的有序集合。在内存中，它占据一块连续的存储空间。数组的每一项称为一个元素，每个元素的存取是通过数组名和下标来实现的。

4.1.1 一维数组的定义

一维数组的定义格式为：

＜**类型标识符**＞ ＜**数组名**＞[＜**常量表达式**＞]；

其中：

类型标识符：表示数组中所有元素的数据类型。

数组名：就是这个数组型变量的名称。

常量表达式：指出一维数组中元素的个数，即数组长度。

例如：

```
int iA[10];               //定义有 10 个元素的 int 类型数组，数组名为 iA
char chBuffer[30];        //定义有 30 个元素的 char 类型数组，数组名为 chBuffer
float fBase[80];          //定义有 80 个元素的 float 类型数组，数组名为 fBase
```

说明

(1)数组元素的个数不允许做动态定义，必须是常量或常量表达式，例如：

```
int a[1+2 * 3];                          //正确
int b[n];                                //错误，长度不允许动态定义
```

(2)相同类型的数组和变量可以在一个类型说明符下一起说明，用逗号隔开。例如：

```
int a[10],b[20],x,y;
```

(3)数组中的所有元素共用一个名字，用下标来区别每个不同的元素。下标从 0 开始，按下标顺序依次连续存放。例如，数组 iA 的 10 个元素是：iA[0]、iA[1]、…、iA[9]。

注意

在数组 iA 中，只能使用 iA[0]、iA[1]、…、iA[9]这 10 个元素，而不能使用 iA[10]，若使用 iA[10]会出现下标越界的错误。

4.1.2　一维数组的引用

数组定义后，就可以引用数组中的任意一个元素了，引用形式如下：

＜数组名＞[＜下标表达式＞]

例如，对上面说明的数组 iA 而言，以下都是对数组元素的正确引用：

```
iA[3]=5;                //把 5 赋给数组 iA 的第 4 个元素
iA[i]=6;                //把 6 赋给数组 iA 的第 i+1 个元素，这里 0<=i<=9
cin>>iA[9];             //将键盘输入的数据存储在数组元素 iA[9]中
cout<<iA[9];            //输出数组 iA 的第 10 个元素 iA[9]的值
```

说明

(1)下标表达式可以是整型常量、整型变量或整型表达式。

(2)数组元素在内存中是连续存放的，例如，程序段：

```
int iA[10],i;
for(i=0;i<10;i++)
    iA[i]=i+2;
```

运行结果在内存中的存放形式如图 4-1 所示。其中每一个元素都相当于一个整型变量，可以存放一个整型数值，数组元素与 10 个整型变量不同之处在于：数组元素是按顺序排列的，数组元素的访问是通过下标变量进行的，因此，用循环语句操作数组非常方便。

2	3	4	5	6	7	8	9	10	11
iA[0]	iA[1]	iA[2]	iA[3]	iA[4]	iA[5]	iA[6]	iA[7]	iA[8]	iA[9]

图 4-1　一维数组 iA 的存放形式

【例 4-1】　从键盘输入 6 名学生的成绩存储在数组中，然后将数组输出。

(1)定义含 6 个元素的数组，用于存储学生的成绩。

(2)输入成绩，存储到数组元素中。

(3)用循环语句输出数组元素。

实现代码如下：

```
#include "iostream.h"
void main()
{
    int a[10],i;
    cout<<"输入 6 名学生的成绩：";           //提示输入数据
    for(i=0;i<6;i++)                          //输入的数据存储在数组 a 中
        cin>>a[i];
    cout<<"6 名学生的成绩是：";
```

```
    for(i=0;i<6;i++)                    //输出数组的各元素
        cout<<a[i]<<"\t";
    cout<<"\n";
}
```

运行结果如下：

```
输入 6 名学生的成绩：65   48   90   75   85   68↙(回车)
6 名学生的成绩是：65   48   90   75   85   68
```

模仿练习

1. 从键盘顺序输入 10 名参赛者的成绩，统计总成绩。

2. 从键盘输入 10 个整数存放在数组中，将数组中的前后元素位置互换，实现反序存储，然后逐个输出每个元素，观察结果。

4.1.3 一维数组的初始化

一维数组初始化的一般格式如下：

<类型说明符> <数组名>[常量表达式]={初值表}；

对一维数组的初始化，有以下几种形式：

(1)定义数组时直接对数组中的全部元素赋初值。

例如，int iA1[6]={0,1,2,3,4,5}；

将数组元素的初值依次放在一对花括号内，并用逗号分开，从左到右将花括号中的每个数与数组的每个元素相匹配，经过上面的定义和初始化之后，数组中的元素 iA1[0]=0、iA1[1]=1、iA1[2]=2、iA1[3]=3、iA1[4]=4、iA1[5]=5。

【例 4-2】 初始化一维数组。

本实例中，对定义的数组变量进行初始化操作，然后隔位输出，运行结果如图 4-2 所示。

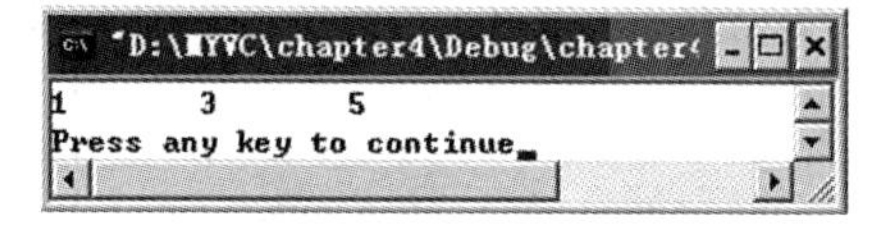

图 4-2 初始化一维数组

实现代码如下：

```
#include "iostream.h"
void main()
{
    int i;
    int iA1[6]={1,2,3,4,5,6};          //对数组元素赋初值
    for(i=0;i<6;i+=2)
        cout<<iA1[i]<<"\t";            //隔位输出数组中元素
    cout<<"\n";
}
```

在程序中，定义一个数组变量 iA1 并且对其进行初始化，在使用 for 循环输出数组中元素时，其中循环控制变量每次增加 2，就实现隔位输出的效果。

(2)部分元素赋初值，未赋初值的部分元素值为 0。

例如,int iA2[6]={0,1,2,3};

这样只对前4个元素显式赋初值,后2个元素值自动设为0。

【例4-3】 部分数组元素赋初值。

本实例中,定义数组并给部分元素赋初值,然后输出数组中的所有元素,观察输出的元素数值。运行程序,显示效果如图4-3所示。

图4-3 部分数组元素赋初值

实现代码如下:

```
#include "iostream.h"
void main()
{
    int i;
    int iA2[6]={100,213,29};        //对数组中部分元素赋初值
    for(i=0;i<6;i++)
    {
        cout<<iA2[i]<<" ";         //输出数组中的所有元素
    }
    cout<<"\n";
}
```

在程序代码中可以看到,对数组中部分元素的初始化操作和对数组中全部元素赋初值的操作是一样的,只不过在花括号中给出的元素数值个数比数组元素数量少。

(3)对数组全部元素赋初值时,可以不指定数组长度。

例如,int iA3[ ]={0,1,2,3,4,5};

等价于:int iA3[6]={0,1,2,3,4,5};

【例4-4】 用初始化方法,把某班前10名学生C++程序设计课程的考试成绩存储在数组中。再从键盘输入一个考分,查找成绩是否在数组中,如果是的话,输出它是第几名学生的成绩。

实现代码如下:

```
#include "iostream.h"
void main()
{  //定义具有10个元素的数组a,并初始化
   float score,a[]={98,97,91,89.5,88,85,84.5,80,77.5,73};
   int i;
   cout<<"请输入要查找的成绩:";
   cin>>score;
   for(i=0;i<10;i++)
   {
       if(a[i]==score)
       {
           cout<<"该成绩是第"<<i+1<<"名学生的。\n";
           break;
       }
   }
}
```

运行结果如下：

```
请输入要查找的成绩：88↙(回车)
该成绩是第 5 名学生的。
```

模仿练习

1. 求出 Fibonacci 数列的前 20 项并存储在数组中，然后再按每行 5 个数据输出。
2. 求 10 个整数中的最小值。

4.2 二维数组

二维数组也称为矩阵，需要两个下标才能标识某个元素的位置。二维数组经常用来表示按行和按列格式存放的数据。

4.2.1 二维数组的定义

二维数组的定义格式为：

＜**类型标识符**＞ ＜**数组名**＞[＜**常量表达式** 1＞][＜**常量表达式** 2＞]；

其中：

常量表达式 1：表示数组的行数。

常量表达式 2：表示数组的列数。

例如，int a[3][4]；

定义一个 3 行 4 列的整型数组，逻辑上可以形象地用一个矩阵(表格)表示，如图 4-4 所示，即一个 3 行 4 列的整型矩阵。

	第 0 列	第 1 列	第 2 列	第 3 列
第 0 行	a[0][0]	a[0][1]	a[0][2]	a[0][3]
第 1 行	a[1][0]	a[1][1]	a[1][2]	a[1][3]
第 2 行	a[2][0]	a[2][1]	a[2][2]	a[2][3]

图 4-4 二维数组的矩阵表示

说明

(1)最后一个元素是 a[2][3]，而不是 a[3][4]，即：数组名[行数－1][列数－1]。

(2)二维数组是以“按行存放”的方式将二维数组元素分配在内存中一片连续的存储空间中，即先存放第 0 行的第 0 列、第 1 列……直到最后一列元素，接着再存放第 1 行的第 0 列、第 1 列……直到最后一列元素……直到最后一行的所有列元素存放完毕为止，如图 4-5 所示(图中以 a_{ij} 表示元素 a[i][j]的值，下同)。

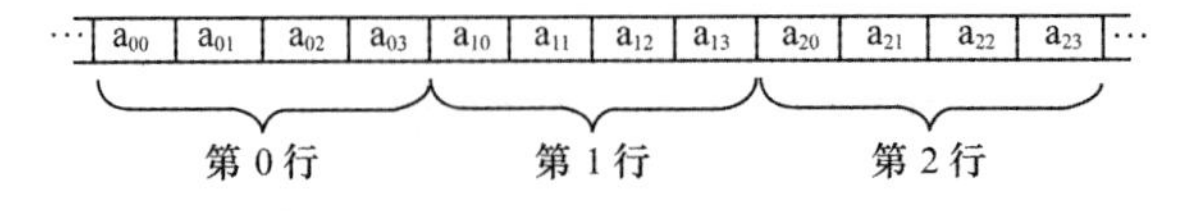

图 4-5 二维数组在内存中的存放方式

4.2.2　二维数组的引用

二维数组元素的引用形式为：

＜数组名＞[＜行下标＞][＜列下标＞]

例如：

```
int a[3][4];
```

第一个＜行下标＞的范围为0～2,第二个＜列下标＞的范围为0～3。

```
a[1][3]=56;        //正确,把56赋给a数组中第1行第3列的元素
a[3][0]=12;        //错误,第一个<行下标>越界,合理的范围为0~2
a[0][4]=12;        //错误,第二个<列下标>越界,合理的范围为0~3
a[3][4]=8;         //错误,行下标和列下标都越界
```

行下标和列下标可以是整型常数或整型表达式,其取值范围分别为0～(行数－1)及0～(列数－1)。

注意

定义数组时用的int a[3][4]和引用数组时用的a[3][4]是有区别的,前者a[3][4]中的3和4是用来定义数组各维的大小;后者a[3][4]中的3和4是对应维的下标值,代表一个数组元素。

4.2.3　二维数组的初始化

二维数组的初始化,可以用以下两种方法来实现:

(1)按行赋初值

```
int a[3][4]={{11,12,13,14},
             {21,22,23,24},
             {31,32,33,34}};
```

赋初值后数组为:

11	12	13	14
21	22	23	24
31	32	33	34

(2)按在内存中的排列顺序给各元素赋初值

①将所有数据写在一个花括号内,按数据排列的顺序对各元素赋初值。例如:

```
int a[3][4]={11,12,13,14,21,22,23,24,31,32,33,34};
```

等价于:

```
int a[3][4]={{11,12,13,14},{21,22,23,24},{31,32,33,34}};
```

②对部分元素显式赋初值,未显式赋初值的元素将自动设为0。例如:

```
int a[3][4]={{11},{21},{31}};
```

它的作用是只对各行第1列的元素赋初值,其余元素值自动为0。赋初值后数组为:

11	0	0	0
21	0	0	0
31	0	0	0

③若对全部元素显式赋初值,则数组第一维的元素个数在说明时可以不指定,但第二维的元素个数不能缺省。

例如，下面几种方法是等价的：

```
int b[ ][4]={{1,2,3,4},{86,14,96,55}};
int b[2][4]={1,2,3,4,86,14,96,55};
int b[ ][4]={1,2,3,4,86,14,96,55};
```

【例 4-5】 使用二维数组保存数据。

本实例实现了二维数组的初始化，并按矩阵形式显示二维数组元素的值。运行程序，显示效果如图 4-6 所示。

```
"D:\■YVC\chapter4\Debug\chapter4.exe"
12      76      4       -1
-9      28      55      -6
21      10      13      -2
Press any key to continue
```

图 4-6 使用二维数组保存数据

实现代码如下：

```
#include <iostream.h>
void main()
{
    int i,j;
    int a[3][4]={{12,76,4,-1},{-9,28,55,-6},{21,10,13,-2}};
    for(i=0;i<3;i++)            //遍历所有的元素
    {
        for(j=0;j<4;j++)
            cout<<a[i][j]<<"\t";
        cout<<"\n";
    }
}
```

模仿练习

思政小贴士

杨辉三角形是我国南宋数学家杨辉 1261 年在所著的《详解九章算法》一书中提出的，而欧洲的帕斯卡(1623—1662)在 1654 年才发现这一规律，比杨辉迟了 393 年，表明中华民族灿烂文化源远流长。

1. 打印杨辉三角形，满足以下条件：

(1)左右对称，由 1 开始逐渐增大然后变小。

(2)第 n 行数字个数为 n 个。

(3)每个数字等于上一行的左右两个数字之和。

```
            1
          1   1
        1   2   1
      1   3   3   1
    1   4   6   4   1
  1   5  10  10   5   1
1   6  15  20  15   6   1
```

2. 定义并初始化一个 3 行 4 列的二维数组，然后求其最大值并输出。

4.3 字符数组与字符串

用来存放字符型数据的数组称为字符数组。字符数组中每个元素存放一个字符。

4.3.1 字符数组

1. 字符数组的定义

(1)一维字符数组的定义格式为：

char 数组名[常量表达式];

例如：

```
char chArray[5];
```

定义了一个5个元素的字符数组，可以存放5个字符类型的数据。

(2)二维字符数组的定义格式为：

char 数组名[常量表达式1][常量表达式2];

例如：

```
char chArray2[3][4];
```

定义了一个3行4列的字符数组，可以存放12个字符类型的数据。

2. 字符数组的引用

字符数组的引用和数值型数组一样，也是使用下标的形式。例如，引用上面定义的字符数组 chArray 中的元素，代码如下：

```
chArray[0]='H';
chArray[1]='e';
chArray[2]='l';
chArray[3]='l';
chArray[4]='o';
```

上面的代码依次引用数组中的元素，并为其赋值。

【例 4-6】 从键盘输入10个字符存储在字符数组中，然后再将字符数组中的元素逐个输出。

实现代码如下：

```
#include "iostream.h"
void main()
{
    char ch[10],i;
    for(i=0;i<10;i++)
        cin>>ch[i];
    for(i=0;i<10;i++)
        cout<<ch[i]<<" ";
}
```

3. 字符数组的初始化

一维字符数组的初始化，有如下几种方法：

(1)逐个字符赋给字符数组中各元素。

这是最容易理解的初始化字符数组的方式，例如：

```
char ch[12]={'H','o','w',' ','a','r','e',' ','y','o','u','!'};
```

等价于

```
ch[0]='H';ch[1]='o';ch[2]='w';ch[3]=' ';ch[4]='a';ch[5]='r';ch[6]='e';ch[7]=' ';
ch[8]='y';ch[9]='o';ch[10]='u';ch[11]='!';
```

(2)在定义字符数组时进行初始化，可以省略字符数组的长度。

字符数组的长度也可用初值来确定，例如：

```
char str[ ]={'a','b','c'};
```

等价于

```
char str[3]={'a','b','c'};
```

(3)利用字符串给字符数组赋初值。

通常用一个字符数组来存放一个字符串。例如，用字符串的方式对数组做初始化赋值，代码如下：

```
char chArray [ ]={"How are you!"};
```

或将“{}”去掉，直接写成：

```
char chArray [ ]="How are you!";
```

注意

(1)如果花括号内的字符个数大于字符数组长度，则按语法错误处理。

(2)如果花括号内的字符个数小于字符数组长度，则只将这些字符赋给字符数组中前面那些元素，其余的元素自动定为空字符(即'\0')。如：

```
char ch[8]={'a','b','c','d','e','f'};
```

等价于

```
char ch[8]={'a','b','c','d','e','f','\0','\0'};
```

(3)以字符串方式赋初值时，字符数组后面自动添加串结束符'\0'。

【例 4-7】 字符数组的初始化。

```
#include "iostream.h"
void main()
{
    char ch[6]={'a','b','c','d','e','f'},i;
    for(i=0;i<6;i++)
        cout<<ch[i]<<" ";
}
```

4.3.2 字符串

1. 字符串及其结束符'\0'

字符串是用双引号括起来的若干有效字符序列，以'\0'(ASCII 码值为 0)结尾，也可以看成以'\0'结尾的字符数组。例如：

```
"I am a student"        //正确，合法的字符串
"a"                     //正确，合法的字符串
'a'                     //错误，是单字符，非字符串
morning                 //错误，没用双引号括起来
```

字符串是利用字符数组存放的。在进行字符处理时，必须事先知道字符数组中的字符个数，这在程序设计过程中是一件很麻烦的事。

C++语言提供了不需要了解数组中有效字符长度的方法。其基本思想是：在每个字符数组的有效字符后面(或字符串末尾)加上一个特殊字符'\0'(其 ASCII 码值为 0)，在处理字符数组的过程中，一旦遇到结束符'\0'，就表示已达到字符串末尾。

2. 字符串的存储

字符串是用字符数组来存储的，例如，对于字符数组 char s[15]，若将它用来存放字符串"I am a student"，则在内存中，该字符数组的存放形式如图 4-7 所示。

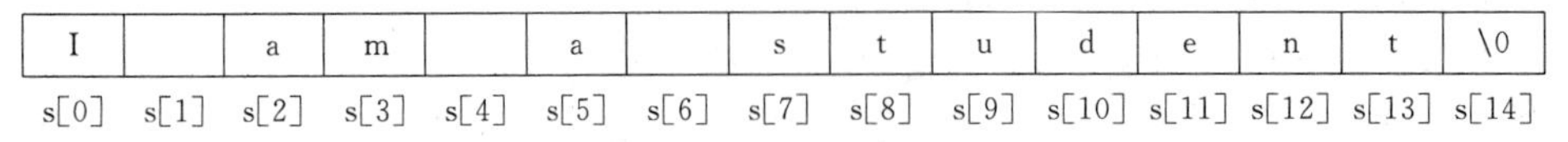

I		a	m		a		s	t	u	d	e	n	t	\0
s[0]	s[1]	s[2]	s[3]	s[4]	s[5]	s[6]	s[7]	s[8]	s[9]	s[10]	s[11]	s[12]	s[13]	s[14]

图 4-7 字符串的存放形式

注意

(1)字符串是用一维字符数组存放的,由于字符串有一个串结束符'\0',所以,存放 N 个字符的字符串,字符数组的元素个数至少应说明为 N+1。

(2)字符串 s 的串结束符'\0' 是字符串的唯一标识,如果没有这个串结束符,则 s 就是一般的字符数组,不能使用有关字符串的标准库函数进行操作。

3. 字符串的输入与输出

在 C/C++语言库函数中,提供以下两类字符串的输入与输出函数。

(1)格式化的字符串输入/输出函数:scanf()/printf()

【例 4-8】 字符串的格式化输入与输出。

```
#include <stdio.h>
void main()
{
    char chA[80];
    printf("请输入一个字符串：");
    scanf("%s",chA);
    printf("你输入的字符串是：%s\n",chA);
}
```

运行结果如下:

```
请输入一个字符串：computer programming↙(回车)  //输入两个单词
你输入的字符串是：computer                       //只接收第一个单词
```

(2)非格式化的字符串输入/输出函数:gets()、cin. getline()/puts()

①格式:

gets(字符数组名);

cin. getline(char *str, int n, char ch); //读取 n−1 个字符或遇到终止字符 ch

功能:读入从键盘输入的字符串,并存储在字符数组中。

②格式:

puts(字符数组名);

功能:将字符数组中的字符串输出在屏幕上。

【例 4-9】 字符串的输入与输出。

```
#include <stdio.h>
void main()
{
    char chA[80];
    puts("请输入一个字符串：");
    gets(chA);
    printf("你输入的字符串是：%s\n",chA);
}
```

运行结果如下:

```
请输入一个字符串：
computer programming↙(回车)                 //输入两个单词
你输入的字符串是：computer programming      //输入的两个单词全接收
```

注意

(1)输入函数 scanf()是以空格或回车作为输入结束符,所以,无法输入两个英文单词;而输入函数 gets()是以回车作为输入结束符,空格看作普通字符,所以可输入多个英文单词。

(2)输出函数 puts()输出字符串后自动换行。

【例 4-10】 输入一串字符,求出其长度。

```
#include <iostream.h>
void main()
{
    int i;
    char chStr[50];
    cout<<"请输入一个字符串:";
    cin.getline(chStr,50,'\n');                 //最多输入 49 个字符,或以回车结束输入
    for(i=0;chStr[i] !='\0'; i++)               //用串结束标识符'\0'控制循环终止
    { ; }                                       //循环体是空语句
    cout<<"字符串的长度是"<<i<<endl;
}
```

模仿练习

1.输入一组字符,要求分别统计出其中英文字母、数字、空格以及其他字符的个数。

2.统计字符串中有多少个单词。输入一行字符,然后统计其中有多少个单词,要求每个单词之间用空格分隔开,最后的字符不能为空格。

4.3.3 字符串处理函数

C++语言提供了一些字符串处理函数,这些函数的原型在头文件 string.h 中。

1.求字符串长度函数——strlen( )

格式:

strlen(字符数组名);

功能:计算字符串的实际长度(不包括结束符'\0')。函数的返回值为字符串的实际长度。

例如:

```
char str[80]="I am a student";                        //字符数组的长度为 80
cout<<"字符串的实际长度="<< strlen(str)<<endl;        //输出结果:字符串的实际长度=14
```

2.字符串复制函数——strcpy( )

格式:

strcpy(目的字符数组名,源字符数组名);

功能:把源字符数组中的字符串复制到目的字符数组中,字符串结束符'\0' 也一同复制。

说明

(1)要求目的字符数组应有足够的长度,否则不能全部装入所复制的字符串。

(2)"目的字符数组名"必须写成字符数组名形式,而"源字符数组名"可以是字符数组名,也可以是字符串常量,这时相当于把一个字符串赋给一个字符数组。

【例 4-11】　字符串复制。

运行程序，按提示输入一个字符串，调用 strcpy()函数把 chA 字符串复制到 chB 字符数组中，最后输出两字符数组。字符串复制效果如图 4-8 所示。

```
"D:\MYVC\chapter4\Debug\chapter4....
请输入一个字符串: Good morning!
复制后字符数组chA中的内容是:Good morning!
复制后字符数组chB中的内容是:Good morning!
Press any key to continue
```

图 4-8　字符串复制

```
#include <stdio.h>
#include <string.h>                    //字符串处理函数的原型在头文件 string.h 中
void main()
{
    char chA[80],chB[80];
    printf("请输入一个字符串：");
    gets(chA);                         //输入一个字符串存储到字符数组 chA 中
    strcpy(chB,chA);                   //将 chA 中的内容复制到 chB 中
    printf("复制后字符数组 chA 中的内容是:");
    puts(chA);
    printf("复制后字符数组 chB 中的内容是:");
    puts(chB);
}
```

注意

不能用赋值语句将一个字符串常量或字符数组直接赋给一个字符数组。例如：

```
char a[80],b[80]="I am a student";
strcpy(a,b);                           //正确
a=b;                                   //错误
a="I am a student";                    //错误
```

3. 字符串连接函数——strcat( )

格式：

strcat(目的字符数组名,源字符数组名);

功能：把源字符数组中的字符串连接到目的字符数组的后面，并删除目的字符数组中的字符串结束符'\0'。

要求目的字符数组应有足够的长度，否则不能装下连接后的字符串。

【例 4-12】　字符串连接。

运行程序，按提示输入两个字符串，调用 strcat()函数把 B 字符串连接到 A 字符数组中，最后输出 A 字符数组。字符串连接效果如图 4-9 所示。

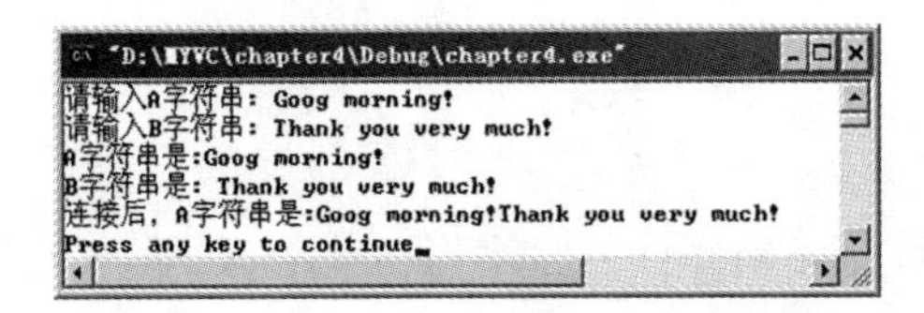

图 4-9　字符串连接

实现代码如下：

```
#include <stdio.h>
#include <string.h>
void main()
{
    char chA[80],chB[80];
    printf("请输入 A 字符串:");
    gets(chA);
    printf("请输入 B 字符串:");
    gets(chB);
    printf("A 字符串是:");
    puts(chA);
    printf("B 字符串是：");
    puts(chB);
    strcat(chA,chB);            //将 chB 中的字符串连接到 chA 的后面
    printf("连接后,A 字符串是:");
    puts(chA);
}
```

4. 两个字符串比较函数——strcmp( )、strncmp( )

函数 strcmp()用于两个字符串的比较，而函数 strncmp()用于两个字符串的前 n 个字符构成的子串的比较。两个字符串大小比较结果与英文单词字典排列先后确定的大小一致。

格式：

```
int r;
r=strcmp(字符数组名 1,字符数组名 2);
(或 r=strncmp(字符数组名 1,字符数组名 2);)
```

功能：按照 ASCII 码顺序比较两个字符数组中的字符串，并由函数返回值返回比较结果。

返回值如下：

r<0　字符串 1<字符串 2

r=0　字符串 1=字符串 2

r>0　字符串 1>字符串 2

说明

两个字符串比较大小，是将两个字符串的对应字符进行逐个比较，直到出现不同字符或遇到'\0' 字符为止。当两个字符串中的对应字符全部相等且同时遇到'\0' 字符时，才认为两个字符串相等；否则，以第一个不相等的字符的比较结果作为整个字符串的比较结果。

【例 4-13】 从键盘输入两个字符串，将其中较大的输出。

```
#include "iostream.h"
#include "string.h"
void main()
{
    char str1[81],str2[81],str[81];
    cout<<"请输入两个字符串:"<<endl;
    cin.getline(str1,80);
```

```
    cin.getline(str2,80);
    if(strcmp(str1,str2)<0) strcpy(str1,str2);
    strcpy(str,"较大的字符串是:");
    strcat(str,str1);
    cout<<str<<endl;
}
```

运行结果如下：

```
请输入两个字符串:
student ↙(回车)
teacher ↙(回车)
较大的字符串是:teacher
```

模仿练习

1. 不使用 strcpy()函数，实现字符串的复制功能。
2. 不使用 strcat()函数，实现两个字符串的连接功能。
3. 不使用 strlen()函数，求字符串的长度。

微课

结构体类型

4.4　结构体类型

思政小贴士

中华人民共和国各民族一律平等，各民族融合发展更能加强中华民族的凝聚力、向心力、认同感。结构体由若干平行"成员"组成，方便作为一个整体进行程序设计。

结构体将多种类型的元素组合在一起形成一个整体，与数组不同的是，数组中的元素都是同一种类型，而结构体中的元素可以是不同的类型。定义结构体类型之后，可以用结构体类型定义这种类型的实体，称为结构体变量。

4.4.1　结构体类型的定义

定义一个结构体类型的一般形式为：

```
struct 结构体类型名
{
    数据类型  数据项1;
    数据类型  数据项2;
    ……
    数据类型  数据项n;
};
```

【例 4-14】 假如一个学生的基本情况包含以下数据项：学号(no)、姓名(name)、年龄(age)和成绩(score)。那么，就可以用如下结构体类型描述学生的基本情况。

```
struct Student
{
    long no;               //学号
    char name[16];         //姓名
```

```
    int age;                //年龄
    int score;              //成绩
};
```

其中,结构体类型名是 Student,而 no、name、age 和 score 称为结构体的成员。

4.4.2 结构体变量的定义

定义了结构体类型 Student,并不分配存储空间。只有定义了相应的结构体变量,系统才分配内存空间。定义结构体变量有以下两种方法:

1. 间接定义法——先定义结构体类型,再定义变量

结构体变量定义的一般形式为:

struct 结构体类型名 变量名;

例如,第 4.4.1 节中定义的结构体类型 Student,就可以用来定义结构体变量:

```
struct Student ZhangSan;        //定义 Student 类型的变量 ZhangSan
struct Student LiSi;            //定义 Student 类型的变量 LiSi
```

说明

(1)同其他类型的变量定义一样,在同一个结构体类型说明符下,可以同时定义多个同类型的结构体变量,每个变量之间用逗号隔开。例如,语句:

```
struct  Student  ZhangSan,LiSi;
      ↓              ↓      ↓
结构体类型          结构体变量
```

定义 ZhangSan、LiSi 都是 Student 类型的变量。

(2)定义一个结构体类型变量,不仅要指定变量为结构体类型,还要指定为某一特定的结构体类型,如 struct Student。而在定义基本类型的变量时,如整型变量,只需要指定 int 型即可。

注意

在定义结构体变量后,系统才为其分配存储单元。同一结构体变量的成员占用连续空间,如图 4-10 所示。例如,ZhangSan 和 LiSi 在内存中各占 28 个字节(4+16+4 * 2)。

	no	name	age	score
ZhangSan:	2013001	Name One	18	85
LiSi:	2013002	Name Two	20	65

图 4-10 结构体变量 ZhangSan、LiSi 的存放形式

2. 直接定义法——在定义结构体类型的同时定义变量

定义的一般形式为:

```
struct [结构体类型名]                //此时,结构体类型名可缺省
{
    数据类型  数据项 1;
    数据类型  数据项 2;
    ……
    数据类型  数据项 n;
```

```
}变量名表;
```

例如：

```
struct Student
{
    long no;              //学号
    char name[16];        //姓名
    int age;              //年龄
    int score;            //成绩
}ZhangSan,LiSi;           //定义结构体变量 ZhangSan,LiSi
```

定义了 struct Student 类型，同时也定义了 struct Student 类型的变量 ZhangSan 和 LiSi。

说明

(1)类型与变量是不同的概念，不能混淆。结构体类型的定义只说明了结构体的组织形式，本身并不占用存储空间，只有当定义了结构体变量时，才分配存储空间。

(2)在不同结构体类型里，成员名可以相同，但它们各自代表不同的对象，互不相干。

(3)结构体的成员也可以是结构体类型的变量，例如：

```
struct date               //时间结构体
{
    int year;             //年
    int month;            //月
    int day;              //日
};
struct StudentInf         //学生信息结构体
{
    long no;              //学号
    char name[16];        //姓名
    int age;              //年龄
    int score;            //成绩
    struct date birthday; //出生日期，该成员就是结构体变量
}student1,student2;
```

定义了一个学生信息结构体类型，并定义了两个结构体变量 student1、student2。在 struct StudentInf 结构体类型中，其中一个成员是表示学生出生日期，使用 struct date 结构体类型。

4.4.3　结构体变量的引用

1. 简单结构体变量的引用

结构体变量的引用是通过对其每个成员的引用来实现的，一般形式如下：

结构体变量名.成员名

(1)“.”是结构体的成员运算符，它在所有运算符中优先级最高，因此，上述引用结构体成员的写法可以作为一个整体看待。结构体变量中的每个成员都可以像同类型的普通变量一样进行各种运算。

例如，4.4.2 节中定义的结构体变量 ZhangSan，以下就是对其 5 个成员的引用。

```
ZhangSan.no=20130001L;                //学号赋值
cin>>ZhangSan.name;                   //输入姓名
cin>>ZhangSan.age;                    //输入年龄
cout<<ZhangSan.score;                 //输出成绩
```

(2)如果成员本身又属于一个结构体类型，这时就要使用成员运算符“.”，一级一级地找到最低一级成员。只能对最低级的成员进行赋值或存取以及运算操作。例如，对4.4.2节中定义的student1变量的出生日期(2013年9月16日)进行赋值，代码如下：

```
student1.birthday.year=2013;
student1.birthday.month=9;
student1.birthday.day=16;
```

【例 4-15】 结构体变量的引用。

假设学生信息含有：学号、姓名、年龄和成绩。先定义学生的结构体类型，再定义两个结构体变量，从键盘输入结构体变量的相关信息，最后将结构体变量的信息输出。运行结果如图4-11所示。

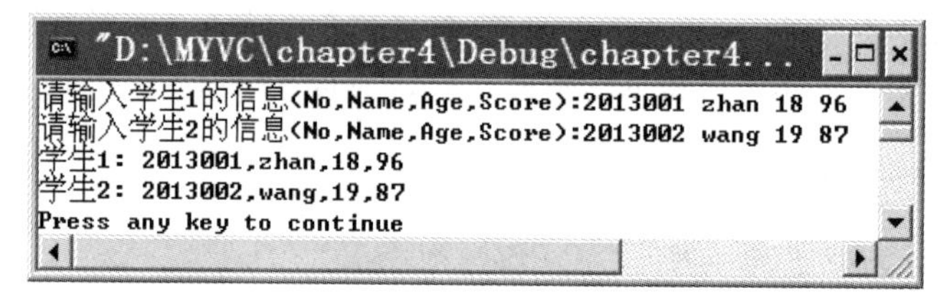

图 4-11 结构体变量的引用

实现代码如下：

```
#include "iostream.h"
struct Student
{
    long no;                    //学号
    char name[16];              //姓名
    int age;                    //年龄
    int score;                  //成绩
};
void main()
{
    struct Student stu1,stu2;       //定义两个结构体变量 stu1,stu2
    cout<<"请输入学生 1 的信息:(No,Name,Age,Score):";
    cin>>stu1.no>>stu1.name>>stu1.age>>stu1.score;
    cout<<"请输入学生 2 的信息:(No,Name,Age,Score):";
    cin>>stu2.no>>stu2.name>>stu2.age>>stu2.score;
    cout<<"学生 1: ";
    cout<<stu1.no<<","<<stu1.name<<","<<stu1.age<<","<<stu1.score<<"\n";
    cout<<"学生 2: ";
    cout<<stu2.no<<","<<stu2.name<<","<<stu2.age<<","<<stu2.score<<"\n";
}
```

2. 同类型结构体变量间的引用

ANSI C新标准允许将一个结构体类型的变量，作为一个整体赋给另一个同结构体类型的变量。如有定义：

```
struct Student stud1,stud2;
```

假若要把已赋值好的 stud1 各成员值复制给 stud2 对应的各成员，则可用赋值语句实现：

```
stud2=stud1;        //将变量 stud1 的各成员值赋给变量 stud2 对应的成员
```

注意

结构体变量不能作为一个整体进行输入/输出，只能对结构体变量中的各个成员分别进行输入/输出。例如：

```
cout<<stud1;                //错误,不能整体输出
cout<<stud1.name;           //正确
```

4.4.4 结构体变量的初始化

定义结构体变量的同时，允许对结构体变量初始化，但结构体成员的数据类型要与初值的数据类型一致。

例如：

```
struct Student
{
    long no;                //学号
    char name[16];          //姓名
    int age;                //年龄
    int score;              //成绩
}stu={2013001L,"ZhangSan",17,80};
```

这样结构体变量 stu 被初始化，它描述了某一个学生的信息，具体地说，该学生：

学号：2013001，姓名：ZhangSan，年龄：17，成绩：80

【例 4-16】 结构体变量的初始化。

定义学生的结构体类型同时定义变量 stu1 并初始化；对结构体变量 stu2，先定义结构体类型，后定义变量并初始化。最后将存储在两个结构体变量中的信息输出。运行结果如图 4-12 所示。

图 4-12　结构体变量的初始化

实现代码如下：

```
#include "iostream.h"
struct Student
{
    long no;                                    //学号
    char name[16];                              //姓名
    int age;                                    //年龄
    int score;                                  //成绩
    }stu1={2013001L,"ZhangSan",17,85};          //定义变量 stu1 并初始化
void main()
```

```
{
    struct Student stu2={2013002L,"WangWu",16,95}; //定义变量 stu2 并初始化
    cout<<"学生 1 的信息:";
    cout<<stu1.no<<","<<stu1.name<<","<<stu1.age<<","<<stu1.score<<endl;
    cout<<"学生 2 的信息:";
    cout<<stu2.no<<","<<stu2.name<<","<<stu2.age<<","<<stu2.score<<endl;
}
```

说明

(1)对结构体变量的初始化,类似于数组初始化,可以对部分成员初始化。所以,

stu1={2013003L,"Name Three",17};

等价于

stu1={2013003L,"Name Three",17,0};

只对前 3 个成员显式赋值,后一个成员自动设为 0。

(2)初始化数据的顺序、类型与结构体类型定义时相匹配。

模仿练习

定义一个描述学生信息的结构体类型(含有:学号、姓名、5 门课程成绩和总成绩),然后定义结构体变量。输入其相关信息,统计总成绩,最后输出该学生的所有信息。

4.5 结构体数组

结构体数组的每一个元素,都是结构体类型数据,均含结构体类型的所有成员。

4.5.1 结构体数组的定义

定义结构体数组的一般形式如下:

struct 结构体类型名 数组名;

例如,定义学生信息的结构体数组,其中包含 40 名学生的信息,代码如下:

```
struct Student
{
    long no;            //学号
    char name[16];      //姓名
    int age;            //年龄
    int score;          //成绩
};
struct Student stu[40];//定义结构体数组
```

或者直接定义一个结构体数组:

```
struct Student
{
    long no;            //学号
```

```
    char name[16];   //姓名
    int age;         //年龄
    int score;       //成绩
}stu[40];
```

上面代码定义了一个结构体数组 stu,其中的元素为 struct Student 类型数据,数组有 40 个元素。从而就可以存储 40 名学生的信息,如图 4-13 所示。

stu	no	name	age	score
stu[0]	2013001	Name One	18	89
stu[1]	2013002	Name Two	17	70
……	……	……	……	……
stu[39]	2013040	Name Forty	19	60

图 4-13　结构体数组

4.5.2　结构体数组的引用

结构体数组元素也是通过数组名和下标来引用的。对结构体数组元素的引用与对结构体变量的引用一样,也是逐级引用,只能对最低级的成员进行存取和运算。

结构体数组引用的一般形式为:

数组名[下标].成员名

例如,对上面定义的数组 stu 而言,下面的引用是合法的:

```
stu[i].no=2013002L;          //给第 i 个学生的学号赋值(i=0,1,2,…,39)
cout<<stu[i].name;           //输出第 i 个学生的姓名(i=0,1,2,…,39)
stu[i].age=19;               //给第 i 个学生的年龄赋值(i=0,1,2,…,39)
```

【例 4-17】　结构体数组的引用。

有 N 名学生,学生的信息包含:学号、姓名、年龄和成绩,要求从键盘输入 N 名学生的信息,最后再将 N 名学生的信息输出。运行结果如图 4-14 所示。

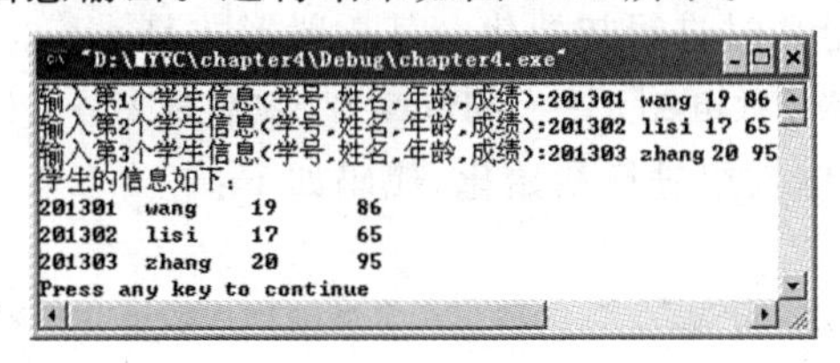

图 4-14　结构体数组的引用

算法设计要点:

(1)以学生的信息数据项为成员,定义结构体类型和相应的结构体数组。

(2)输入每个学生的信息,存储在结构体数组中。

(3)输出结构体数组中每个元素的信息。

实现代码如下:

```
#include "iostream.h"
#define   N   3
struct Student
{
    long no;                  //学号
```

```
    char name[16];           //姓名
    int age;                 //年龄
    int score;               //成绩
};
void main()
{
    int i;
    struct Student stu[N];                  //①定义结构体类型数组
    for(i=0;i<N;i++)                        //②输入学生的信息,存储在结构体数组中
    {
        cout<<"输入第"<<i+1<<"个学生信息(学号,姓名,年龄,成绩):";
        cin>>stu[i].no>>stu[i].name>>stu[i].age>>stu[i].score;
    }
    cout<<"学生的信息如下:\n";
    for(i=0;i<N;i++)                        //③输出学生信息
    {
        cout<<stu[i].no<<"\t"<<stu[i].name<<"\t";
        cout<<stu[i].age<<"\t"<<stu[i].score<<endl;
    }
}
```

注意

一般情况下,把结构体类型的定义放在 main()函数前面。对规模较大的程序,常常将结构体类型的定义放在一个头文件中,这样在其他源文件中如果需要使用该结构体类型,就可以用#include 命令将该头文件包含到源文件中。

4.5.3 结构体数组的初始化

结构体数组也可以在定义时进行初始化。其一般形式是:

struct 结构体类型 结构体数组名[n]={{初值表 1},{初值表 2},…,{初值表 n}};

例如,对学生信息结构体数组进行初始化,代码如下:

```
struct Student stu[4]={
            {2013001,"ZhangSan",17,80},   //定义结构体数组并设置初始值
            {2013002,"WangWu",19,85},
            {2013003,"LiShin",16,75},
            {2013004,"LaoQin",20,60}
                };
```

说明

根据缺省原则,结构体数组元素个数可以省略,其元素个数由初始值决定。

【例 4-18】 初始化结构体数组,并输出学生信息。

```
#include "iostream.h"
struct Student
{
    long no;            //学号
```

```
    char name[16];     //姓名
    int age;           //年龄
    int score;         //成绩
};
void main()
{   struct Student stu[]={{2013001,"ZhanSan",17,80},
                          {2013002,"WangWu",19,85},
                          {2013003,"LiShin",16,75},
                          {2013004,"LaoQin",20,60}};
    for(int i=0;i<4;i++)
    {
        cout<<"第"<<i+1<<"个学生: ";
        cout<<"学号:"<<stu[i].no;
        cout<<"姓名:"<<stu[i].name;
        cout<<"年龄:"<<stu[i].age;
        cout<<"成绩:"<<stu[i].score<<endl;
    }
}
```

运行结果如图 4-15 所示。

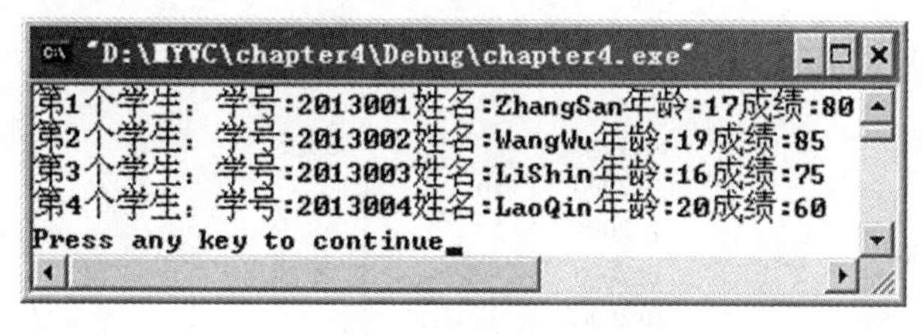

图 4-15 学生基本信息

模仿练习

1. 有 N 名学生，学生的信息包含：学号、姓名、年龄和成绩，要求从键盘输入 N 名学生的信息，最后以成绩做关键字降序排序并输出。

2. 在已建立好的 N 名学生信息中，统计成绩不及格的学生人数并输出成绩及格学生的相关信息。

4.6 指 针

思政小贴士

指针是 C/C++语言的精髓，他直接与内存打交道，正确合理使用他尤为重要，否则可能导致系统崩溃。作为职业人必须具有良好的职业道德，尊法守法，提高安全意识，维护企业数据安全，掌握计算机安全和数据安全的有效控制手段，提升对数据安全的理解和保障能力。

指针是 C++语言中的一个重要概念，可以有效地表示复杂的数据结构、动态分配内存、方便地使用字符串、在调用函数时能得到多个返回值以及可以直接处理内存地址等。

4.6.1 指针的概念

为了理解指针，必须了解计算机硬件系统的内存地址的概念。

1. 内存地址

在计算机硬件系统的内存中，拥有大量的存储单元(以字节为单位)。为了便于管理，每一个存储单元都有唯一的编号，这个编号就是存储单元的“地址”。类似于教学楼中的每一个教室需要一个编号(按楼层、顺序编号)。例如，对16位机，DOS环境下的应用程序，其代码段、数据段和堆栈段放在位于内存地址0x0000～0xffff的640 KB常规内存中。也就是说，程序中的某一变量，对应0x0000～0xffff的某些存储单元。

2. 变量的地址和变量的值

在程序中定义变量时，计算机就按变量的类型，为其分配一定长度的存储单元。例如：

```
int x,y;
float z;
```

计算机在内存中为变量x和y各分配4个字节的存储单元，为z分配4个字节的存储单元。不妨设它们所对应的内存首地址分别为0x2000、0x2004和0x2008。当执行赋值语句：

```
x=10;
y=x+2;
z=5.6;
```

后，对应内存单元的状态如图4-16所示。

内存地址	内存	变量名
0x2000	10	x
0x2004	12	y
0x2008	5.6	z
0x200C		

图4-16 内存单元状态

变量x，它的值等于10，而它在内存中的首地址是0x2000(占用地址是0x2000～0x2003的4个字节的存储单元)。

变量y，它的值等于12，而它在内存中的首地址是0x2004(占用地址是0x2004～0x2007的4个字节的存储单元)。

变量z，它的值等于5.6，而它在内存中的首地址是0x2008(占用地址是0x2008～0x200B的4个字节的存储单元)。

C++语言中的变量x有两个关联概念，一是它内存单元的内容即它的数值，另一个是它对应内存单元的起始地址如0x2000，简称为变量x的地址。

3. 变量的指针与指针变量

(1)变量的指针

一个变量的首地址称为该变量的指针，记作&x。即在变量名前加取地址运算符“&”。例如，变量x的首地址是0x2000，我们就说变量x的指针是0x2000。

(2)指针变量

专门用来存放变量首地址的变量称为指针变量。当指针变量中存放着另一个变量的首地址时，就称这个指针变量指向那一个变量。

例如，假设 px 是指针变量，并存放 x 的首地址 0x2000，如图 4-17(a)所示，简称为 px 指向 x，用图 4-17(b)表示。

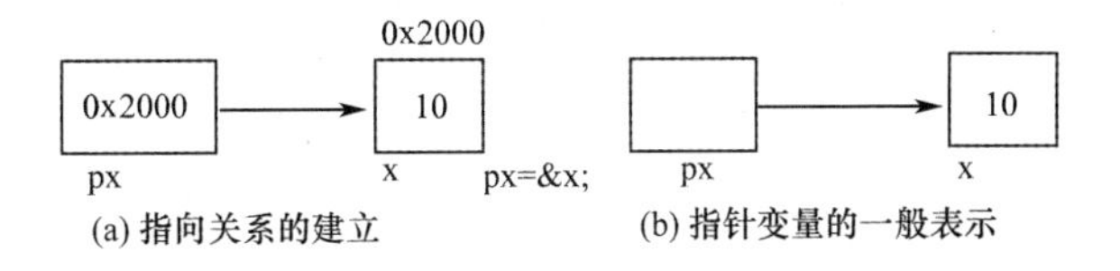

图 4-17　指向关系的建立与指针变量的一般表示

(3)指针变量与它所指向的变量的关系

指针变量也是变量，在内存中也占用一定的存储单元，也有“地址”和“值”的概念。指针变量的“值”是另一实体(变量、数组或函数等)的地址。

指针变量 px 与它所指向的变量 x 的关系，用指针运算符“ * ”表示为：* px。

即 * px 等价于变量 x，因此，下面两条语句的作用相同。

```
x=100;                    //将 100 直接赋给变量 x
* px=100;                 //将 100 间接赋给变量 x
```

4.6.2　指针变量的定义和初始化

1. 指针变量的定义

指针变量也是先定义后使用。指针变量的定义格式为：

类型标识符 * 指针变量名;

例如，声明语句：

```
int * p1;                 //定义指向 int 型变量的指针 p1
float * p2;               //定义指向 float 型变量的指针 p2
char * p3;                //定义指向 char 型变量的指针 p3
```

说明

(1)这里星号“ * ”表示定义的是指针变量，因此，与其他变量的定义相比，除变量名前面多了一个星号“ * ”外，其余一样。

(2)“类型标识符”表示该指针所指向的变量的类型。星号“ * ”和前面的类型标识符之间，以及和后面的指针变量名之间可以有 0 个或多个空白字符(空格、制表符 tab、回车换行符)。

2. 指针变量的初始化

在指针变量定义时，所存放的地址是随机的，未经赋值的指针变量不能使用。可以在定义时对其初始化。指针的定义和初始化的一般形式为：

类型标识符 * 指针变量名=& 变量名;

给指针变量赋值有以下两种方法。

(1)在定义指针变量的同时就进行赋值

```
int x;
int * px=&x;
```

(2)先定义指针变量，之后再赋值

```
int x;
int * px;
px=&x;
```

【例 4-19】 从键盘中输入两个数,利用指针方法将这两个数输出。

```
#include "iostream.h"
void main( )
{
    int x,y;
    int * px, * py;
    px=&x ;
    py=&y;
    cout<<"请输入 x,y:";
    cin>>x>>y;
    cout<<"x="<< * px<<",y="<< * py<<endl;
}
```

4.6.3 指针变量的使用

指针变量的使用通过"&"和"*"两种运算来实现。

1. 取地址运算符"&"

赋值语句:

```
px=&x;
```

通过取地址运算符"&",把变量 x 的地址赋给指针变量 px,也就是使 px 指向 x。于是就可以通过指针 px 间接访问变量 x 了。我们可以用图 4-18 形象地表示出来。

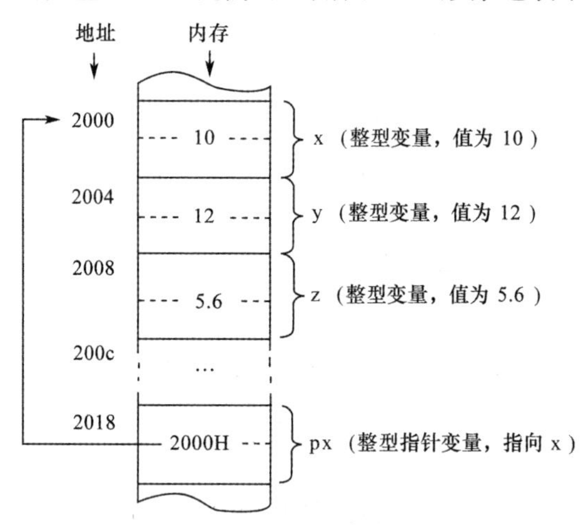

图 4-18 变量、存储单元和指针变量

x 是一个整型变量,假定它放在 0x2000 单元,px 是一个整型指针变量,假设它的首地址是 0x2018,由于 px 指向 x(图中用箭头表示),所以 px 的内容是 0x2000,或说 px==0x2000。值得注意的是:指针变量的内容和指针变量本身的地址是不一样的。即 px≠&px。

2. 指针运算符"*"

px 指向 x 后,就可以通过 px 间接访问它所指向的变量 x 了。*px 就等价于 x,所以,以下两条赋值语句:

```
* px=10;
x=10
```

是等价的,都是将 10 赋给 x。同样,以下两条语句:

```
cout<<x<<endl;
cout<< * px<<endl;
```

是以直接和间接方式输出变量 x 的值，因此输出结果都是 10。

3. 变量的存取方式

(1)直接访问

在计算机内，对变量的访问其实是通过存储单元的地址进行的，例如，当机器执行语句：

```
cout<<x;
```

时，机器先找到变量 x 的地址(即 0x2000)，然后从 0x2000～0x2003 这 4 个地址所对应的存储单元中取出数据 10(即变量 x 的值)，然后再输出。前面对变量的存取操作都是通过这种访问方式进行的。

(2)间接访问

假设 px 是整型指针变量，它被分配到 0x2018～0x201B 存储单元，其值可以通过赋值语句"px=&x;"得到。此时，指针变量 px 的值就是变量 x 在内存中的起始地址 0x2000，如图 4-18 所示。

通过指针变量 px 存取变量 x 的值的过程如下：

首先找到指针变量 px 的地址(0x2018～0x201B)，取出其值 0x2000(正好是变量 x 的起始地址)；然后从 0x2000～0x2003 中取出变量 x 的值 10。

【例 4-20】 通过指针变量访问简单变量。

```
#include <iostream.h>
void main()
{   int x;                              //定义一个简单变量 x
    int * px;                           //定义一个指针变量 px
    //①直接方式访问变量 x
    x=10;                               //直接方式给变量 x 赋值
    cout<<"x="<< x<<endl;               //直接方式输出变量 x
    //②间接方式访问变量 x
    px=&x;                              //把变量 x 的地址赋给 px
    * px=100;                           //间接方式给变量 x 赋值
    cout<<" * px="<< * px<<endl;        //间接方式输出变量 x
    //③ * px 与 x 的等价性验证
    cout<<"x="<< x<<endl;               //直接方式输出变量 x
}
```

运行结果如下：

```
x=10
* px=100
x=100
```

注意

(1)一个指针变量只能指向同类型的普通变量，例如，上例中的 px 只能指向 int 型的变量，不能指向 float 型的变量，即不能处理 float 型变量的地址。

(2)指针变量定义语句中的星号" * "，是指针变量的标识符，非运算符；执行语句中的星号" * "是运算符，其意义是访问指针变量所指向的变量的值。

模仿练习

1. 通过指针交换两个指针所指向的变量的值。
2. 输出变量的地址和指针的值，了解指针变量的意义。
3. 将键盘输入的两个整数分别存入变量 x、y 中，再按由小到大的顺序输出。

4.6.4 指针变量的自加、自减运算

指针的自加、自减运算不同于普通变量的自加、自减运算，即它不是简单的加 1、减 1。而是对应于内存地址的偏移量实施的，偏移量会随指针类型的不同而异。

【例 4-21】 短整型指针变量自加运算。

```
#include "iostream.h"
void main()
{
    short x=10;
    short * px;
    px=&x;
    cout<<" px 的当前值是："<<oct<<px<<endl;
    px++;
    cout<<"px 加 1 后的值是："<<px<<endl;
}
```

运行结果如图 4-19 所示。

图 4-19 短整型指针变量地址输出

【例 4-22】 长整型指针变量自加运算。

```
#include "iostream.h"
void main()
{
    long x=9L;
    long * px=&x;
    cout<<" px 的当前值是："<<oct<<px<<endl;
    px++;
    cout<<"px 加 1 后的值是："<<px<<endl;
}
```

运行结果如图 4-20 所示。

```
"D:\■YVC\chapter4\Debug\chapt...
 px的当前值是: 0x0012FF7C
px加1后的值是: 0x0012FF80
Press any key to continue
```

图 4-20 长整型指针变量地址输出

说明

在例 4-21 中，短整型变量 x 在内存中占 2 个字节，指针 px 指向 x 的地址，这里的 px++不是简单地在地址上加 1，而是指向下一个存放短整型数的地址。如图 4-21 所示，px++后 px 的值增加 2(2 个字节)。而在例 4-22 中，由于 x 被定义为长整型，所以 px++的值增加了 4(4 个字节)，如图 4-22 所示。

指针都是按照它所指向的数据类型的直接长度进行增或减。

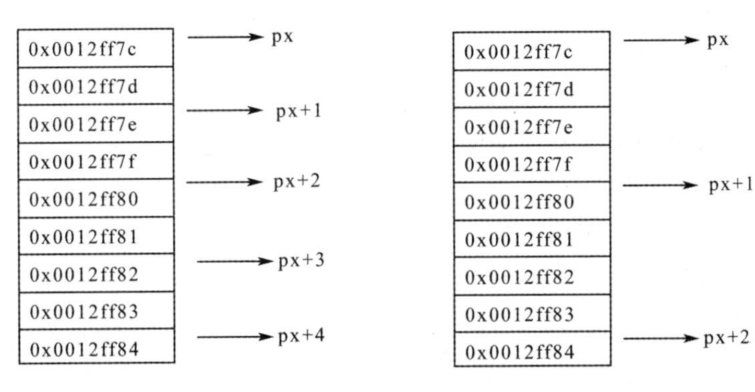

图 4-21　指向短整型变量的指针　　　　图 4-22　指向长整型变量的指针

4.6.5　指针与数组

指针和数组有着极为密切的联系。引用数组元素可以用下标法，也可以用指针法，两者相比而言，下标法易于理解，适合于初学者；而指针法有利于提高程序执行效率。

1. 数组的指针

指针与数组

数组在内存中的起始地址称为数组的指针。数组元素的指针是其元素在内存中的起始地址。

例如，int data[6]；

则 C++语言规定：

(1)数组名 data 是指针常量，它代表的是数组的首地址，也就是 data[0]的首地址。

(2)data+i 就是 data[i]的首地址(i=0,1,2,…,5)，即 data+i 与 &data[i]等价。数组元素 data[i]的首地址 &data[i]称为 data[i] 的指针。因为地址就是指针，所以 data+i 又称为指向 data[i]的指针，简称为 data+i 指向 data[i]，可用图 4-23(a)形象地表示。

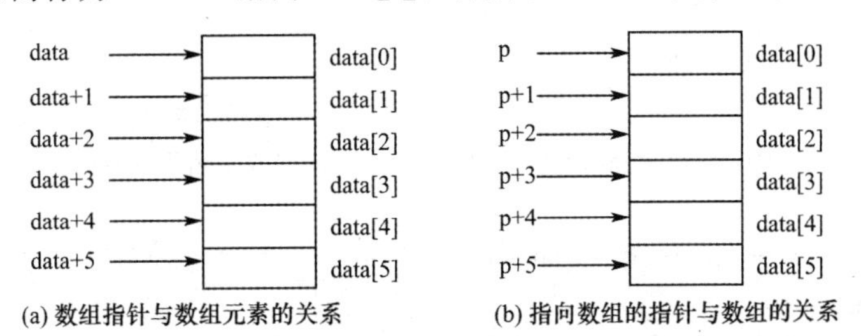

(a) 数组指针与数组元素的关系　　(b) 指向数组的指针与数组的关系

图 4-23　用指针引用数组元素

引用数组元素时，可用 * data、* (data+1)、* (data+2)、…、* (data+5)的方式，以下两循环语句完全等价，都是输出数组 data 的所有元素值。

```
for(int i=0;i<6;i++)
    cout<<data[i];
```

```
for(int i=0;i<6;i++)
    cout<<*(data+i);
```

2. 指向数组的指针变量

类似于指向变量的指针。例如：

```
int data[6];                 //定义 data 为包含 6 个整型数据的数组
int *p ;                     //定义 p 为指向整型变量的指针变量
```

则语句：

```
p=&data[0]; (或 p=data;)// p 指向 data 数组的第 0 号元素
```

就称 p 是指向数组 data 的指针变量。且有如下结论：

(1)如果 p 的初值为 &data[0],则 p+i 就是 data[i]的地址 &data[i](i=0,1,2,…,5)。

(2)如果 p 指向数组中的一个元素,则 p+1 就指向同一数组的下一个元素。p+1 所代表的地址实际上是 p+1*d,d 是一个数组元素所占字节数(对整型 int,d=4;对实型 double,d=8;对字符型,d=1),如图 4-23(b)所示。

3. 数组元素的引用

若有如下声明语句：

```
int data[6];
int *p=data;
```

则 p 是指向数组 data 的指针变量,指针和数组之间有如下恒等式：

- data+i==&data[i]==p+i　　　　　　　(i=0,1,2,…,5)
- data[i]==*(data+i)==*(p+i)==p[i]　(i=0,1,2,…,5)

所以,引用数组第 i 个元素,有以下几种访问方式：

(1)下标法

```
data[i]                      //①数组名下标法
p[i]                         //②指针变量下标法
```

(2)指针法

```
*(data+i)                    //①数组名指针法
*(p+i)                       //②指针变量指针法
```

【例 4-23】 用下标法和指针法引用数组元素。

```
#include "iostream.h"
void main()
{
    int data[6]={0,3,6,9,12,15};
    int *p=data,i;                             //p 指向数组 data
    for(i=0;i<6;i++) cout<<data[i]<<" ";       //数组名下标法
    cout<<endl;
    for(i=0; i<6;i++) cout<<*(data+i)<<" ";    //数组名指针法
    cout<<endl;
    for(i=0;i<6;i++) cout<<p[i]<<" ";          //指针变量下标法
    cout<<endl;
    for(i=0;i<6;i++) cout<<*(p+i)<<" ";        //指针变量指针法
    cout<<endl;
}
```

运行结果如下：

```
0  3  6  9  12  15
0  3  6  9  12  15
0  3  6  9  12  15
0  3  6  9  12  15
```

4. 指向字符串的指针

用双引号“""”括起来的字符序列称为字符串，例如"Welcome to Shenzhen University!"。字符串在内存中以'\0'结尾。因为一个字符指针可以保存一个字符的地址，所以也可以对它定义和初始化。

例如：char * pc="GOOD MORNING"；

该语句定义了字符指针 pc，并且用字符串的第一个字符的地址来初始化它，此外为字符串本身也分配了内存单元。假设字符串"GOOD MORNING"存放在从 0x2000 开始的内存单元中。pc 分配了一个内存地址，pc 指向字母 G。

【例 4-24】 将字符串 str_a 复制到字符串 str_b 中。

```
#include "iostream.h"
void main()
{
    char str_a[]="This is a string!";
    char str_b[60], * pa, * pb;
    pa=str_a;
    pb=str_b;
    for(; * pa!='\0';pa++,pb++)
        * pb= * pa;
    * pb='\0';
    cout<<"字符串 str_a 是："<<str_a<<endl;
    cout<<"字符串 str_b 是："<<str_b<<endl;
}
```

运行结果如下：

```
字符串 str_a 是：This is a string!
字符串 str_b 是：This is a string!
```

模仿练习

1. 不使用 strlen()函数，用字符指针方法，求字符串的长度。
2. 不使用 strcat()函数，用字符指针方法，实现两个字符串的连接功能。

4.6.6 指针与结构体

一个结构体类型变量在内存中占用一段连续存储单元，这段内存单元的首地址就是该结构体变量的指针。可以用一个指针变量指向一个结构体变量，或指向结构体数组中的元素。对结构体变量的操作就可用结构体指针变量操作。

1. 指向结构体变量的指针

结构体变量的首地址就是该结构体变量的指针。用地址运算符“&”，就可获得结构体变量的指针。指向一个结构体变量的指针变量称为结构体指针变量。

【例 4-25】 利用结构体指针变量访问结构体中的成员。

```
#include "iostream.h"
struct MyTime
{   int hour;
    int minute;
    int second;
};
struct MyTime t={2,34,56};            //定义结构体变量 t,并初始化
void main(void)
{   //①类似简单变量,定义结构体指针变量 pt
    struct MyTime *pt;
    //②使结构体指针 pt 指向结构体变量 t
    pt=&t;
    //③用结构体指针变量 pt 间接访问方法,输出结构体各成员的值
    cout<<(*pt).hour<<"时"<<(*pt).minute<<"分"<<(*pt).second<<"秒"<<endl;
}
```

运行结果如下:

```
2 时 34 分 56 秒
```

在 C++语言中,为了便于使用和直观表示,通常使用结构体指针运算符"->"访问结构体中的成员,可以把(*pt).hour 改用 pt->hour 来代替。一般地,如果指针变量 pt 已指向了结构体变量 t,则以下三种形式等价:

①t.成员　　　(结构体变量名.成员名)

②(*pt).成员　((*结构体指针变量名).成员名)

③pt->成员　(结构体指针变量名->成员名)

2. 指向结构体数组的指针

可以用指向结构体数组的指针来访问结构体数组的元素。

【例 4-26】 利用指向结构体数组的指针来访问结构体数组。

```
#include "iostream.h"
struct Student
{
    char name[16];
    char sex;
    int score;
};
void main()
{
    struct Student stu[3]={{"Zhang",'M',100},{"LiSi",'F',67},{"Wang",'M',90}};
    struct Student *p;
    for(p=stu;p<stu+3;p++)
        cout<<p->name<<" "<<p->sex<<" "<<p->score<<endl;
}
```

运行结果如下:

```
Zhang,M,100
LiSi,F,67
Wang,M,90
```

p 的内容如图 4-24 所示。

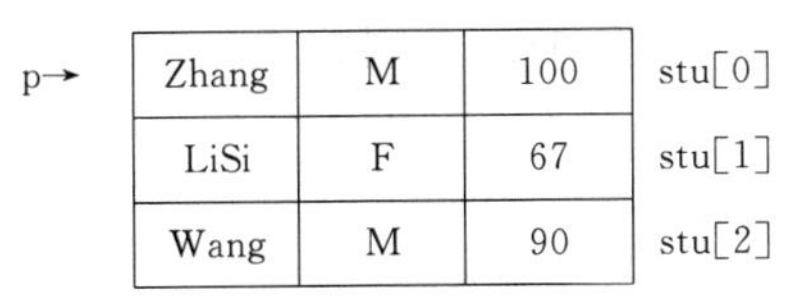

p→			
Zhang	M	100	stu[0]
LiSi	F	67	stu[1]
Wang	M	90	stu[2]

图 4-24　p 的内容

说明

(1)p 的初值为 stu,第 1 次循环输出 stu[0]的各个成员值。p++后,p 的值等于 stu+1,即 p 指向 stu[1]的起始地址 &stu[1],第 2 次循环输出 stu[1]的各个成员值。依次类推。

(2)如果 p 指向结构体数组中的一个元素,则 p+1 就指向同一结构体数组的下一个元素。p+1 所代表的地址是 p+1 * d,其中 d 等于 sizeof(struct Student)。

修改例 4-26,用函数实现结构体数组的输出。

4.7　情景应用——训练项目

项目 1　不同进制数的转换

【项目描述】

在 C++程序中,一般使用十进制数,有时为了提高效率或其他一些原因,还要使用二进制数。本实例将平时纸上的运算过程用程序实现,运行结果如图 4-25 所示。

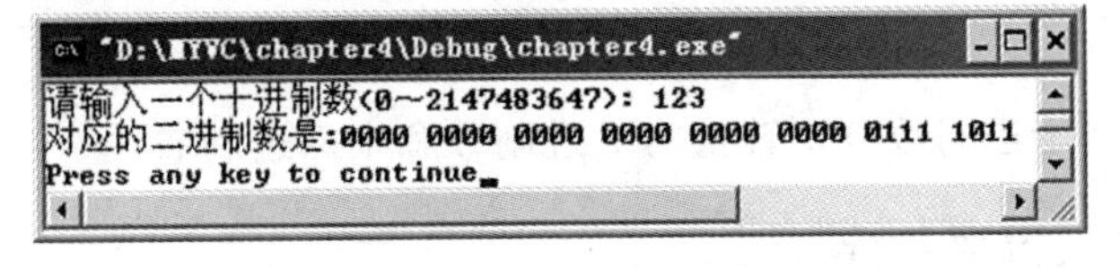

图 4-25　十进制数与二进制数的转换

【算法设计】

(1)用数组来存储每次对 2 取余的结果。

(2)用递推方法求二进制各位数字,因为

$n=a_n\times 2^n+a_{n-1}\times 2^{n-1}+\cdots+a_2\times 2^2+a_1\times 2^1+a_0$

$a_0=n\%2$

$n=n/2=a_n\times 2^{n-1}+a_{n-1}\times 2^{n-2}+\cdots+a_2\times 2^1+a_1$

$a_1=n\%2$

所以,可用循环求出二进制各位数字,并存储在数组中,代码如下:

```
for(m=0;m<32;m++)
{  i=n%2;
```

```
    j=n/2;
    n=j;
    a[m]=i;
}
```

(3)从高位至低位反向输出转换后的二进制数。

参考代码如下：

```
#include "iostream.h"
void main()
{
    int i,j,n,m,a[32]={0};
    cout<<"请输入一个十进制数(0~2147483647)：";
    cin>>n;
    cout<<"对应的二进制数是:";
    for(m=0;m<32;m++)
    {
        i=n%2;
        j=n/2;
        n=j;
        a[m]=i;
    }
    for(m=31;m>=0;m--)                //输出转换后的二进制数
    {
        cout<<a[m];
        if(m%4==0) cout<<" ";
    }
    cout<<endl;
}
```

训练项目

设计一个程序，将十进制数分别转换为八进制数和十六进制数。

项目2　统计候选人得票程序

【项目描述】

编写统计候选人得票程序：设有4名候选人，以输入得票的候选人名方式模拟唱票，最后输出得票结果。

【算法设计】

(1)定义结构体数组，并初始化

候选人相关的信息是：姓名和得票，其中姓名用字符数组存储，得票用整型变量存储，由于4名候选人是已知的，并且得票初值为0，所以，可以用初始化方法定义。

```
struct candidate
{
    char name[16];
```

```
    int count;
};
struct candidate leader[4]={{"LiSi",0},{"WangWu",0},{"ZhangSan",0},{"ShenZuo",0}};
```

(2)输入一个得票的候选人名,模拟唱票

```
cin>>name;                  //唱票:输入候选人姓名
for(j=0;j<4;j++)            //每唱一票,相应候选人票数加 1
    if(!strcmp(name,leader[j].name))
        leader[j].count++;
```

(3)输出各候选人得票

```
for(j=0;j<4;j++)                    //输出投票结果
    cout<<leader[j].name<<"得票数="<<leader[j].count<<endl;
```

参考代码如下:

```
#include "iostream.h"
#include "string.h"
struct candidate
{
    char name[16];              //存放候选人姓名
    int count;                  //存放候选人得票数
};
void main()
{
    int i,j;
    char name[16];
    struct candidate leader[4]={{"LiSi",0},{"WangWu",0},
                               {"ZhangSan",0},{"ShenZuo",0}};
    cout<<"开始唱票\n";
    for(i=1;i<=10;i++)          //假设共 10 张票
    {   cout<<"第"<<i<<"张选票是:";
        cin>>name;              //唱票:输入候选人姓名
        for(j=0;j<4;j++)        //每唱一票,相应候选人票数加 1
            if(!strcmp(name,leader[j].name))
                leader[j].count++;
    }
    cout<<"投票结果如下:"<<endl;
    for(j=0;j<4;j++)            //输出投票结果
        cout<<leader[j].name<<"得票数="<<leader[j].count<<endl;
}
```

思政小贴士

我国的选举制度是根据普遍、平等、直接、协商等原则确立的,是适合中国国情的一种体现人民当家作主的民主选举制度。

自我测试练习

一、单选题

1. 对于一维数组 a[10],下列对数组元素的引用正确的是(　　)。

A. a[2+3]　　B. a[3/1.0]　　C. a[5+8]　　D. a[3.4]

2. 对于二维数组 a[5][10],下列对数组元素的引用正确的是(　　)。

A. a[5][0]　　B. a[0.5][4]　　C. a[4][4+5]　　D. a[1][4+9]

3. 以下定义语句错误的是(　　)。

A. int x[ ][3]={{0},{1},{1,2,3}};

B. int x[4][3]={1,2,3,1,2,3,1,2,3,1,2,3};

C. int x[ ][3]={1,2,3};

D. int x[4][3]={{1,2,3},{1,2,3},{1,2,3},{1,2,3}};

4. 以下程序的运行结果是(　　)。

```
#include "iostream.h"
#include "string.h"
void main()
{
    char chA[10]="abcdef",chB[10]="AB\0c";
    strcpy(chA,chB);
    cout<<chA[3]<<endl;
}
```

A. d　　B. c　　C. \0　　D. 0

5. 设有如下结构体定义:

```
struct student {
    char chName[8];
    int iAge;
    char chSex;
}stStaff[3];
```

对结构体变量成员引用正确的是(　　)。

A. cin>>stStaff.iAge;　　B. cin>>stStaff[0].iAge;

C. cin>>stStaff;　　D. cin>>iAge;

二、填空题

1. 设有定义语句"int a[][3]={{0},{1},{3}};",则数组元素 a[1][2]的值为________。

2. 将字符串 str2 拼接到字符串 str1 后面。请在空白处填入一条语句或一个表达式。

```
#include "iostream.h"
void main()
{   char str1[80]="Good morning! ";
    char str2[60]="Thank you";
    char *t=str1,*p=str2;
```

```
    while ________ t++;
    while( * p)
    {
        ________;
        t++; p++;
    }
    * t='\0';
    cout<<str1<<endl;
}
```

3. 下列程序的输出结果是 ________。

```
#include "iostream.h"
void main()
{   int a[ ]={1,2,3,-4,5};
    int m,n, * p;
    p=&a[0];
    m= * (p+2);
    n= * (p+4);
    cout<<" * p="<< * p<<" m="<<m<<" n="<<n<<endl;
}
```

4. 下列程序的输出结果是________。

```
#include "iostream.h"
void main()
{
    int a[ ]={1,2,3,4,5,6}, * p;
    p=a;
    cout<< * p<<","<< * (++p)<<","<< * ++p<<","<< * (p--)<<endl;
}
```

三、编程题

1. 用一维数组计算 Fibonacci 数列的前 20 项。

Fibonacci 数列，按如下递归定义：

F(1)=1;

F(2)=1;

F(n)=F(n-1)+F(n-2),n>2

2. 用冒泡排序法对输入的 20 个数进行降序排序并存入数组中，然后输入一个数，查找该数是否在数组中，若是，打印出数组中对应元素的下标值。

3. 编写程序，求字符串 str 的长度，要求用指针访问字符串。

4. 试定义一结构体，用来描述日期，具体地说，该结构体共有三个成员变量，分别描述年、月、日信息。然后再定义该结构体类型的一个变量，要求从键盘输入数据，并输出结果。

5. 由键盘输入 N 名学生姓名，再按字典排列输出 N 名学生的姓名。

第5章

函　数

学习目标

知识目标：掌握函数的定义和调用，熟练掌握函数的参数传递、函数的重载和函数的默认参数。

能力目标：学会使用预处理命令，具备模块化程序设计能力。

素质目标：遵守编程规范，发扬团结协作、乐于奉献的精神，增强集体观念。

思政小贴士

解决大型复杂问题的一个有效方法是“分而治之”，通常将一个大的程序按功能分成若干较小的模块，每个模块编写成结构清晰、接口简单、容易理解的程序段——函数。这就需要开发团队遵守编程规范，发扬团结协作乐于奉献的精神。

5.1　函数的定义与调用

函数的定义与调用

函数是具有独立功能的一块程序，它可以反复使用，也可以作为一条语句在程序的任何地方使用。函数有两种，一种是由用户根据具体的需要自己定义的；另一种是系统定义好的，可供用户调用的标准函数，又称为库函数。

5.1.1　函数的定义

一个函数必须定义后才能使用。所谓定义函数，就是编写完成函数功能的程序块。一个C++函数由函数头与函数体两部分组成，其一般形式如下：

```
[<返回类型>]<函数名>([形式参数列表])          //函数头
{
    <函数体>                                  //函数体
}
```

函数体可以包含若干个变量和对象的定义，以及各种语句序列。

【例5-1】　求任意两实数之和的函数。

```
float fnSum(float a,float b)
{
    float fSum;
    fSum=a+b;
    return fSum;
}
```

1. 函数头

函数头的组成形式如下：

[<返回类型>] <函数名> ([形式参数列表])

(1)返回类型：<返回类型>规定函数返回值的类型。

对于有返回值的函数，一般通过函数调用得到一个确定值，这个值就是函数返回值(简称函数值)。例如，float fnSum(float a,float b)将返回一个 float 类型的值。此时，在函数体部分有一个返回语句"return fSum;"。

对无返回值函数，函数名前应加上 void 类型，在函数体部分中，可以有一个返回语句"return;"，也可以不带返回语句，该函数执行到最后一个花括号时，自动返回。

(2)函数名：函数名是函数的标识，它应是一个有效的 C++标识符。为了增加程序的可读性，一般取有助于记忆、与其功能相关的标识符作为函数名。

2. 函数体

用左、右花括号括起来的部分称为函数体，它由若干条语句组成，描述函数实现一个功能的过程，并在最后执行一个函数后返回。返回的作用是：

(1)将流程从当前函数返回其上级(调用函数)。

(2)撤销函数调用时为各参数及变量分配的内存空间。

(3)向调用函数最多返回一个值。

一般来说，函数的返回由返回语句来实现。如例 5-1 中的"return fSum;"，就可以执行上述三个功能。

return 语句的一般形式为：

return 表达式；或 return (表达方式)；或 return;

说明

(1)对无返回值函数，在函数体中，可以有一个返回语句"return;"，也可以不带返回语句，该函数执行到最后一个花括号时，自动返回。

(2)一个函数体中可以有多个 return 语句，但每次只能通过一个 return 语句执行返回操作。

【例 5-2】 返回一个整数的绝对值。

```
int fnAbs(int x)
{
    if(x>=0) return x;          //A
    else     return -x;         //B
}
```

当函数的形式参数 x 非负时，执行 A 行的 return 语句返回；否则，执行 B 行的 return 语句返回。

注意

(1)C++不允许在一个函数体中再定义另一个函数，即函数不能嵌套定义。

(2)函数体可以是空的，这样的函数称为空函数。调用空函数时，不做任何操作。但是可以表明这里要调用一个函数，等以后扩充函数功能时再补充上。

模仿练习

1. 设计一个函数用于判断一个数是否为素数。
2. 设计一个函数用于求数组中的最小值。

5.1.2　函数的调用

1. 无返回值函数的调用

无返回值函数的调用格式为：

　　<函数名>([<实参列表>]);

这时不需要函数有返回值，只要求函数完成一定的功能。函数在被调用前，一定要先定义。

【例 5-3】　编写函数，输出 x 的 n 次幂的值。

由于 x 和 n 都是可变的，所以应该把 x 和 n 都作为函数的形式参数。由于不需要返回值，因此，返回类型说明为 void 型。

```
#include "iostream.h"
void fnPower(float x,int n)          //函数定义,求 x 的 n 次幂
{
    int i;
    float p=1.0F;
    for(i=1,p=1;i<=n;i++)
        p *=x;
    cout<<x<<"的"<<n<<"次幂="<<p<<endl;
}
void main( )
{
    float x;
    int n;
    cout<<"请输入 x=? n=? \n";
    cin>>x>>n;
    fnPower(x,n);                    //函数调用
}
```

2. 有返回值函数的调用

把函数的返回值赋给调用函数中的某个变量，一般形式为：

　　<变 量>=<函数名>([<实参列表>]);

【例 5-4】　由键盘输入两个整数，求其中较大数并输出。

```
#include "iostream.h"
int fnMax(int x,int y)          //函数定义
{
    int max;
    if(x>=y) max=x;
    else       max=y;
```

```
    return max;
}
void main()
{
    int x,y,z;
    cout<<"请输入两个整数:";
    cin>>x>>y;
    z=fnMax(x,y);              //函数调用
    cout<<"较大数是:"<<z<<endl;
}
```

3. 函数的嵌套调用

就函数定义而言,C/C++语言不支持函数的嵌套定义,即在定义一个函数时不能在函数体内再定义另一个函数,因此,函数的定义都是互相独立、平行的。但就函数调用来说,C/C++语言支持嵌套调用。

函数的嵌套调用是指,在执行被调函数时,被调函数又调用了其他函数。

【例 5-5】　计算 s=1!+2!+3!+…+10!的值。

```
#include "iostream.h"
long fnFact(int n)
{
    int i;long f=1L;
    for(i=1;i<=n;i++)
        f=f*i;
    return f;
}
void fnSum(int n)
{
    int i;long s=0L;
    for(i=1;i<=n;i++)
        s+=fnFact(i);              //调用 fnFact()函数
    cout<<"1!+2!+…+"<<n<<"!="<<s<<endl;
}
void main()
{
    int num;
    cout<<"请输入一个正整数(<=10):";
    cin>>num;
    fnSum(num);                    //调用 fnSum()函数
}
```

运行结果如下:

```
请输入一个正整数(<=10): 10↙(回车)
1!+2!+3!+…+10!=4037913
```

说明

在 main()函数中,调用阶乘求和函数 fnSum()。而在 fnSum()函数中调用 fnFact()函数计算阶乘。main()、fnSum()和 fnFact()函数之间的嵌套调用关系如图 5-1 所示。

main()函数　　fnSum()函数　　fnFact()函数

4. 函数的递归调用

在调用一个函数的过程中又直接或间接地调用该函数本身,称为函数的递归调用。显然,递归调用是嵌套调用的特例。

(1)函数递归调用的条件

可采用递归算法解决的问题有这样的特点:原始问题可转化为解决方法相同的新问题,而新问题的规模要比原始问题小,新问题又可转化为规模更小的问题……直至最终归结到最基本的情况——递归的终结条件。

所以,利用函数递归调用解决问题,必须具备以下两个条件:

①原始问题求解,能转化为一个与原始问题相似的较小的问题求解。

②必须有一个明确的递归结束条件,称为递归出口。

【例 5-6】 计算 n 的阶乘 n! 的值。

根据阶乘的定义有如下递推关系:

$$n! = 1\times2\times3\cdots(n-2)\times(n-1)\times n$$
$$= [1\times2\times3\cdots(n-2)\times(n-1)]\times n$$
$$= (n-1)!\times n$$

即计算 n 的阶乘被归结为计算 n－1 的阶乘,同样道理,计算 n－1 的阶乘将归结为计算 n－2 的阶乘……最终必将被归结到计算 1 的阶乘。这显然是递归的形式,于是我们可以定义阶乘的递归函数 fact(n):

$$\begin{cases} fact(n)=1 & n\leq1 \\ fact(n)=fact(n-1)*n & n>1 \end{cases}$$

根据此定义,不难写出如下程序:

```
#include "iostream.h"
long fact(int n)                    //递归函数
{
     long lResult;
     if(n<=1) lResult=1L;           //终止条件
     else lResult=fact(n-1) * n     //递归调用
     return lResult;
}
void main()
{   int num;
    cout<<"请输入一个正整数(小于 12):"
    cin>>num;
    cout<<num<<"! ="<<fact(num);
}
```

运行结果如下:

```
请输入一个正整数(小于 12):4↙(回车)
4! =24
```

说明

在 main()函数中,第一次调用递归函数 fact(num)时,num=4,即计算 4! 的值,调用后,进入 fact()函数的函数体中,这时通过形实结合使 n=4。由于 n 不等于终止条件,于是第二次调用递归函数，执行 fact(n－1)，即 fact(3)；而计算 fact(3)又需先计算 fact(2)，即第三次调用递归函数……这样一直递归调用下去，直到 fact(1)，此时 n＝1，终止条件成立，函数返回上一层，并带回函数值1。返回上一层后，计算 fact(1) * 2＝1 * 2＝2，即 fact(2)的值，再返回上一层，计算 fact(2) * 3＝2 * 3＝6，即 fact(3)的值，最后计算出 fact(4)的值 24。图 5-2 示意了四次调用和返回的情况。

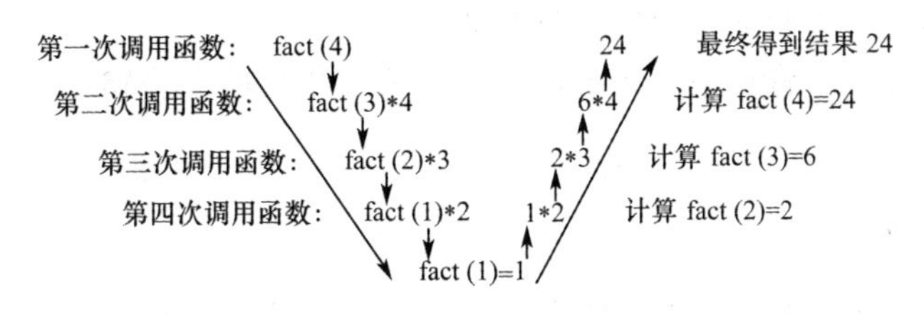

图 5-2　递归函数 fact(n)的执行过程

(2)函数递归调用的执行过程

在函数执行过程中由递推和回归两个过程组成。

①“递推”阶段：将原问题不断地分解为新的子问题，逐步从未知的方向向已知方向推测，最终达到已知的结束条件，即递归结束条件，这时递推阶段结束。

②“回归”阶段：从已知的条件出发，按照“递推”的逆过程，逐一求值返回，直到返回到递推的开始处，结束回归阶段。

递归算法编程的要点是：第一是找到相似性，把原始的问题转化为相似的小问题，递归调用。第二是设计出口，递归的终结条件。

【例 5-7】　用递归函数求 m 和 n 的最大公约数。

求 m 和 n 的最大公约数，通常采用辗转相除的方法，不妨假设 n≤m，fnGcd(m,n)是 m 和 n 的最大公约数，则有递推关系 fnGcd(m,n)＝fnGcd(n,m%n)，用函数表示为：

$$fnGcd(m,n)=\begin{cases} m & \text{当 } n=0 \\ fnGcd(n,m\%n) & \text{当 } m\geqslant n>0 \end{cases}$$

显然，满足函数递归的两个条件。

【代码实现】

```
#include "iostream.h"
int fnGcd(int m,int n)
{
    int k;
    if(n==0) k=m;
    else        k=fnGcd(n,m%n);
    return k;
}
void main()
{
    int m,n,k;
    cout<<"请输入两个整数 m,n:";
    cin>>m>>n;
    k=fnGcd(m,n);
    cout<<m<<"和"<<n<<"的最大公约数是"<<k<<endl;
}
```

运行结果如下：

```
请输入两个整数 m,n: 18 27↙(回车)
18 和 27 的最大公约数是 9
```

模仿练习

1. 用递归函数，把十进制数转换成八进制数。

2. 编写一个递归函数，将整数的各个位上的数值按相反的顺序输出。例如，输入 1234，输出 4321。

5.1.3 函数的声明

在 C++中，当函数定义在前，调用在后时，调用不必声明；如果一个函数定义在后，调用在前，为了遵守 C++语言“名字必须先声明后使用”的原则，必须对函数进行原型声明，也就是函数声明。

函数声明的一般形式是：

<返回类型> <函数名> ([形式参数列表]);

函数原型声明的目的是让编译器知道函数的返回类型、函数的参数个数、参数类型及参数顺序等信息。

说明

(1)函数声明就是函数定义中的函数头部分，并在最后加了一个分号“;”。

(2)函数声明中的参数列表，可省去参数名，但参数类型必须保留。例如，以下两种形式的函数声明等价：

```
void  fnPower(float x,int n);
void  fnPower(float, int);
```

【例 5-8】 验证哥德巴赫猜想：一个大偶数可以分解为两个素数之和。试编写程序，将 106 到 110 之间的全部偶数分解成两素数之和。

```
#include "iostream.h"
#include "math.h"
bool fnPrime(int n);                //函数声明
void main()
{
    int a,b,m;
    for(m=106;m<=110;m+=2)
        for(a=2;a<=m/2;a++)
        {
            if(fnPrime(a))        //函数调用
            {
                b=m-a;
                if(fnPrime(b))  //函数调用
                {
                    cout<<m<<"="<<a<<"+"<<b<<endl;
                    break;
                }
```

```
            }
        }
}
bool fnPrime(int n)                //函数定义
{
    int i,k;
    k=(int)sqrt(n);
    for(i=2;i<=k;i++)
        if(n%i==0) return false;
    return true;
}
```

运行结果如下：

```
106=3+103
108=5+103
110=3+107
```

注意

(1)自定义函数的声明，类似于调用库函数时，必须在文件开头用#include预处理命令将相关库函数的函数原型信息"包含"到文件中来。例如，如果使用系统定义的标准输入/输出函数，就必须添加#include <stdio.h>，数学库函数就必须添加#include <math.h>。

(2)当函数定义位于函数调用语句之前时，可以省去函数声明。但为了规范起见，建议读者不要省略函数声明。

5.2 函数参数的传递

思政小贴士

良好的人际沟通是相互依存的，是团队工作效率的保证。函数模块间的数据交换也是如此。函数的参数传递有三种方式：值传递、地址传递和引用传递。

5.2.1 按值传递

所谓按值传递，是指当一个函数被调用时，C++根据实参和形参的对应关系将实际参数值一一传递给形参，供函数执行时使用。函数本身不对实参进行操作，也就是说，即使形参的值在函数中发生了变化，实参的值也不会受影响。这样的参数也称为传值参数。

【例 5-9】 参数的传值调用。

```
#include "iostream.h"
void fun(float a,float b);          //函数声明
void fun(float a,float b)           //函数定义
{
    float sum;
    sum=a+b;
    cout<<sum<<endl;
}
```

```
void main()
{
    float x=5.0F,y=8.5F;
    fun(x,y);                    //函数的传值调用
}
```

运行结果如下：

```
13.5
```

【例 5-10】 分析下列程序，在函数 fnSwap()中，对形参的修改不影响其实参。

```
#include <iostream.h>
void fnSwap(int,int);           //函数声明
void fnSwap(int x,int y)        //函数定义
{
    int temp;
    temp=x;
    x=y;
    y=temp;
}
void main()
{
    int a,b;
    a=20;
    b=10;
    cout<<"交换前:a="<<a<<",b="<<b<<endl;
    fnSwap(a,b);                //函数的传值调用
    cout<<"交换后:a="<<a<<",b="<<b<<endl;
}
```

运行结果如下：

```
交换前:a=20,b=10
交换后:a=20,b=10
```

显然，函数 fnSwap()所做的交换跟实参 a、b 无关，程序没有达到交换 a、b 的目的。

5.2.2 地址传递

使用传址调用方式时，调用函数的实参使用地址值，被调用函数的形参使用指针值。调用时系统将实参的地址值赋给对应的形参指针，使形参指针指向实参变量。所以，传址调用时，在被调用函数中可以通过改变形参指针所指向的实参变量值来间接改变实参值。

1. 指针变量作为函数参数

指针变量作为函数的实参时，传递的是指针所指向的变量的地址，与此相对应函数的形参应说明是指针变量。

【例 5-11】 将例 5-10 中的 fnSwap()函数修改为传址调用。

```
#include "iostream.h"
void fnSwap(int *x,int *y);                //函数声明,形参说明为指针形式
void main()
{
```

```
    int a,b;
    a=20;
    b=10;
    cout<<"交换前:a="<<a<<",b="<<b<<endl;
    fnSwap(&a,&b);                    //函数调用,实参传递的是地址
    cout<<"交换后:a="<<a<<",b="<<b<<endl;
}
void fnSwap(int * x,int  * y)
{
    int temp;
    temp=* x;
    * x=* y;
    * y=temp;
}
```

运行结果如下:

```
交换前:a=20,b=10
交换后:a=10,b=20
```

在 fnSwap()函数中,形参 x 和 y 做了一次交换。如果用 fnSwap(&a,&b)(不能使用 fnSwap(a,b))调用它,这次交换间接地(通过地址)使实参 a 和 b 也做了交换。

2. 指向数组的指针作为函数参数

指向数组的指针作为函数实参时,传递的是数组的首地址,与此相对应函数的形参应说明为指针变量,在函数中对数组元素的引用可以用下标法,也可以用指针法。

【例 5-12】 求一维数组中元素的最大值。

```
#include "iostream.h"
int fnMax(int  * arry,int n);
void main()
{
    int a[]={13,56,66,90,65,78};
    int Max;
    Max=fnMax(a,6);
    cout<<"最大值="<<Max<<endl;
}
int fnMax(int  * arry,int n)
{
    int i,iMax, *p;
    p=arry;
    iMax= *p;
    for(i=1,p++;i<n;i++,p++)
        if(* p>iMax) iMax=* p;
    return iMax;
}
```

运行结果如下:

```
最大值=90
```

3. 指向结构体的指针作为函数参数

用指向结构体的指针变量作为函数实参时，属于“地址传递”方式。与此相对应函数的形参应说明为结构体指针变量，函数中对结构体成员的访问，采用指针法。

【例 5-13】 编写一个显示结构体成员的函数。在函数调用时，用指向结构体的指针变量做实参。

```
#include "iostream.h"
struct MyTime
{
    int hour;
    int minute;
    int second;
};
void fnPrint(struct MyTime *p)
{
    cout<<p->hour<<"时"<<p->minute<<"分"<<p->second<<"秒"<<endl;
}
void main(void)
{
    struct MyTime *pt,t={2,34,56};
    pt=&t;
    fnPrint(pt);
}
```

5.2.3 引用传递

引用是一种特殊类型的变量，可以认为是另一个变量或对象的别名。引用的定义格式是：

<**类型名**> &<**引用名**>=<**变量名**>;

其中变量名是和引用的类型一样的一个变量。

【例 5-14】 引用的定义。

```
#include <iostream.h>
void main()
{
    int x;
    int &y=x;              //引用 y 是变量 x 的别名
    x=20;
    cout<<y<<",";          //y 也是 20
    y+=10;                 //y 变为 30,x 也是 30
    cout<<x<<endl;         //输出 30
}
```

注意

(1)定义引用时必须给它赋初值，否则就不能定义引用。

(2)一旦定义了引用，就不能再改为其他变量的别名。

与变量一样，引用可以放在表达式里进行运算，也可以将其地址赋给一个指针，但作为函数的参数和函数的返回值的时候，引用就能起到和变量不同的作用。观察以下引用调用的结果。

【例 5-15】 用引用实现交换两个数值。

```
#include <iostream.h>
void fnSwap(int &x,int &y);            //x 和 y 都说明为引用参数
void main()
{
    int a,b;
    a=20;
    b=10;
    cout<<"交换前:a="<<a<<",b="<<b<<endl;
    fnSwap(a,b);
    cout<<"交换后:a="<<a<<",b="<<b<<endl;
}
void fnSwap(int &x,int &y)             //x 和 y 都说明为引用参数
{
    int temp;
    temp=x;
    x=y;
    y=temp;
}
```

运行结果如下：

```
交换前:a=20,b=10
交换后:a=10,b=20
```

模仿练习

1. 设计一个计算平均成绩的函数。输入 N 个学生的成绩，调用函数并输出计算结果。
2. 使用字符数组名作为函数的形参，编写字符串复制函数。

5.3 内联函数

一个函数可以被多个函数调用，也可以被某个函数多次调用。由于函数代码可重用，因此当函数体比较大时，使用函数就能大大地节省内存空间。但函数调用时要进行栈操作，这种额外开销要占用 CPU 时间。

当函数体很小而又需要反复调用时，运行效率与代码重用的矛盾变得很突出，为解决上述矛盾，可以将该函数声明为内联函数。

1. 内联函数的定义方法

内联函数的定义方法是在函数定义的前面加上关键字 inline。在编译时，在程序中出现调用内联函数的地方将被内联函数的代码替换，而不是像普通函数那样是在运行时将主调函数暂停而去执行被调函数。

【例 5-16】 从键盘输入一串字符，统计数字字符的个数。

```
#include <iostream.h>
inline int IsNumber(char);            //内联函数声明
```

```
void main()
{
    char ch;
    int iCount=0;
    cout<<"请输入字符串:";
    while((ch=cin.get())!='\n')
    {
        if(IsNumber(ch)) iCount++;
    }
    cout<<"你输入的字符串中含有 "<<iCount<<" 个数字字符。"<<endl;
}
inline int IsNumber(char ch)            //内联函数定义
{
    return (ch>='0'&&ch<='9')? 1:0;
}
```

注意

内联函数必须在调用之前声明或定义。因为内联函数必须在被替换之前已经生成被替换的代码,因此,在本例中,如果函数的声明语句没有加上关键字 inline 的话,编译系统将把 IsNumber()函数看成普通的函数。然而,本例中的内联函数定义中的关键字 inline 可以省略。

2. 使用内联函数注意事项

(1)在内联函数体中,不能含有复杂结构的控制语句,如 switch 和 while。否则编译系统会将该函数视为普通函数,产生函数调用代码。

(2)递归函数不能被用来做内联函数。

(3)内联函数只适合只有 1~5 条语句的小函数。对于含有多条语句的大函数,函数调用和返回的开销相对来说微不足道,所以也就没必要用内联函数实现。

5.4 函数的重载

C++中允许在相同的作用域内以相同的名字定义几个不同实现的函数,但是,定义这种重载函数时,要求函数的参数至少有一个类型不同,或者个数不同。而对于返回值的类型没有要求,可以相同,也可以不同。那种参数个数和类型都相同,仅仅返回值不同的重载函数是非法的。因为编译程序在选择相同名字的重载函数时,仅考虑函数参数表,也就是说要靠函数参数表中的参数个数或参数类型的差异进行选择。

5.4.1 参数类型重载的函数

参数类型重载的函数是指参数个数相同,但在函数的对应参数中,至少有一个类型不同。

【例 5-17】 下面程序定义三个名为 fnAbs 的函数,它们只是参数类型不同,在 main()函数中,调用该函数时编译系统会根据不同的参数类型确定调用哪个函数。

```
#include "iostream.h"
int fnAbs(int x)
```

```
{
    int xabs;
    if(x>=0) xabs=x;
    else      xabs=-x;
    return xabs;
}
float fnAbs(float x)
{
    float xabs;
    if(x>=0) xabs=x;
    else      xabs=-x;
    return xabs;
}
long fnAbs(long x)
{
    long xabs;
    if(x>=0L) xabs=x;
    else       xabs=-x;
    return xabs;
}
void main()
{
    int a=-54;
    float b=-89.54f;
    long c=-23456L;
    cout<<"|a|="<<fnAbs(a);                  //调用第 1 个 fnAbs()函数
    cout<<",|b|="<<fnAbs(b);                 //调用第 2 个 fnAbs()函数
    cout<<",|c|="<<fnAbs(c)<<endl;           //调用第 3 个 fnAbs()函数
}
```

运行结果如下：

```
|a|=54,|b|=89.54,|c|=23456
```

5.4.2 参数个数重载的函数

参数个数重载的函数是指函数的参数个数不同，对函数进行重载。换句话说，函数重载还可以根据参数的个数来区别。

【例 5-18】 圆的面积、三角形的面积和梯形的面积，根据参数个数的不同调用不同的 fnArea()函数。

```
#include "iostream.h"
float fnArea(float r)                        //含 1 个参数的重载函数 fnArea()
{
    return (r*r*3.14f);
}
float fnArea(float a,float h)                //含 2 个参数的重载函数 fnArea()
```

```
{
    return (a * h * 0.5f);
}
float fnArea(float a,float b,float h)                //含 3 个参数的重载函数 fnArea()
{
    return ((a+b) * h * 0.5f);
}
void main( )
{
    float r=1.5f;
    float a=2.0f,b=2.5f,h=1.2f;
    cout<<"圆面积="<<fnArea(r)<<endl;              //调用第 1 个 fnArea()函数
    cout<<"梯形面积="<<fnArea(a,b,h)<<endl; //调用第 3 个 fnArea()函数
    cout<<"三角形面积="<<fnArea(a,h)<<endl; //调用第 2 个 fnArea()函数
}
```

运行结果如下：

```
圆面积=7.065
梯形面积=2.7
三角形面积=1.2
```

显然，系统会根据参数个数的不同选择相应的 fnArea()函数。

模仿练习

1. 编写重载函数，用于求 N 个 int 型整数的最大值，其中 N 可取 2,3,4。
2. 编写函数，用于判断两个 int 型变量、double 型变量、字符串型变量是否相等。

5.5 函数的默认参数

5.5.1 函数默认参数的使用

在 C++语言中，允许在函数声明或定义时给一个或多个形式参数赋缺省值(简称默认参数)。这样，在函数调用时，如果省略了对应位置上的实参，则执行被调函数时以该形式参数的默认值进行运算。

【例 5-19】 函数默认参数的用法。

```
#include "iostream.h"
int fnAdd(int x,int y=10);            //带默认参数的函数说明
void main()
{
    int b=6;
    int x,y;
    x=fnAdd(20);                      //省略了第 2 个实参，取默认值 10
    y=fnAdd(20,b);                    //提供实参，调用时按实际参数调用
```

```
    cout<<"fnAdd(20)="<<x<<",fnAdd(20,b)="<<y<<endl;
}
int fnAdd(int x,int y)
{
    return x+y;
}
```

运行结果如下：

```
fnAdd(20)=30,fnAdd(20,b)=26
```

5.5.2 使用时的注意事项

1. 默认参数的声明

默认参数既可以在函数原型中声明，也可以在函数定义中声明，但无论如何都应在使用该函数之前声明，而且只能出现一次。例如：

```
void fnPoint(int x=3,int y=4);            //声明中出现默认参数
void fnPoint(int x,int y)                 //函数定义中就不能再出现默认参数
{
    cout<<"x="<<x<<",y="<<y<<endl;
}
```

2. 默认参数的顺序规定

当函数含有多个参数时，缺省参数必须成组连续且放在后面。例如：

```
void fun(int a,int b,int c,int d=40);                /正确，缺省参数在后面
void fun(int a,int b,int c=30,int d=40);             //正确，缺省参数在后面
void fun(int a,int b=20,int c=30,int d=40);          //正确，缺省参数在后面
void fun(int a=1,int b=20,int c=30,int d=40);        //正确，全部缺省
void fun(int a=1,int b=20,int c,int d=40);           //错误，默认参数不连续
void fun(int a=1,int b,int c,int d=40);              //错误，默认参数不连续
```

3. 默认参数的函数调用

对于函数原型：

```
void fun(int a,int b=20,int c=30,int d=40);
```

可用下面的方式调用：

```
fun(10);                 //等价于 fun(10,20,30,40);
fun(10,200);             //等价于 fun(10,200,30,40);
fun(10,200,300);         //等价于 fun(10,200,300,40);
fun(10,200,300,400);
```

而下面的调用则是错误的：

```
fun();                   //第一个参数不能缺省
fun(10,200,,400);        //缺省值只能从右至左，不能在中间
```

模仿练习

编写一个带默认参数的函数求 n!，n 的缺省值为 10。在主函数中调用两次该函数，一次给出实参，另一次不给实参，体验函数参数默认值的意义。

5.6 系统函数的调用

系统函数都是预先定义好的，在使用之前应该先声明函数原型。由于系统已经分类将各个函数的声明放在各个头文件中，因此只需要将适当的头文件包含进来。例如，已经用到的包含头文件：

```
#include "iostream.h"
#include "stdio.h"
#include "math.h"
#include "string.h"
```

程序的开头有了这样的语句，在程序中，就可以调用系统已经定义好的 sin()、sqrt()、strcpy()、strlen()等函数。因此，使用系统函数时应注意如下两点：

(1)了解 C++提供哪些系统函数。不同的编译系统所提供的系统函数不同，同一种C++编译系统的不同版本所提供的系统函数的个数也不一定相同。

(2)要调用某个系统函数，必须知道这个函数的原型声明放在哪个头文件中，可以查一下用户手册，也可以在 VC 的 MSDN 中得到帮助。必须将头文件包含在调用的程序中，否则将出现连接错误。

【例 5-20】 应用 math.h 中定义的 sin()函数，求 0.05 到 π/4 之间的正弦函数值。

```
#include "iostream.h"
#include "math.h"
void main()
{
    double pi=3.14,x=0.05;
    int i=1;
    while(x<pi/4)
    {   cout<<"sin("<<x<<")="<<sin(x)<<"\t";
        x=x+0.1;                          //步长取 0.1
        i++;
        if(i%2) cout<<endl;               //两个数一行
    }
}
```

运行结果如图 5-3 所示。

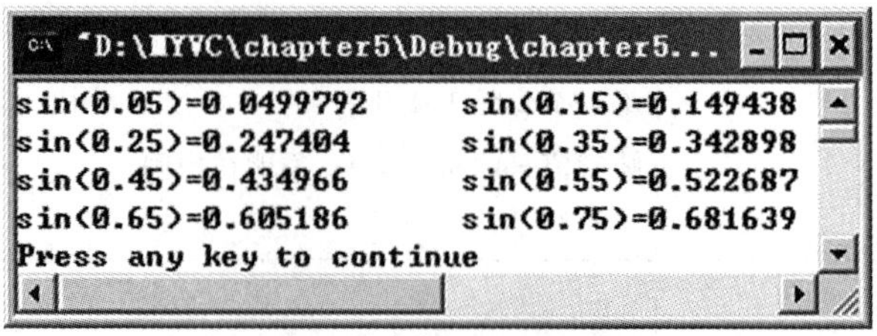

```
"D:\■Y\VC\chapter5\Debug\chapter5...
sin(0.05)=0.0499792       sin(0.15)=0.149438
sin(0.25)=0.247404        sin(0.35)=0.342898
sin(0.45)=0.434966        sin(0.55)=0.522687
sin(0.65)=0.605186        sin(0.75)=0.681639
Press any key to continue
```

图 5-3 程序运行结果

5.7　局部变量和全局变量

思政小贴士

团队精神是大局意识、协作精神和服务精神的集中体现，核心是协同合作，反映的是个体利益和整体利益的统一，并进而保证组织的高效率运转。

在C++语言中，全局变量和局部变量是程序级和模块级的辩证统一。作用域在程序级或文件级的变量称为全局变量；作用域在函数级或模块级的变量称为局部变量。

5.7.1　局部变量

一般来说，在一个函数内部声明的变量是局部变量，其作用域只在本函数范围内。即局部变量只能在定义它的函数体内部使用，而不能在其他函数中使用。例如：

```
int fnFunction(int x,int y)
{
    int i,j;      //i,j 均在函数内定义,属于局部变量,在 main()函数中不能访问
    ...
}
void main()
{
    int a,b;      //a,b 是主函数的局部变量,在 fnFunction()函数中不能访问
    ...
    fnFunction(a,b);
    ...
}
```

说明

(1)main()函数本身也是一个函数，因此在其内部声明的变量仍为局部变量，只在main()函数中有效，而不能在其他函数中使用。

(2)在不同的函数中可以声明具有相同变量名的局部变量，系统会自动识别。

(3)形参也是局部变量，其作用域在定义它的函数内。所以，形参和该函数体内声明的变量不能同名。

5.7.2　全局变量

在函数外定义的变量称为全局变量。全局变量的作用域是从它定义的位置开始到本源文件的结束，即位于全局变量定义后面的所有函数都可以使用此变量。例如：

```
int x,y;                                   ┐
void main()                                │
{                                          │
    ...                                    │
}                                          ├全局变量 x,y 的作用范围
int z;                                     │
void func()  ┐                             │
{  ...       ├全局变量 z 的作用范围          │
}            ┘                             ┘
```

变量 x,y,z 都是全局变量,其中 x,y 的作用域是 main()函数和 func()函数,而变量 z 的作用域只是 func()函数。

全局变量如果没有显式赋初值,其默认初值为 0。

全局变量的存储类型有两种:外部的(extern)和静态的(static)。

说明

(1)全局变量的作用域是从声明该变量的位置开始直到本源文件的结束处。因此,在一个函数内部,可以使用在此之前声明的全局变量,而不能使用在此之后声明的全局变量。所以在 main()函数中可以使用 x 和 y 变量,但不能使用 z 变量。

如果想在声明全局变量的前面使用该变量,就必须使用 extern 关键字加以说明。这种全局变量称“外部变量”。如图 5-4 所示,文件 prog1.cpp、prog2.cpp 都可以引用文件 prog.cpp 中定义的外部变量 ip,只要在 prog1.cpp 和 prog2.cpp 文件中用 extern 关键字把此变量说明为外部的变量 extern int ip。这种说明,一般应在文件的开头且位于所有函数外面。

```
/* prog.cpp */
#include "stdio.h"
int ip;
void main()
{   char score[40][6];
    ...
    add(score);
    inqury(score) ;
}
```

```
/* prog1.cpp */
extern int ip;
void add(int se[][6])
{
    ...
}
```

```
/* prog2.cpp */
extern int ip;
void inqury(char s[][6])
{
    ...
}
```

图 5-4　外部变量的说明

为了处理方便,一般把外部变量的定义位于所有使用它的函数前面。

(2)全局变量的作用域为函数间传递数据提供了一种新的方法。如果在一个程序中,每个函数都需要对同一个变量进行处理,就可以将这个变量定义为全局变量。

(3)在一个函数内部,如果一个局部变量和一个全局变量重名,则在局部变量的作用域内全局变量不起作用。

【例 5-21】 重名局部变量和全局变量的作用域。

```
#include <iostream.h>
int a=3,b=5;             //a,b 是全局变量
void main()
{
    int a=8;             //a 是局部变量
    int c;
    c=a>b?a:b;           //这里使用的是局部变量 a
    cout<<c<<endl;
}
```

运行结果如下:

```
8
```

注意

全局变量 a、b 可以在 main()函数中起作用,但由于 main()函数内部有相同名称的局部变量 a,因而全局变量 a 不起作用。

5.8 内部函数和外部函数

一个 C++程序可以由多个源程序文件组成，根据函数能否被其他源程序文件中的函数调用，可将函数分为内部函数和外部函数。

1. 内部函数

如果一个函数只能被本文件中的其他函数所调用，则称为内部函数。在定义内部函数时，在函数返回类型前面加上 static 关键字即可，又称为静态函数。其定义格式如下：

```
static <返回类型> <函数名>(<[形式参数列表]>)
{
    <函数体>
}
```

使用内部函数，可以使函数只局限于所在文件，如果在不同的文件中有同名的内部函数，将互不干扰。这样不同的人可以编写自己的函数，而不必担心与其他文件中的函数同名。通常把只能由同一个文件使用的函数和全局变量放在一个文件中，在它们前面都加上 static 使之局部化，则其他文件将不能引用。

2. 外部函数

除内部函数外，其余的函数都可以被其他文件中的函数所调用，称为外部函数。同时在调用函数的文件中应加上 extern 关键字加以说明。定义格式如下：

```
extern <返回类型> <函数名>(<[形式参数列表]>)
{
    <函数体>
}
```

C++语言规定，如果在定义函数时省略 extern，则隐含为外部函数。本书前面定义的函数都是外部函数。

【例 5-22】 用如下公式计算排列函数：

$$p(n,k)=\frac{n!}{(n-k)!}$$

如图 5-5 所示，在源程序文件 prog1.cpp 中定义了函数 fnFact()，在源程序文件 prog2.cpp 中要调用在 prog1.cpp 中定义的函数 fnFact()，则在调用前添加函数原型声明：

extern int fnFact(int n);

```
/* prog2.cpp */
#include <iostream.h>
extern int fnFact(int n);
void main()
{
    int n,k,p;
    cout<<"请输入 n 和 k(n>=k):";
    cin>>n>>k;
    p=fnFact(n)/fnFact(n-k);
    cout<<"p("<<n<<","<<k<<")="<<p<<endl;
}
```

```
/* prog1.cpp */
int fnFact(int n)
{
    if(n<0) return 0;
    int f=1;
    while(n>1)f *=n--;
    return f;
}
```

图 5-5 外部函数的使用

5.9 编译预处理

C++语言中的编译预处理扩充了C语言的功能，它包括文件包含、宏替换和条件编译等，所谓预处理，是指在对源程序进行编译之前，先对源程序中的编译预处理命令进行处理，然后再将处理的结果和源程序进行编译，以得到目标代码。

5.9.1 宏定义命令

1. 不带参数的宏定义

不带参数的宏定义是指用一个指定的标识符（宏名）来代表一个字符串，其一般格式为：

#define ＜标识符＞ ＜字符串＞

(1)“#”表示这是一条预处理命令。

(2)字符串可以是常量、表达式、格式字符串等。

(3)其含义是将程序中该命令以后出现＜标识符＞的地方均用＜字符串＞来替代。其中标识符习惯上用大写字母表示。

注意

宏定义不是C++语句，不需要在行末加分号“;”。

【例 5-23】 不带参数的宏定义的应用。

```
#include "iostream.h"
#define  PI  3.1415926
void main( )
{
    float r,circle,area;
    cout<<"请输入圆的半径：";
    cin>>r;
    circle=2 * PI * r;      //预处理后为:circle=2 * 3.1415926 * r;
    area =PI * r * r;       //预处理后为:area=3.1415926 * r * r;
    cout<<"圆周长="<< circle<<" 面积="<<area<<endl;
}
```

运行结果如下：

```
请输入圆的半径：10↙(回车)
圆周长=62.8319 面积=314.159
```

注意

当宏体是表达式时，为稳妥起见常将它用括号括起来。例如，设有如下宏定义：

```
#define  R   10
#define  DR  R-1
```

语句“d=3 * DR;”经宏替换后则为：d=3 * 10-1，这显然不符合原意，解决办法是应将第2条宏定义写成：

```
#define DR (R-1)
```

2. 带参数的宏定义

带参数的宏定义不是一种简单的字符串替换，还要进行参数替换。其一般格式为：

#define 宏名(参数表) 宏体

【例 5-24】 带参数的宏定义的应用。

```
#include "iostream.h"
#define  RECT(A,B)  A*B              //带参数的宏定义
void main()
{
    int a=5,b=7,s;
    s=RECT(a,b);                     //预处理后为：s=a*b;
    cout<<"s="<<s<<endl;
}
```

运行结果如下：

```
s=35
```

说明

(1)定义带参数的宏时，宏名与圆括号之间不应留有空格。例如，若上述定义写成：

```
#define RECT␣(A,B)␣␣A*B                    //其中␣表示空格
```

则语句：

```
s=RECT(a,b);
```

将被替换为：

```
s=(A,B)␣␣A*B(a,b);                          //其中␣表示空格
```

这显然是错误的。

(2)一般来讲，宏定义字符串中的参数均要用圆括号括起来。整个字符串部分也应该用圆括号括起，把宏定义作为一个整体看待，否则，可能出现错误。例如：

```
#define  SQR(R) R*R
```

如果在程序中有下面赋值语句：

```
z=SQR(x+10)*5;
```

则经过预处理程序的宏展开后，将变为如下的形式：

```
z=x+10*x+10*5;
```

显然，与所期望的不相符。应将 SQR 宏定义改为如下形式：

```
#define   SQR(R) ((R)*(R))
```

【例 5-25】 从键盘输入两个整数，并把其中较大的值显示出来，要求用宏定义编程。

```
#include "iostream.h"
#define MAX(a,b)((a)>(b)?(a):(b))
void main()
{
    int x,y,z;
    cout<<"请输入两个整数:";
    cin>>x>>y;
    z=MAX(x,y);
    cout<<"Max="<<z<<endl;
}
```

模仿练习

1. 使用宏定义求两个数之和。
2. 使用宏定义实现两数的交换。

5.9.2 条件编译命令

为了便于程序调试和移植等，C/C++语言提供了“条件编译”预处理命令，这些命令可以控制编译程序，当条件满足时对某一段程序代码进行编译，当条件不满足时不进行编译，或对另一段程序代码进行编译等。

条件编译有以下几种命令形式。

1. 条件编译形式一

```
#if  表达式
        程序段 1
#else
        程序段 2
#endif
```

功能：当表达式为“真”(非 0)时，编译程序段 1，否则编译程序段 2。

说明

(1)表达式必须是整型常量表达式(不包括 sizeof 运算符、强制类型转换和枚举常量)。

(2)该命令的简化形式是没有#else 部分，这时，若表达式为“假”，则此命令中没有程序段被编译。

2. 条件编译形式二

```
#if  表达式 1
        程序段 1
#elif  表达式 2
        程序段 2
#elif  表达式 3
        程序段 3
  ⋮
#else
        程序段 n
#endif
```

功能:如果表达式 1 的值为“真”，则编译程序段 1，否则如果表达式 2 的值为“真”，编译程序段 2…如果所有表达式的值都为“假”，则编译程序段 n。

说明

#elif 其含义类似于“else if”。也可以没有#else 部分，这时，若所有表达式的值都为“假”，则此命令中没有程序段被编译。

3. 条件编译形式三

```
#ifdef        宏名
              程序段 1
```

```
#else
                程序段 2
#endif
```

功能:用来测定一个宏名(标识符)是否曾被定义,如果宏名已被定义,则编译程序段 1,否则编译程序段 2。该命令的简化形式是没有 #else 部分,这时,若宏名未定义,则此命令中没有程序段被编译。

4. 条件编译形式四

```
#ifndef         宏名
                程序段 1
#else
                程序段 2
#endif
```

功能:用来测定一个宏名是否未曾被定义,如果宏名未被定义,则编译程序段 1,否则编译程序段 2。该命令的简化形式是没有 #else 部分,这时,若宏名已定义,则此命令中没有程序段被编译。

【例 5-26】 输入一个口令,根据需要设置条件编译,使之在调试程序时,按原码输出;在使用时输出"*"号。

```
#include "iostream.h"
#define DEBUG
void main(void)
{
    char pass[80];
    int i=-1;
    cout<<"\n 请输入密码:";
    do {
        i++;
        pass[i]=cin.get();
    #ifdef  DEBUG
        cout.put(pass[i]);
    #else
        cout.put('*');
    #endif
    }while(pass[i]!='\n');
    //…                          //其他语句
}
```

5.9.3 文件包含命令

文件包含是指一个源文件可以将另一个源文件包含进来,实际上已在前面章节多次出现,如 #include <stdio.h>。文件包含的一般形式如下:

#include "文件名"

或写成

#include <文件名>

其功能是用相应文件中的全部内容替换该预处理语句。该控制行一般放在源文件的起始部分,例如,图中 5-6(a)表示预处理前两个文件的情况:文件 file1. cpp,它有一条 # include "file1. h"命令及其他内容 A,另一文件 file1. h,文件内容为 B。在编译预处理时,对 # include 命令进行“文件包含”处理:以 file1. h 的全部内容置换 file1. cpp 中的 # include "file1. h"命令,即 file1. h 被包含到 file1. cpp 中,得到图 5-6(b)所示的结果,然后由编译程序将“包含”以后的 file1. cpp 作为一个源文件单位进行编译。

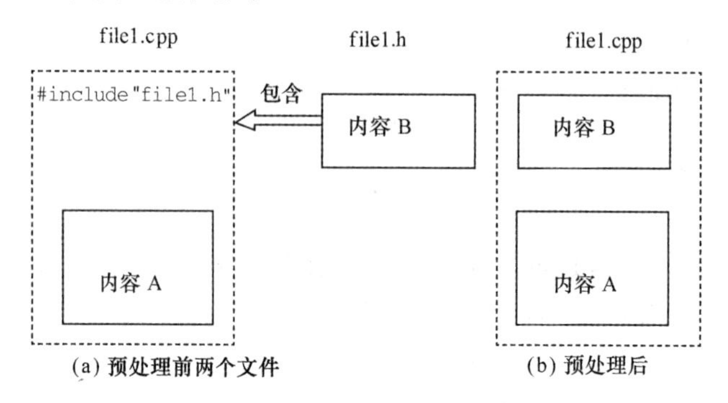

图 5-6 # include 命令

例如:

```
#include "iostream.h"
#include <math.h>
void main( )
{
    float x;
    cin>>x;
    cout<<"|x|="<<fabs(x);
}
```

说明

(1)求绝对值函数 fabs()原形是在文件 math. h 中声明的,所以必须用文件包含命令把文件 math. h 包含进来。库文件的函数声明一般放在系统盘的 include 子目录中。当源程序中用到这里的函数时,都要编写相应的文件包含命令。

(2)一个 # include 命令只能指定一个被包含的文件。每行只写一条,结尾不加分号“;”。

(3)文件包含可以嵌套,但要注意避免重复包含和重复定义问题,采用条件编译的方法可防止这类问题的发生。

注意

在 include 命令中,文件名可以用尖括号或双引号括起来,二者都是合法的,其区别是用尖括号时,系统到存放 C++库函数头文件所在的目录中去寻找,这种查找方式称为标准方式。用双引号时,系统先在用户当前目录中寻找,若找不到,再按标准方式查找。文件包含命令可以减少程序设计人员的重复劳动,便于维护。

5.10　情景应用——训练项目

项目1　求数组中的最小值

【项目描述】

编写一个求数组元素中最小值的函数 fnMin()，要求数组名和数组元素的个数作为形参。然后编写主函数调用 fnMin()函数，并输出结果。程序运行结果如图 5-7 所示。

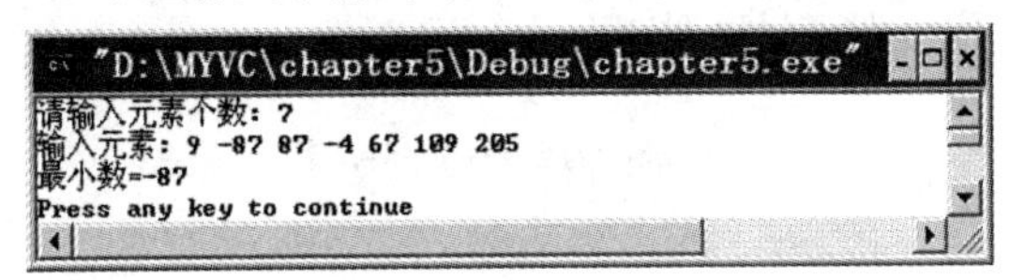

图 5-7　求数组中的最小值

【算法设计】

(1)自定义函数 fnMin()用于求出数组元素中的最小值，将数组名作为函数的参数。代码如下：

```
int fnMin(int array[ ],int n)
{
    int m,i;
    m=array[0];
    for(i=1;i<n;i++)
      if(m>array[i]) m=array[i];
    return m;
}
```

(2)在 main()函数中，定义数组并输入数据，然后用数组名作为实参调用 fnMin()函数，求出数组元素中的最小值并输出。代码如下：

```
void main()
{
    int a[20],m,n,i;
    cout<<"请输入元素个数：";
    cin>>n;
    cout<<"输入元素：";
    for(i=0;i<n;i++)
        cin>>a[i];
    m=fnMin(a,n);               //调用函数求最小数
    cout<<"最小数="<<m<<endl;
}
```

训练项目

1. 在数组中查找一个数，要求用函数实现。

2. 在数组中按指定位置插入一个新数，要求用函数实现。

项目 2　递归解决年龄问题

【项目描述】

有 5 个人坐在一起，问第 5 个人的年龄，他说比第 4 个人大两岁。问第 4 个人的年龄，他说比第 3 个人大两岁。问第 3 个人的年龄，他说比第 2 个人大两岁。问第 2 个人的年龄，他说比第 1 个人大两岁。最后问第 1 个人的年龄，他说是 10 岁。编写程序当输入第几个人时求出其对应年龄，程序运行结果如图 5-8 所示。

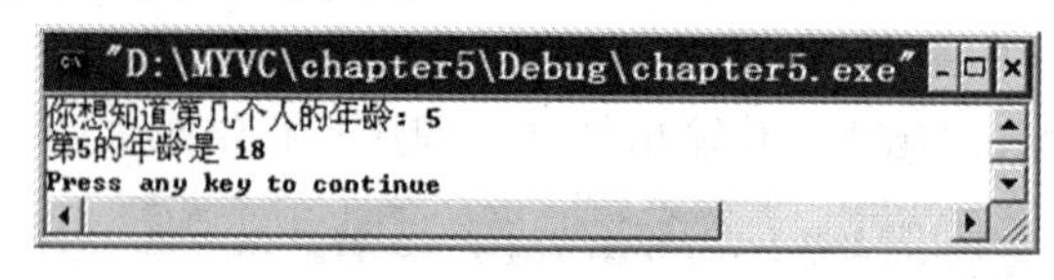

图 5-8　递归解决年龄问题

【算法设计】

递归的过程分为两个阶段：

第一阶段是"递推"，由题意可知，要想求第 5 个人的年龄必须知道第 4 个人的年龄，要想求第 4 个人的年龄必须知道第 3 个人的年龄……一直到第 1 个人的年龄，这时 age(1)的年龄是已知的，不用再推。

第二阶段是"回溯"，从第 1 个人推出第 2 个人的年龄……一直到第 5 个人的年龄为止。

值得注意的是：必须有一个结束递归过程的条件，否则递归过程会无限制地进行下去。本实例中，当 n=1 时是递归结束条件，此时 f=10，也就是 age(1)=10。

参考代码如下：

```
#include "iostream.h"
int age(int n);             //函数声明
int age(int n)              //定义递归函数
{
    int f;
    if(n==1) f=10;
    else     f=age(n-1)+2;
    return f;
}
void main()
{
    int iMen,iAge;
    cout<<"你想知道第几个人的年龄：";
    cin>>iMen;
    iAge=age(iMen);
    cout<<"第"<<iMen<<"个人的年龄是 "<<iAge<<endl;
}
```

训练项目

1. 使用递归方法，求 Fibonacci 数列的第 N 项，N 由键盘输入。

2. 一数列：1、12、123、1234、12345、123456…采用递归算法求第 n 个数(n<=9)。

项目3　猴子吃桃子计算问题

【项目描述】

海滩上有一堆桃子，五只猴子来分。第一只猴子把这堆桃子平均分为五份，多了一个，这只猴子把多的一个扔入海中，拿走了一份。第二只猴子把剩下的桃子又平均分成五份，又多了一个，它同样把多的一个扔入海中，拿走了一份，第三、第四、第五只猴子都是这样做的，问海滩上原来最少有多少个桃子？

【算法设计】

假设桃子的总数是j，那么第一只猴子拿走了(j－1)/5个桃子，余下的桃子数为4＊(j－1)/5。如果连续5次j－1均能被5整除，则最初的j即为所求。

参考代码如下：

```
#include "iostream.h"
int fn(int n,int sum)
{
    if((sum-1)%5!=0) return 0;
    if(n==1) return 1;
    else        return fn(n-1,4*(sum-1)/5);
}
void main()
{
    int sum=0;
    for(sum=100;sum<10000;sum++)
        if(fn(5,sum)==1) break;
    cout<<"最少有"<<sum<<"个桃子。"<<endl;
}
```

训练项目

修改程序，用穷举法求解“猴子吃桃子”问题。

自我测试练习

一、单选题

1. 不能作为函数重载判断依据的是(　　)。

A. const　　B. 返回类型　　C. 参数个数　　D. 参数类型

2. 函数定义为fnFact(int &x)，变量定义n=100，则下面调用正确的是(　　)。

A. fnFact(2)　　B. fnFact(10+n)　　C. fnFact(n)　　D. fnFact(&n)

3. 下面的函数调用语句中，fnNunc()函数的实参个数是(　　)。

```
fnNunc(f2(v1,v2),(v3,v4,v5),(v6,max(v7,v8)));
```

A. 3　　B. 4　　C. 5　　D. 8

4. 数组名作为实参传递给函数时,传递的是(　　)。

A. 该数组长度　　B. 该数组的元素个数

C. 该数组首地址　　D. 该数组中各元素的值

5. 设函数原型:void fnFu(int a,int b=6,char c='*');下面调用不合法的是(　　)。

A. fnFu(4)　　B. fnFu(4,7)

C. fnFu()　　D. fnFu(1,1,'*')

二、填空题

1. 在函数定义前加上关键字"inline",表示该函数被定义为________。

2. 下列程序的输出结果是________。

```
#include <iostream.h>
int a=5;
void fun(int b)
{
    int a=10;
    a+=b;
    cout<<a<<endl;
}
void main( )
{   int c=20;
    fun(c);
    a+=c;
    cout<<a;
}
```

3. 下列程序执行后的输出结果是________。

```
#include "iostream.h"
#define  MA(x)  x*(x+1)
void main()
{
    int a=1,b=2;
    cout<<MA(1+a+b)<<endl;
}
```

4. 下列程序的输出结果是________。

```
#include <iostream.h>
#define  f(x)   x*x*x
void main()
{
    int a=3,s,t;
    s=f(a+1);
    t=f((a+1));
    cout<<s<<","<<t<<endl;
}
```

5. 下列程序的输出结果是________。

```
#include <iostream.h>
int fun(int n)
{
    if(n==1) return 1;
    else       return fun(n-1)+1;
}
void main( )
{
    int i,j=0;
    for(i=1;i<4;i++)
      j+=fun(i);
    cout<<j<<endl;
}
```

三、编程题

1. 编写函数,求:

$$f(x)=\begin{cases} x^2+1 & (x>1) \\ x^2 & (-1<=x<=1) \\ x^2-1 & (x<-1) \end{cases}$$

的值,要求函数原型为"double fun(double x);"。

2. 编写函数求 1~n 之和,要求函数原型为"long sum(int n);"。

3. 用函数调用的方法,求 $f(k,n)=1^k+2^k+\cdots+n^k$,其中 k、n 由键盘输入。

4. 用递归算法求下列函数的值:

$$p(n,x)=\begin{cases} 1 & n=0 \\ x & n=1 \\ ((2x-1)*p(n-1,x)*x-(n-1)*p(n-2,x))/n & n>1 \end{cases}$$

注意选择好合适的参数类型和返回值类型。在 main()函数中,输入下列三组数据:

(1)n=0,x=7 (2)n=1,x=2 (3)n=3,x=4

求出相应的函数值。

5. 设计一个重载函数,求 n 个数的最大值(n=2,3),并编程调用验证。

6. 通过函数重载,利用冒泡排序算法编写函数 fnSort(),完成 int 型数组、float 型数组和字符型数组的排序。

7. 中国古代数学家张丘建在他的《算经》中提出了著名的"百钱百鸡"问题:鸡公一,值钱五,鸡母一,值钱三,小鸡,三只值钱一,百钱买百鸡,问公、母、小鸡各几只?

第6章

类与对象

学习目标

知识目标：掌握类和对象的定义及使用方法，了解构造函数和析构函数的特点、功能，掌握它们的定义和使用方法，了解静态成员的特点以及与非静态成员的区别。

能力目标：具备面向对象的程序设计技能，以及图书借阅管理系统的设计能力。

素质目标：培养发扬团结协作乐于奉献的精神。

类(Class)是面向对象程序设计的核心，是用户自定义的一种数据类型。在面向对象的程序设计中，需要先设计并建立类，然后将类实例化成对象，再利用对象的属性和方法解题。

6.1 类

类(Class)是一种数据类型，是对某一类对象的抽象，而对象是某一种类的实例。类具有比基本类型更强大的功能，不仅包括这种类型的数据结构，还包括对数据进行操作的函数。类是数据和函数的封装体。

思政小贴士

一个复杂的软件，通常由很多人共同完成，个人设计的类越多越优秀，对开发团队的贡献就会越大，因此，需要每个程序员发扬团结协作乐于奉献的精神。

6.1.1 类的定义

类是一种复杂的自定义数据类型。它的定义一般包括说明部分和实现部分。说明部分用来声明类包含的数据成员和成员函数，实现部分用来定义成员函数的具体实现。类的一般定义形式如下：

```
class <类名>
{
[[private:]
    <数据成员及成员函数的说明或实现>]
[protected:
    <数据成员及成员函数的说明或实现>]
[public:
    <数据成员及成员函数的说明或实现>]
};
```

其中：

(1)class 是定义类的关键字,＜类名＞是有效的 C++标识符。

(2)一对花括号内是类的说明部分,说明该类的成员。

(3)数据成员的定义与普通变量的声明是相同的,格式如下:

数据类型 1　数据成员列表;

数据类型 2　数据成员列表;

…

数据类型 n　数据成员列表;

(4)成员函数的定义由说明部分和实现部分组成。说明部分是将成员函数以函数原型的形式在类体内声明;实现部分是在类体内或体外完成成员函数的定义,前者与普通函数的定义类似,后者的定义格式如下:

```
返回类型　类名::成员函数名([＜参数列表＞])
{
    ＜函数体＞
}
```

(5)关键字 private、protected 和 public 表示类的各成员的访问权限,分别是:私有的、保护的和公有的三类。

private:私有访问属性,此属性为默认属性,仅能被该类的成员函数访问。

protected:保护访问属性,具有该属性的成员仅能被该类及该类的派生类的成员函数访问。

public:公有访问属性,具有该属性的成员可以被任何函数访问。

【例 6-1】　建立一个矩形类,成员函数在类体外定义。

程序代码如下:

```
class Rect                          //类名是 Rect
{
private:                            //私有数据成员:length,width
    float length,width;             //长和宽
public:                             //公有函数声明:set(),peri(),area()
    void set(float x,float y);      //设置长和宽
    float peri();                   //求周长函数
    float area();                   //求面积函数
};
void Rect::set(float x,float y)     //定义成员函数 set()
{
    length=x;                       //访问私有属性的数据成员 length
    width=y;                        //访问私有属性的数据成员 width
}
float Rect::peri()                  //定义成员函数 peri()
{
    return (length+width)*2;
}
float Rect::area()                  //定义成员函数 area()
{
```

```
        return (length*width);
    }
```

说明

本例定义了类 Rect。该类包括两个私有数据成员 length、width 和三个公有成员函数 set()、peri()、area()。三个成员函数在类体内声明，在类体外定义。

【例 6-2】 修改例 6-1 代码，实现成员函数在类体内定义。

程序代码如下：

```
class Rect
{
private:                                //私有数据成员:length,width
    float length,width;                 //长和宽
public:                                 //公有函数声明:set(),peri(),area()
    void set(float x,float y)           //定义成员函数 set()
    {
        length=x;
        width=y;
    }
    float peri()                        //定义成员函数 peri()
    {
        return (length+width) * 2;
    }
    float area()                        //定义成员函数 area()
    {
        return (length * width);
    }
};
```

注意

成员函数在类体内、体外定义均可。对代码较少的简单成员函数，在不影响类的结构清晰前提下可在类体内定义，而语句较多的成员函数建议在类体外定义。

6.1.2 类的数据成员

数据成员是类的一个重要组成部分。类的数据成员同结构体 struct 中的数据成员是一致的，不仅定义的语法一样，使用的结构也一样。

【例 6-3】 用 struct 和 class 分别建立学生基本信息的数据结构，包括姓名、性别、年龄、身高等数据。

先分析一下每项数据的数据类型，姓名为 8 个字符的数组，性别可以是一个字符，年龄和身高是整型数。用 struct 建立结构体类型如下：

```
struct student1
{
    char name[8];
    char sex;
```

```
    int age;
    int height;
};
```

用 class 建立与 struct 等价的类结构如下：

```
class student2
{
public:
    char name[8];
    char sex;
    int age;
    int height;
};
```

上面建立的 struct student1 和 class student2 完全等价，它们都包含了姓名、性别、年龄、身高等数据。

【例 6-4】 建立一个表示日期的类，只定义数据成员。

表示一个日期类需要三个整型数：年、月、日。用 MyDate 表示日期类的类名，用整型变量 Year 表示年，整型变量 Month 表示月，整型变量 Day 表示日，不涉及对日期的操作，得到的日期类为：

```
class MyDate
{
private:
    int Year;
    int Month;
    int Day;
};
```

6.1.3 类的成员函数

成员函数实现对类中数据成员的操作，它描述了类的行为。由于对象的封装性，类的成员函数是对私有数据成员进行操作的唯一途径。

1. 成员函数的声明

在类中声明成员函数和声明数据成员类似，先看一个例子。

【例 6-5】 建立一个日期的类，可以设置日期和显示日期。

表示一个日期类需要三个整型数：年、月、日。用 MyDate 表示日期类的类名，用整型变量 Year 表示年，整型变量 Month 表示月，整型变量 Day 表示日，Set()函数表示设置日期，Display()函数表示显示日期，得到日期类为：

```
class MyDate
{
private:
    int Year;
    int Month;
    int Day;
public:
```

```
    void Set(int y,int m,int d);          //成员函数声明
    void Display();                       //成员函数声明
};
```

一般地,类的成员函数声明的结构如下:

＜返回类型＞ ＜成员函数名＞([＜参数列表＞]);

＜返回类型＞是成员函数的返回值类型,如果没有返回值,则类型为 void。＜成员函数名＞是一般的函数名。＜参数列表＞是函数的形式参数表,例如,MyDate 类中 Set()函数中的 int y,int m,int d。

2. 成员函数的实现

成员函数的声明只是说明类中需要这样一个成员函数,该成员函数具体执行什么操作,需要进一步定义这个成员函数,来实现它的操作功能。

成员函数定义的结构如下:

＜返回类型＞ ＜类名＞::＜成员函数名＞([＜参数列表＞])

{

＜函数体＞

}

成员函数定义的结构与普通函数不同的地方是:在＜返回类型＞和＜成员函数名＞之间加了一个"＜类名＞::",其中双冒号"::"是作用域运算符,用来标识成员函数或数据是属于哪个类的。

【例 6-6】 在例 6-5 中,MyDate 类中的成员函数 Set()和 Display()的实现。

它的类名是 MyDate,所以其定义结构如下:

```
void MyDate::Set(int y,int m,int d)
{
    Year=y;                          //设置年
    Month=m;                         //设置月
    Day=d;                           //设置日
}
void MyDate::Display()
{
    cout<<"日期为:"<<endl;           //显示"日期为:",回车
    cout<<"\t"<<Year<<"年";          //空几格后,显示年份
    cout<<Month<<"月";               //显示月份
    cout<<Day<<"日"<<endl;           //显示日,回车
}
```

若日期是 2013－12－3,则显示结果为:

```
日期为:
    2013 年 12 月 3 日
```

注意

如果成员函数较简单,也可以在类的定义中实现,同普通函数的语法结构一致。

```
class MyDate
{
private:
```

```
    int Year,Month,Day;
public:
    void Set(int y,int m,int d)        //成员函数在类的定义中实现
    {
        Year=y;Month=m;Day=d;
    }
    void Display();                    //成员函数的声明,其实现在类外
};
```

模仿练习

1. 定义一个类 CBox,该类的数据成员有:长、宽、高;成员函数有:体积计算、尺寸大小改变和尺寸信息的显示。

2. 定义一个类 CName,含有私有数据成员 name(字符串),两个成员函数 SetName()、DisName(),分别用于从键盘上输入姓名和在屏幕上显示姓名。

6.1.4　成员函数的存取权限

成员函数的存取权限有三级:公有的(public)、保护的(protected)和私有的(private)。

(1)公有成员用 public 关键字声明,它定义了类的外部接口,只有公有成员才可以被用户程序直接访问。例如,例 6-5 中的 Year、Month、Day 是不能被用户程序直接访问的。

(2)私有成员用 private 关键字声明,它定义了类内部使用的数据和函数,私有的数据成员只能被类本身的成员函数及说明为友元类的成员函数访问,其他类的成员函数,包括其派生类的成员函数都不能访问它们;例如,例 6-5 中,Year、Month、Day 的三个私有数据成员只能被自己所属类的成员函数 Set(int y,int m,int d)和 Display()访问,用户程序不能直接访问。

(3)保护成员用 protected 关键字声明,存取权限介于公有成员和私有成员之间,它在类的继承中使用。保护的数据成员与私有数据成员类似,除了能被类本身的成员函数和说明为友元类的成员函数访问外,该类的派生类的成员函数也可以访问。

【例 6-7】 设计一个含四个整数的类,要求能够求出这四个整数的最大值。

(1)设计一个成员函数,求两个整数较大值,通过两次调用来求四个整数的最大值。

(2)对访问权限的控制设计:求两个整数的较大数的成员函数和四个整数均放在私有段,防止用户程序直接访问修改;求四个整数的最大值的成员函数放在公有段,提供外部接口,供用户程序直接访问。

```
class MyMax4
{
private:
    int a,b,c,d;
    int Max2(int,int);
public:
    void Set(int,int,int,int);      //该成员函数可以访问类的私有成员 a,b,c,d
    int Max4();                     //该成员函数可以访问类的私有成员 Max2(int,int)
};
```

类中成员函数的实现:

```
int MyMax4::Max2(int x,int y)          //求两个整数的较大值
{
    if(x>y) return x;
    else return y;
}
void MyMax4::Set(int x1,int x2,int x3,int x4)
{
    a=x1;b=x2;c=x3;d=x4;
}
int MyMax4::Max4()                     //求四个整数的最大值成员函数
{
    int x,y,z;
    x=Max2(a,b);                       //私有成员可被本类的成员函数所访问
    y=Max2(c,d);
    z=Max2(x,y);
    return z;
}
```

注意

(1)关键字 public、private 和 protected 称为访问权限修饰符。它们与在类体内出现的先后顺序无关,并且允许多次出现,用它们来说明类成员的访问权限。

(2)一个类可以没有私有成员,但是不能没有公有成员。例如,一台计算机不能接收用户端的数据,也不能输出信息,人们就无法使用它了。如果一台计算机把零部件都暴露在外面,这台计算机就容易损坏。因此,设计一个类时,一定要有公有成员,它是外部接口。但是,为了实现信息隐藏,能够作为私有成员的就一定要定义为私有成员。

6.1.5 成员函数重载

类的成员函数同普通函数一样也可以进行重载(参见 5.4 节)。下面通过例子来说明。

【例 6-8】 设计一个类,要求能求 n 个整数中的最大数,n 的值为 2 和 3。

```
class MyMax
{
private:                          //注:该位置的 private 关键字可省略
    int x,y,z;
public:
    void Set(int,int,int);        //类的成员函数可以访问类的私有成员 x,y,z
    int Max(int,int);             //重载成员函数
    int Max(int,int,int);         //重载成员函数
};
```

类中成员函数的实现:

```
int MyMax::Max(int a,int b,int c)       //求三个整数中的最大数
{
    if(b>a) a=b;
    if(c>a) a=c;
```

```
    return a;
}
int MyMax::Max(int a,int b)              //求两个整数中的较大数
{
    if(b>a) return b;
    else    return a;
}
```

求最大值重载函数 Max(),参数是两个时就是求两个数中的较大数,三个参数时就是求三个数的最大数。

模仿练习

定义一个类 CBox,该类的数据成员有:长、宽、高;成员函数有:体积计算、尺寸大小设置和尺寸信息的显示。其中尺寸大小设置定义函数重载,立方体时用一个参数,底面是正方形时用两个参数,长方体时用三个参数。

6.1.6　成员函数缺省参数

类的成员函数同普通函数一样也可以带缺省参数。

【例 6-9】 设计一个描述学生的类,学生基本信息包含:姓名、性别、年龄和身高。设置带默认参数的函数。

```
#include "string.h"
#include "iostream.h"
class Student
{
    char Name[8];
    char Sex;
    int Age;
    int Height;
public:
    //带默认参数的成员函数
    void SetData(char n[]="张三",char s='m',int a=18,int h=167);
    void Display();                                  //成员函数声明
};
void Student::SetData(char n[],char s,int a,int h)   //成员函数的定义
{
    strcpy(Name,n);                                  //设置姓名
    Sex=s;                                           //设置性别
    Age=a;                                           //设置年龄
    Height=h;                                        //设置身高
}
void Student::Display()                              //显示学生信息
{
    cout<<"学生基本信息"<<endl;
    cout<<"姓名:"<<Name<<endl;
```

```
    cout<<"性别:"<<Sex<<endl;
    cout<<"年龄:"<<Age<<endl;
    cout<<"身高:"<<Height<<endl;
}
```

模仿练习

设计一个描述时间的类,设置函数带默认参数,缺省时间是 2018 年 11 月 30 日。

6.2 对　象

类是用户自定义的一种数据类型,为了使用类,必须说明类的对象。与其他基本数据类型一样,在说明类时,系统不会分配存储空间,只有定义对象时才给对象分配相应的内存空间。

6.2.1 对象的定义

类相当于一种特殊的数据类型,对象则相当于一种特殊的变量。变量具有明确的类型,而对象则具有对应的类,类是对象的模板,对象则是实例化后的类。对类的使用是通过对象来实现的。

1. 对象的定义

对象的定义形式有如下两种:

(1)＜类名＞ ＜对象名列表＞

(2)在定义类的同时定义对象

```
class <类名>
{
[[private:]
    <数据成员及成员函数的说明或实现>]
[protected:
    <数据成员及成员函数的说明或实现>]
[public:
    <数据成员及成员函数的说明或实现>]
}对象名列表;
```

例如,应用例 6-9 定义的学生类 Student 定义对象:

```
Student a,b;          //定义了两个表示学生类 Student 的对象 a 和 b
```

用类定义了对象以后,对象就具有类的所有性质。也就是说,类的数据成员就是对象的数据成员,类的成员函数就是对象的成员函数。

说明

(1)对象名列表是定义的一个或多个对象的名称,多个对象之间用逗号分隔。

(2)第二种形式定义的对象是全局对象,任何函数都可以使用它,只要程序运行对象就存在,系统就为对象分配存储空间;程序结束时,对象所占的空间被释放,对象才被撤销。

2. 对象的存储空间

对象是一个类的变量，也称为类的实例。在 C++中，在定义类时，系统不会给类分配内存空间，只有创建对象时，C++才为每个对象分配内存空间，用于存放该对象的具体数据成员值。由于所有对象的成员函数的代码是相同的，所以，系统将成员函数的存储空间处理成该类的所有对象共享同一代码空间。

图 6-1 给出了例 6-9 中 a 和 b 这两个对象的存储空间分配情况。

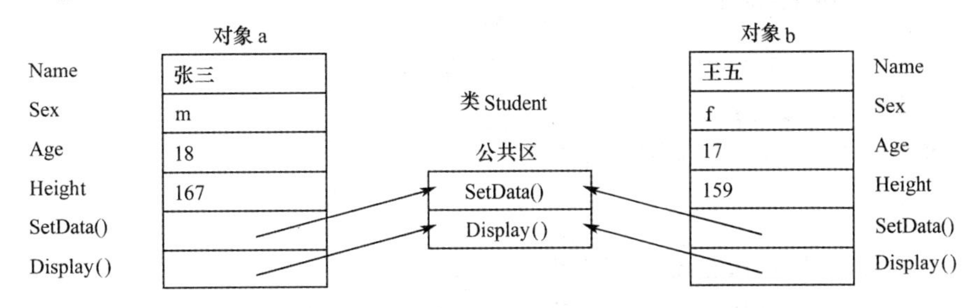

图 6-1　对象的存储空间分配

由图 6-1 可见，每个对象占据内存的不同区域，它们保存的数据不同，但操作数据的代码是一样的。每个对象各自保存的数据反映了该对象的内部状态，这些对象状态由代码来改变。

注意

在例 6-9 中，一个 Student 类对象的数据成员所占用的存储空间理论上是 17 个字节，但实际上 sizeof(a)和 sizeof(Student)的值是 20。因为 C++为对象分配内存空间时遵循"对齐"原则，即对一些变量的起始地址做了"对齐"处理。默认情况下，C++规定对象各成员变量存放的起始地址相对于对象的起始地址的偏移量必须为该变量的类型所占的字节数的倍数。常用类型的对齐方式(VC++ 6.0，32 位系统)见表 6-1。

表 6-1　　常用类型的对齐方式

类　型	对齐方式(变量存放的起始地址相对于结构的起始地址的偏移量)
char	偏移量必须为 sizeof(char)即 1 的倍数
int	偏移量必须为 sizeof(int)即 4 的倍数
float	偏移量必须为 sizeof(float)即 4 的倍数
double	偏移量必须为 sizeof(double)即 8 的倍数
short	偏移量必须为 sizeof(short)即 2 的倍数

对象空间的分配和撤销是系统根据对象的作用域自动完成的，即进入对象作用域时，系统自动为对象分配空间，退出对象作用域时，系统自动撤销对象空间。当使用 new 和 delete 运算动态建立和撤销对象时，对象空间的分配和撤销是由编程者指定在何时完成的。

如果在程序执行的某一时刻动态申请了空间：

```
Student *p1, *p2;
p1=new Student;             //申请一个对象空间
p2=new Student[10];         //申请对象数组空间
```

那么，在程序执行结束前，或者是离开该指针的作用域前，必须释放对象空间：

```
delete p1;
delete [] p2;
```

模仿练习

定义一个复数类 Complex,数据成员包括实部和虚部。成员函数包括:(1)设置实部;(2)设置虚部;(3)取实部值;(4)取虚部值;(5)输出复数。在主函数中定义一个复数类的对象,然后对所有成员函数进行测试。

6.2.2 对象成员的使用

定义对象后,就可以用对象访问其成员,访问格式如下:

<对象名>.数据成员名

<对象名>.成员函数名([<参数列表>])

说明

(1)“.”称为成员引用符,指示对象的成员。

(2)<对象名>也可以使用指向对象的指针替代,则访问对象的格式为:

<指向对象的指针>−>数据成员名

<指向对象的指针>−>成员函数名([参数列表])

【例 6-10】 建立一个 main()函数,在函数体中使用 Rect 类实例化一个对象。

```
#include "iostream.h"
void main()
{
    Rect k, * p;
    p=&k;
    p->set(3.5F,2.0F);
    cout<<"周长="<<p->peri()<<",面积="<<p->area()<<endl;
}
```

运行结果如下:

```
周长=11,面积=7
```

【例 6-11】 设计一个日期类,具有设置和显示日期的成员函数。

编制一个程序一般分为四个独立的部分:

(1)声明头文件,指出要使用的系统函数和系统类,本例题用到标准输入/输出头文件“iostream.h”。

(2)定义类,本例定义一个表示日期的类。

(3)实现类,编制类的成员函数。

(4)编制主程序,生成对象实现程序的功能。

```
#include "iostream.h"
class MyDate
{
private:
    int Year,Month,Day;
public:
    void SetDate(int y,int m,int d);            //成员函数
    void Display();                             //成员函数
};
```

```
void MyDate::SetDate(int y,int m,int d)         //成员函数实现
{
    Year=y;                                     //设置年份
    Month=m;                                    //设置月份
    Day=d;                                      //设置日
}
void MyDate::Display()
{
    cout<<"日期为:";                             //显示"日期为:"
    cout<<Year<<"年";                            //空几格后,显示年份
    cout<<Month<<"月";                           //显示月份
    cout<<Day<<"日"<<endl;                       //显示日,回车
}
void main( )
{
    MyDate a;                                   //定义一个日期对象 a
    a.SetDate(2018,11,30);                      //调用成员函数 SetDate()设置日期
    a.Display();                                //调用成员函数 Display()显示日期
}
```

运行结果如下：

```
日期为:2018 年 11 月 30 日
```

模仿练习

利用 6.1.5 节模仿练习中定义的类 CBox 定义对象，调用成员函数，熟悉对象成员的使用方法。

6.2.3 定义类和对象的有关说明

1. 类中数据成员的类型可以是基本数据类型（如整型、实型、字符型等）、构造数据类型（如数组类型、指针类型、引用类型等），以及自定义的“类”类型（结构体类型是“类”类型的特例）。自身类的指针或引用可以作为类的成员，但自身类的对象不可作为类的成员。

例如：

```
class Date
{
    int year,month,day;
    …
};
class Person
{
    char Name[16];                  //构造数据对象做成员,正确
    char Sex;                       //基本数据类型对象做成员,正确
    int Age;                        //基本数据类型对象做成员,正确
    Date day1,day2;                 //已定义类的对象做成员,正确
    Date * pa;                      //已定义类的指针做成员,正确
    Person a,b;                     //自身类对象做成员,错误
    Person * p;                     //自身类指针做成员,正确
```

```
    Person &c                    //自身类引用做成员,正确
};
```

2. 当定义一个类时,引用了另一个类,而另一个类的定义在当前类的后面,则必须对另一个类做引用性说明。例如,如果 Date 类定义移到 Person 类定义之后,则在 Person 类之前要对 Date 类做引用性说明。

```
class Date;                      //对 Date 类的引用性说明
class Person
{
    Date &day1,&day2;            //使用了关键字 Date
    Date * pa;
    …
};
class Date
{
    int year,month,day;
    …
};
```

模仿练习

定义一个三维坐标系下的线段类 Line,数据成员包括两个端点坐标。成员函数包括:(1)设置第一个端点的坐标;(2)设置第二个端点的坐标;(3)求线段的长度;(4)取出第一个端点的坐标,参数为三个指针,分别指向第一个端点的坐标 x,y,z;(5)取出第二个端点的坐标,参数为第二个端点的 x,y,z 坐标变量的引用;(6)输出两端点的坐标以及线段长度。在主函数中定义一个线段类的对象,然后对所有成员进行测试。

6.3 对象的初始化和撤销

C++语言为类提供的构造函数可自动完成对象的初始化任务,并且提供了与构造函数相对应的析构函数在对象撤销时执行一些收尾任务。

6.3.1 构造函数

构造函数是类的一个特殊成员函数。一般用来自动完成对象的初始化操作。在创建对象时,由系统自动调用,用给定的值对数据成员初始化。

构造函数的名称与类名相同,没有返回值,可以有参数,可以重载。

1. 构造函数的定义

构造函数的定义可以在类体内也可以在类体外。

(1)在类体内定义构造函数的一般格式是:

```
<类名>([<形参列表>])                 //此处的<类名>作为构造函数名
{
    …                              //数据成员的初始化语句
}
```

在类体外定义时，必须在类体内声明，声明格式为：

```
<类名>([<形参列表>]);                    //构造函数的声明
```

(2)在类体外定义构造函数的一般格式是：

```
<类名>::<类名>([<形参列表>])         //第二个<类名>是构造函数名
{
    …                                   //数据成员的初始化语句
}
```

【例 6-12】　定义日期类，利用构造函数初始化数据成员。

```
#include "iostream.h"
class MyDate
{
    int Year,Month,Day;
public:
    MyDate(int y)                       //重载构造函数 1,在类体内定义
    {
        Year=y;Month=10;Day=1;
    }
    MyDate(int y,int m,int d);          //重载构造函数 2,在类体内声明
    void ShowDate();                    //一般成员函数的声明
};
MyDate::MyDate(int y,int m,int d)       //重载构造函数 2,在类体外定义(即类体外实现)
{
    Year=y;Month=m;Day=d;
}
void MyDate::ShowDate()                 //一般成员函数在类体外实现
{
    cout<<Year<<"年"<<Month<<"月"<<Day<<"日"<<endl;
}
void main()
{
    MyDate d1(2013);                    //自动调用构造函数 1
    MyDate d2(2014,12,3);               //自动调用构造函数 2
    d1.ShowDate();
    d2.ShowDate();
}
```

在定义对象时，系统自动根据所给初值个数决定调用哪一个重载的构造函数。运行结果如图 6-2 所示。

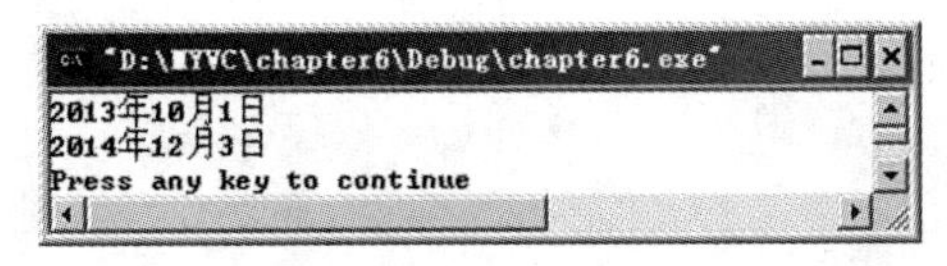

图 6-2　运行结果

注意

(1)构造函数名与类名相同,且不给出返回值类型,也不能标为 void 类型,甚至不能有 return 语句,一般声明为 public 属性。

(2)构造函数的定义可以在类体内,也可以在类体外。其形式与一般成员函数一样。

2. 构造函数的运行

定义了构造函数,在创建对象时,编译系统先根据类的说明,为该对象分配存储空间,然后自动调用合适的构造函数对对象进行初始化。

对象的创建格式如下:

<类名> <对象名>(<构造函数的实参列表>);

例如:

```
MyDate d1(2013);                    //自动调用构造函数 1
MyDate d2(2014,12,3);               //自动调用构造函数 2
```

显然,定义对象的形式比无构造函数时多了一个实参列表,实际上,不用构造函数定义对象就是自动调用无参构造函数,所以,编制构造函数以后,定义对象就必须具有与构造函数一致类型的参数列表。

注意

构造函数只能在定义对象时自动执行,不允许显式调用构造函数。例如:

```
MyDate d(2014);                     //正确,定义对象 d 时自动执行构造函数 1
d.MyDate(2014);                     //错误,不能显式调用
```

3. 带默认参数值的构造函数

与普通函数一样,构造函数中的参数也可以缺省,这时,如果在创建对象时不指定参数,编译系统将使用默认值来初始化数据成员。

【例 6-13】 带默认参数值的构造函数。

```
#include "iostream.h"
class MyDate
{
    int Year,Month,Day;
public:
    MyDate(int y=2013,int m=7,int d=1) //带参数缺省值的构造函数
    {
        Year=y;Month=m;Day=d;
    }
    void ShowDate()
    {
        cout<<Year<<"年"<<Month<<"月"<<Day<<"日"<<endl;
    }
};
void main()
{
    MyDate d1;
    MyDate d2(2014);                //等同于 MyDate d2(2014,7,1);
    MyDate d3(2014,9);              //等同于 MyDate d2(2014,9,1);
```

```
    MyDate d4(2014,12,3);                //默认参数失效
    d1.ShowDate();
    d2.ShowDate();
    d3.ShowDate();
    d4.ShowDate();
}
```

运行结果如图 6-3 所示。

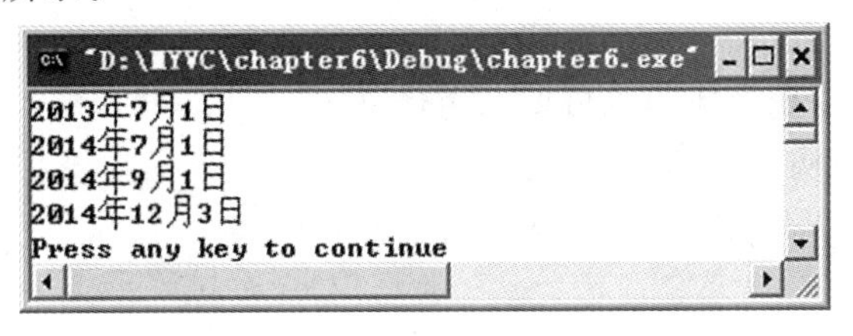

图 6-3 运行结果

注意

(1)一个类只能有一个带默认参数值的构造函数。

(2)可对构造函数中的部分形参初始化,但只能对后面的部分参数设默认值。例如:

```
MyDate(int y,int m=7,int d=1);          //正确,默认值位于参数的后面部分
MyDate(int y=2013,int m=7,int d);       //错误,默认值不能位于参数的前面部分
MyDate(int y=2013,int m,int d=1);       //错误,默认值不能位于参数的前、后部分
```

4. 构造函数的重载

在定义一个类时,可以根据需要定义一个或多个构造函数,定义多个构造函数称为构造函数的重载。构造函数也可以根据参数个数或类型的不同进行重载,例如,在例 6-12 中,类 MyDate 就定义了两个构造函数。

一旦定义了带有部分默认参数值的构造函数,建议不要再对构造函数重载,以免出现二义性。假设在例 6-12 中,有如下两个构造函数:

```
MyDate(int y,int m=1,int d=1);
MyDate(int y);
```

若有如下对象的定义语句:

```
MyDate c1(2014);      //此时调用哪个构造函数,不唯一
```

编译系统将无法识别,出现二义性,产生错误。

注意,构造函数的特点:

(1)构造函数是类成员函数,函数体可写在类体内,也可写在类体外。

(2)构造函数是一种特殊的函数,其函数名与类名相同,且不给出返回类型。

(3)构造函数可以重载,可定义多个参数个数或类型不同的构造函数。

(4)一般将构造函数定义为公有成员函数。

(5)在创建对象时,系统自动调用构造函数,不可以用对象名调用构造函数。

模仿练习

1. 在例 6-12 基础上,构造四个重载构造函数,即无参数、1~3 个参数的构造函数。

2. 利用构造函数重载定义一个关于圆的类,编写求圆的周长和面积的程序。并举例定义圆的对象,求出它们的周长和面积。

6.3.2 析构函数

析构函数也是一个特殊的类成员函数,它的作用与构造函数相反,析构函数的功能是:系统在撤销对象时,自动调用它做一些清理工作。即析构函数用来释放该对象所占用的资源。

析构函数的函数名称和类名相同,在类名前加上了一个"～"符号。析构函数同构造函数一样,不能有任何返回类型,也不能是 void 类型。析构函数是无参数函数,不能重载,一个类只能有一个析构函数。

析构函数的定义可以在类体内也可以在类体外。

(1)在类体内定义析构函数的一般格式是:

```
<～类名>( )              //此处的"～类名"作为析构函数名
{
    …                    //清理工作语句
}
```

(2)在类体外定义析构函数的一般格式是:

```
<类名>::<～类名>( )
{
    …                    //清理工作语句
}
```

例如,类 CString 的构造函数是 CString(),析构函数是～CString()。

【例 6-14】 定义一个表示人的基本信息类,包括身份证号、姓名和年龄等信息,利用构造函数初始化数据成员,利用析构函数做清理工作。

```
#include <iostream.h>
#include <string.h>
class Person
{
    char num[20];                  //身份证号,用数组实现
    char *name;                    //姓名,用指针实现
    int age;                       //年龄
public:
    Person(char *,char *,int);     //构造函数,省略了参数的变量标识符
    ~Person();                     //析构函数,不能有参数
    void show();                   //显示身份证号、姓名和年龄
};
Person::Person(char *s1,char *s2,int a)
{
    strcpy(num,s1);
    name=new char[strlen(s2)+1];
    strcpy(name,s2);
    age=a;
    cout<<"构造函数被执行!\n";
}
```

```
Person::~Person()
{
    if(name) delete []name;                    //清理工作,释放空间
    cout<<"析构函数被执行! \n";
}
void Person::show()
{
    cout<<"身份证号="<<num<<",姓名="<<name;
    cout<<",年龄="<<age<<endl;
}
void main()
{
    Person P("432801198012242098","张望",28);
    P.show();
}
```

运行结果如下:

```
构造函数被执行!                                        //调用构造函数时的输出
身份证号=432801198012242098,姓名=张望,年龄=28          //调用 show()函数时的输出
析构函数被执行!                                        //调用析构函数时的输出
```

注意,析构函数的特点:

(1)析构函数是特殊的成员函数,可在类体内定义,也可在类体外定义。

(2)一般将析构函数定义为公有成员函数。

(3)析构函数名是类名前加"~"符号,用来与构造函数区别。该函数不能有任何返回类型,也不能有参数。

(4)一个类只能有一个析构函数,不允许重载。

析构函数在对象生命期结束时被自动调用,程序中一般不需要调用析构函数。

6.3.3 拷贝构造函数

拷贝构造函数是一种特殊的构造函数,它的功能是用一个已知对象来初始化一个新创建的同类对象。

(1)在类体外定义拷贝构造函数的格式如下:

```
<类名>::<类名>([const] 类名 &obj]   //注意形参是实参对象的[常]引用
{
    <函数体>
}
```

(2)在类体内定义拷贝构造函数的格式是:把前面的类名限定去掉即可。

```
<类名>([const] 类名 &obj]              //注意形参是实参对象的[常]引用
{
    <函数体>
}
```

说明

(1)形参 obj 是实参对象的引用,即实参对象的别名。

(2)const 是关键字,如果给出,表示形参 obj 在拷贝构造函数的函数体中是对象常量,不能被修改,以保护实参对象。

【例 6-15】 定义一个"平面坐标点"类,测试拷贝构造函数的调用。

```
#include <iostream.h>
#include <string.h>
class Point
{
    int x,y;
public:
    Point(int a=0,int b=0)         //缺省构造函数
    {x=a;y=b;}
    Point(Point &p);               //拷贝构造函数原型声明
    ~Point()                       //析构函数定义
    {   cout<<x<<","<<y;
        cout<<"析构函数被执行! \n";
    }
    void show();
    int GetX(){return x;}
    int GetY(){return y;}
};
Point::Point(Point &p)             //拷贝构造函数定义
{
    x=p.x;y=p.y;
    cout<<x<<","<<y<<"拷贝构造函数被执行! \n";
}
void Point::show()
{
    cout<<"点:"<<x<<","<<y<<"\n";
}
void main()
{
    Point p1(6,8),p2(4,7);
    Point p3(p1);                  //注:A 行
    Point p4=p2;                   //注:B 行
    p1.show();
    p3.show();
    p2.show();
    p4.show();
}
```

在主函数的 A 行,调用拷贝构造函数,用已知对象 p1 初始化正在创建的新对象 p3;在 B 行,调用拷贝构造函数,用已知对象 p2 初始化正在创建的新对象 p4。在程序结束时调用析构函数,按 p4、p3、p2、p1 的顺序撤销对象,这个顺序与建立对象的顺序相反。

程序运行结果如图 6-4 所示。

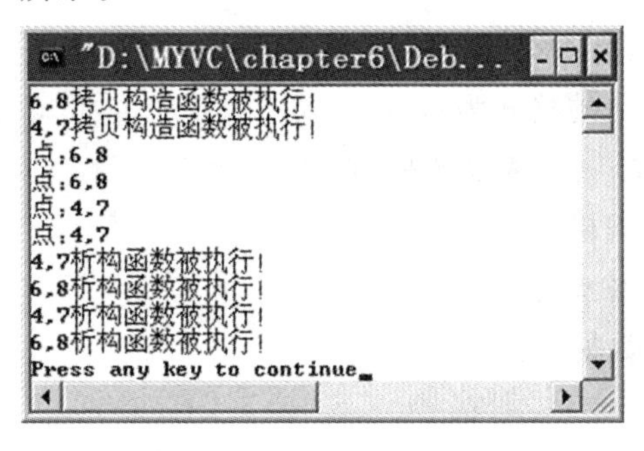

图 6-4 运行结果

注意,拷贝构造函数的特点:

(1)函数名与类名相同,因为它也是构造函数,并且该函数不给出返回值类型。

(2)该函数只有一个参数,必须是本类对象的引用。

(3)每个类必须有一个拷贝构造函数。如果用户在定义类时没有给出拷贝构造函数,则系统自动产生一个缺省的拷贝构造函数。

在例 6-15 中,如果用户不定义拷贝构造函数,则系统自动产生一个缺省的拷贝构造函数:

```
Point::Point(const Point &p)
{
    x=p.x;y=p.y;
}
```

模仿练习

为 6.2.3 节中的模仿练习的线段类 Line 增加构造函数:(1)缺省构造函数,它带参数,参数为两个端点的坐标,参数具有缺省值。(2)拷贝构造函数。在主函数中增加测试这两个构造函数的语句。

6.4 静态成员

通常,一个类的不同对象,其数据成员的存储空间是相互独立的,即一个对象的数据成员与另一个对象的数据成员占用不同的存储空间。如果将类的一个数据成员定义成静态型的,则该类的所有对象的该成员共用同一存储空间,即静态数据成员是类的所有对象共享的,而不是某个对象独享的。在类中,同样可以定义静态成员函数。

静态数据成员和静态成员函数统称为静态成员。

6.4.1 静态数据成员

静态数据成员不从属于任何一个具体对象,所以必须对它初始化,而且对它的初始化不能在构造函数中进行。

静态数据成员的定义和使用方法如下:

(1)静态数据成员的定义格式为：

<static> <数据类型> <静态数据成员名>;

(2)静态数据成员初始化的格式为：

<数据类型> <类名>::<静态数据成员名>=<值>;

(3)静态数据成员的访问格式为：

<类名>::<静态数据成员名>

【例 6-16】 使用静态数据成员。

```
#include <iostream.h>
class Sample
{
    int n;
public:
    Sample(int i){n=i;}
    void add(){Sample::s+=n;}            //静态数据成员的引用,可省略 Sample::
    static int s;                        //静态数据成员定义
};
int Sample::s=0;                         //静态数据成员的初始化,不能省略 Sample::
void main()
{
    Sample a(2),b(5),c(8);
    a.add();
    cout<<"s="<<Sample::s<<endl;         //静态数据成员的引用
    b.add();
    cout<<"s="<<Sample::s<<endl;         //静态数据成员的引用
    c.add();
    cout<<"s="<<Sample::s<<endl;         //静态数据成员的引用
}
```

运行结果如下：

```
s=2
s=7
s=15
```

从上述执行结果看到,类 Sample 中静态数据成员 s 不属于某个对象 a、b 或 c,而是属于所有的对象。

注意

(1)静态数据成员初始化在类体外进行,且前面不加 static 关键字,以免与一般静态变量或对象相混淆。

(2)静态数据成员初始化时使用作用域运算符来标明它所属的类,静态数据成员是类的成员,而不是对象的成员。

(3)静态数据成员使用前必须初始化。静态成员变量的访问控制权限没有意义,所以静态成员变量均作为公有成员使用。

6.4.2　静态成员函数

类似于静态数据成员，也可以把成员函数声明为静态的，即静态成员函数。静态成员函数也是属于整个类，只要类存在，静态成员函数就可以使用。

因此，对静态成员的引用不需要用对象名。在静态成员函数的实现中不能直接引用类中说明的非静态成员，但可以引用类中说明的静态成员。如果在静态成员函数中要引用非静态成员，可通过对象来引用。

(1)静态成员函数的声明格式为：

＜static＞ ＜返回类型＞ ＜静态成员函数名＞([＜形式参数列表＞]);

(2)静态成员函数的定义可以在类体内，也可以在类体外。

①在类体内定义格式为：

```
<static> <返回类型> <静态成员函数名>([<形式参数列表>])
{
    <函数体>
}
```

②如果在类体外定义，首先要在类体内声明函数。在类体外定义格式为：

```
<返回类型> <类名>::<静态成员函数名>([<形式参数列表>])
{
    <函数体>
}
```

(3)静态成员函数的访问格式为：

＜类名＞::＜静态成员函数名＞ ([＜参数表＞]);

【例 6-17】　测试静态成员函数的使用。

```
#include <iostream.h>
int s=0;
class Sample
{
    static int n;                    //静态数据成员 n
public:
    Sample(int i){n=i;}
    static void add(){s+=n;}         //静态成员函数 add()
};
int Sample::n=0;                     //静态数据成员 n 的初始化
void main()
{
    Sample   A(2),B(5);
    Sample::add();                   //访问静态成员函数 add()
    cout<<"s="<<s<<endl;
}
```

运行结果如下：

```
s=5
```

程序中定义对象A(2)时，通过构造函数使静态数据成员 n=2；在定义对象B(5)时，通过构造函数使静态数据成员 n=5（覆盖前面的 n=2）；再执行“Sample::add();”语句使全局变量 s=5。

注意

(1)静态成员函数只能访问静态数据成员和其他静态成员函数，不能直接访问类中的实例变量和其他非静态的成员函数。

(2)静态成员函数和一般成员函数一样，也有访问权限制，私有静态成员函数不能在类体外访问。但是，静态成员函数和静态数据成员可以由任意权限的其他函数访问。

【例 6-18】 已有若干个学生数据，这些数据包括学号、姓名、C++程序设计和英语成绩，求各门课程的平均分。编写程序，要求设计不同的成员函数求各门课程的平均分。

设计一个学生类 student，包括 no(学号)、name(姓名)、deg1(C++程序设计成绩)、deg2(英语成绩)4 个普通数据成员和 3 个静态数据成员 sum1(累计 C++程序设计总分)、sum2(累计英语总分)、sn(累计学生人数)；另外有一个构造函数、两个求两门课程平均分的静态成员函数和一个 disp()成员函数。

程序代码如下：

```
#include <iostream.h>
#include <string.h>
class student
{
    int no;
    char name[10];
    int deg1;                                          //C++程序设计成绩
    int deg2;                                          //英语成绩
    static int sum1;                                   //C++程序设计总分
    static int sum2;                                   //英语总分
    static int sn;                                     //总人数
public:
    student(int n,char na[],int d1,int d2)             //构造函数
    {
        no=n;
        strcpy(name,na);
        deg1=d1;deg2=d2;
        sum1+=deg1;sum2+=deg2;
        sn++;
    }
    static double avg1(){return (sum1 * 1.0)/sn;}      // 静态成员函数
    static double avg2(){return (sum2 * 1.0)/sn;}      // 静态成员函数
    void disp()
    {
        cout<<" "<<no<<","<<name<<","<<deg1<<","<<deg2<<endl;
    }
};
```

```
int student::sum1=0;                        //静态数据成员的初始化
int student::sum2=0;                        //静态数据成员的初始化
int student::sn=0;                          //静态数据成员的初始化
void main()
{
    student s1(6001,"Li",67,89);            //创建第一个学生对象
    student s2(6002,"Ma",62,79);            //创建第二个学生对象
    student s3(6003,"Li Ming",87,69);       //创建第三个学生对象
    student s4(6004,"Zhang San",97,99);     //创建第四个学生对象
    cout<<"输出结果"<<endl;
    s1.disp();
    s2.disp();
    s3.disp();
    s4.disp();
    cout<<"  C++平均分:"<<student.avg1()<<endl;
    cout<<"  英语平均分:"<<student.avg2()<<endl;
}
```

运行结果如下：

```
输出结果
  6001,Li,67,89
  6002,Ma,62,79
  6003,Li Ming,87,69
  6004,Zhang San,97,99
  C++平均分:78.25
  英语平均分:84
```

说明

(1)三个静态数据成员 sum1、sum2、sn，两个静态成员函数 avg1()、avg2()仅属于类 student，而不属于具体的对象，如 s1、s2、s3、s4。

(2)在静态成员函数 avg1()、avg2()中，仅能访问静态数据成员 sum1、sum2、sn，而不能访问普通数据成员，如 deg1、deg2。

模仿练习

设计一个商品库存盘点程序。建立一个商品类(Commodity)，包含单价(Price)和总价(TotalPrice)数据成员，其中 TotalPrice 为静态数据成员。成员函数包括构造函数、析构函数以及静态成员函数库存盘点(CheckStock)。

6.5　友　元

类具有封装性和隐藏性。只有类的成员函数才能访问该类的私有成员，而程序中的其他函数是无法访问类中的私有成员，它们仅能访问类中的公有成员。这给类的数据访问带来了不便。为了解决这个问题，C++提供了友元机制。

6.5.1 普通函数作为友元函数

要使一个函数成为某个类的友元函数,必须在该类中对此函数进行声明。声明友元函数的方式是在类中使用关键字 friend,其一般格式为:

friend <返回类型> <友元函数名>([<参数表>]);

说明

(1)声明友元函数的位置可以在类的任何地方,不受访问权的限制。声明时,既可以放在 public 区,也可以放在 private 区或 protected 区。

(2)在类内完成友元函数的声明,而在类外完成友元函数的定义。

(3)定义友元函数时,函数首部不再需要关键字 friend。

将函数声明为某个类的友元函数后,该函数就像类中成员函数一样可以访问类中的所有成员(包括私有成员)。

【例 6-19】 求两点间的距离。

```
#include "iostream.h"
#include "math.h"
class Point
{
private:
    double x,y;
public:
    Point(){ }
    Point(double x1,double y1)
    {
        x=x1;
        y=y1;
    }
    double getX()
    {return x;}
    double getY()
    {return y;}
    friend double dist(Point,Point);          //友元函数的声明
};
double dist(Point p1,Point p2)               //友元函数的定义
{
    double d,d1,d2;
    d1=p2.x-p1.x;
    d2=p2.y-p1.y;
    d=sqrt(d1*d1+d2*d2);
    return d;
}
```

```
void main()
{
    Point p1(3,5),p2(4,6);
    cout<<"两点之间的距离:"<<dist(p1,p2)<<endl;
}
```

运行结果如下：

```
两点之间的距离:1.41421
```

在例 6-19 中可以看出，友元函数可以直接访问类的私有数据成员 x 和 y，避免了调用成员函数的相关开销。

针对这个问题，有些读者可能会想，可以直接把函数 dist()定义为类 Point 的成员函数，不必使用友元机制也可以很好地解决该问题。但是在有些问题中，一个函数可能要访问不同类中的私有成员，这时使用友元将会变得很方便。也就是说，一个函数可以声明为多个类的友元，这样就可以访问多个类的私有数据成员。请看下面的例子。

【例 6-20】 求点 p(x,y)到直线 L(ax+by+c=0)的距离，其中 p 到直线 L 之间的距离公式为 $d=|(ax+by+c)/\sqrt{a^2+b^2}|$。

```
#include "iostream.h"
#include "math.h"
class Line;                               //前向引用声明,定义在后面
class Point
{
private:
    double x,y;
public:
    Point(double x1,double y1)
    {
        x=x1;
        y=y1;
    }
    friend double dist(Point,Line);       //友元函数声明
};
class Line
{
private:
    double a,b,c;
public:
    Line(double a1,double b1,double c1)
    {
        a=a1;
        b=b1;
        c=c1;
    }
    friend double dist(Point,Line);       //友元函数声明
};
```

```
double dist(Point p1,Line p2)
{
    double d,d1,d2;
    d1=p2.a * p1.x+p2.b * p1.y+p2.c ;
    d2=sqrt(p2.a * p2.a+p2.b  * p2.b);
    d=fabs(d1/d2);
    return d;
}
void main()
{
        Point p1(4,5);
        Line p2(1,2,5);
        cout<<"点到直线的距离:"<<dist(p1,p2)<<endl;
}
```

运行结果如下：

```
点到直线的距离:8.49706
```

注意

(1)友元函数不是类的成员函数。因此，对友元函数指定访问权限无效，可以把友元函数的说明放在 private、protected 和 public 的任意段中。

(2)使用友元函数的目的是提高程序的执行效率。

(3)慎用友元函数，因为它可在类外访问类的私有或保护成员，破坏了类信息的隐蔽性。

6.5.2 成员函数作为友元函数

在例 6-19 和例 6-20 中，都是把一个普通函数声明为类的友元函数。一个类成员函数也可以声明为另一个类的友元函数。

【例 6-21】 类成员函数作为友元函数。

```
#include "iostream.h"
#include "string.h"
class Student;                          //前向引用声明,定义在后面
class Teacher
{
private:
    int bh;
    char name[10];
public:
    Teacher(int h,char n[])
    {
        bh=h;
        strcpy(name,n);
    }
    void display()
    {
        cout<<"编号:"<<bh<<endl;
```

```
        cout<<"姓名:"<<name<<endl;
    }
    void modify_stu(Student &,float);          //Teacher 类中的成员函数
};
class Student
{
private:
    int id;
    float score;
public:
    Student(int xh,float s)
    {
        id=xh;
        score=s;
    }
    void display()
    {
        cout<<"学号:"<<id<<endl;
        cout<<"成绩:"<<score<<endl;
    }
    //声明 Teacher 类中的成员函数为 Student 类的友元函数
    friend void Teacher::modify_stu(Student &,float);
};
void Teacher::modify_stu(Student &c,float s)
{
    c.score=s;
}
void main()
{
    Teacher t1(1000,"张三");
    Student c(1022,75);
    c.display();
    t1.modify_stu(c,80);
    c.display();
}
```

运行结果如下：

```
学号:1022
成绩:75
学号:1022
成绩:80
```

在例 6-21 中，由于 Teacher 类的成员函数 modify_stu()被声明为类 Student 的友元函数，所以教师 t1 可通过调用自身的成员函数访问学生 c 的私有数据成员 score，并修改其值。

友元函数的特点：

(1)友元函数除了具有访问指定类的私有成员的特权之外，其他方面与普通函数相同。

(2)友元函数虽然在类中声明，但并不是类的成员函数。

(3)可以把一个函数定义为多个类的友元函数。

(4)一个类的成员函数也可以声明为另一个类的友元函数。

(5)慎用友元函数，因为它可在类外访问类的私有或保护成员，破坏了类信息的隐蔽性。

6.5.3 友元类

不仅函数可以作为一个类的友元，一个类也可以作为另一个类的友元，这时该类称为友元类。

当一个类作为另一个类的友元时，意味着这个类的所有成员函数都是另一个类的友元函数。可以按如下方式定义友元类：

```
class A
{
    …
    friend class B;              //定义类B是类A的友元类
};
class B
{
    …
public:
    void f1();
    float f2();
    float f3();
};
```

于是，在B类的所有成员函数(如f1()、f2()、f3())中，均可直接访问A类的私有成员。

【例6-22】 友元类实例。

```
#include "iostream.h"
class Date;                                    //前向引用声明,定义在后
class Time
{
private:
    int hour,minute,sec;
public:
    Time(){hour=0;minute=0;sec=0;}             //无参数构造函数
    Time(int h,int m,int s)                    //重载构造函数
    {hour=h;minute=m;sec=s;}
    void display(Date);                        //成员函数声明
};
class Date
{
private:
    int year,month,day;
```

```
public:
    Date(){year=2013;month=1;day=1;}                //无参数构造函数
    Date(int y,int m,int d)                         //重载构造函数
    {year=y;month=m;day=d;}
    friend class Time;                              //将 Time 类声明为 Date 类的友元类
};
void Time::display(Date d)                          //定义 Time 类的成员函数
{
    cout<<d.year<<"/"<<d.month<<"/"<<d.day<<" ";   //直接访问 Date 类的私有数据
    cout<<hour<<":"<<minute<<":"<<sec<<endl;
}
void main()
{
    Time t1(15,25,56);
    Date d1(2013,10,1);
    t1.display (d1);
}
```

运行结果如下：

```
2013/10/1 15:25:56
```

将 Time 类声明为 Date 类的友元类，在 Time 类中就可以直接访问 Date 类的私有数据成员。

注意

(1)友元关系不能被继承。

(2)友元关系是单向的，不具备交换性。

(3)友元关系不具有传递性。

模仿练习

为 6.2.1 节中的模仿练习的复数类 Complex 增加一个友元函数，用于输出一个复数对象。友元函数的原型为“void Output(Complex &);”。

6.6 类与指针

一个对象一旦被创建，系统就给它分配了一个存储空间，该存储空间的起始地址可以像简单变量的地址一样，使用指针变量操作。对象初始化后，会占用内存空间，可以使用指针变量指向对象起始地址，称为对象指针。

对于类来说，可以定义指向其对象的指针和指向类成员的指针。此外，在 C++的类中，还有一种特殊的指针，即 this 指针。

6.6.1 指向类对象的指针

类作为一种数据类型，可以定义变量(即对象)，也可以定义指针，即指向类类型变量(对象)的指针，称为指向类对象的指针或指向对象的指针。

(1)指向类对象指针的定义格式为：

类名 *指针变量名；

(2)对象指针一旦指向某一对象后，就可以用它进行访问。通常使用“－>”或“(*).”运算符：

指针变量 －> 成员

(*指针变量).成员

下面我们用一个例子来说明它的用法。

【例 6-23】 用对象指针访问类的成员。

```
#include <iostream.h>
class A
{   int i;
public:
    A(int n){i=n;}
    int get_i(){return i;}
};
void main()
{
    A a(66), *p;                      //定义类 A 的对象 a 和指向类 A 对象的指针变量 p
    p=&a;                             //将对象 a 的地址赋给指针变量 p,使指针 p 指向对象 a
    cout<<"&a="<<&a<<endl;
    cout<<"p="<<p<<endl;
    cout<<"a.get_i()="<<a.get_i()<<endl;              //直接引用 a 的成员 get_i()
    cout<<"p->get_i()="<<p->get_i()<<endl;    //通过 p 间接引用 a 的成员
    cout<<"(*p).get_i()="<<(*p).get_i()<<endl; //通过 p 间接引用 a 的成员
}
```

运行结果如下：

```
&a=0x0012FF7C
p=0x0012FF7C
a.get_i()=66
p->get_i()=66
(*p).get_i()=66
```

在上面的例子中定义了类 A 的对象 a 和指向类 A 对象的指针变量 p，并将对象 a 的地址赋给指针变量 p，使指针 p 指向对象 a，于是就可以用三种方法访问对象 a 的成员，从输出结果可以看出，它们是等价的。

6.6.2 new()和 delete()函数

new()和 delete()是 C++动态申请存储单元和删除存储单元的函数。对于动态申请的存储空间，只能通过指针间接访问，而没有直接访问方式。

1. new 运算符

new 运算符常用的四种格式如下：

(1)格式一：

<指针变量>=new <数据类型>;

功能：申请一个＜数据类型＞变量的空间，返回该空间的起始地址，并赋给＜指针变量＞。

例如：

```
int * p;
p=new int;                       //动态申请的空间只能通过指针 p 间接访问
 * p=10;                         //只能通过指针 p 间接访问
cout<< * p;                      //只能通过指针 p 间接访问
```

（2）格式二：

＜指针变量＞＝new ＜数据类型＞(＜值＞)；

功能：申请一个＜数据类型＞变量的空间，用＜值＞初始化该空间，返回该空间的起始地址，并赋给＜指针变量＞。与格式一的区别在于给定变量初值。

例如：

```
int * p;
p=new int(10);                   //动态申请的空间中的初值为 10
cout<< * p;                      //只能通过指针 p 间接访问
```

（3）格式三：

＜指针变量＞＝new ＜数据类型＞[＜表达式＞]；

功能：申请一个一维数组空间，数据元素类型是＜数据类型＞，元素的个数是＜表达式＞，返回该空间的起始地址，并赋给＜指针变量＞。

例如：

```
int * p;
p=new int[10];                   //申请具有 10 个整型的一维数组空间
for(int i=0;i<10;i++)p[i]=i;     //访问一维数组
for(int i=0;i<10;i++) * (p+i)=i; //访问一维数组
```

（4）格式四：

＜指针变量＞＝new ＜数据类型＞[＜表达式 1＞][＜表达式 2＞]；

功能：申请一个二维数组空间，数据元素类型是＜数据类型＞，行数是＜表达式 1＞，列数是＜表达式 2＞，返回该空间的起始地址，地址类型是行指针，并赋给＜指针变量＞。

例如：

```
int ( * p)[4],i,j;
p=new int[3][4];            //申请二维数组空间，返回二维数组行指针
for(i=0;i<3;i++)
    for(j=0;j<4;j++)
        p[i][j]=i;          //只能通过指针 p 间接访问二维数组
for(i=0;i<3;i++)
    for(j=0;j<4;j++)
        cout<<p[i][j]<<" "; //只能通过指针 p 间接访问
```

2. delete 运算符

delete 运算符有两种格式：

（1）格式一：

delete ＜指针变量＞；

功能：释放一个由＜指针变量＞指向的变量的空间，用于释放由 new 运算符格式一和格式二分配的空间。

例如：

```
int * p1, * p2;
p1=new int;
p2=new int(10);
* p1=80;
delete p1;                //释放 p1 指向的变量的空间
delete p2;                //释放 p2 指向的变量的空间
```

(2)格式二：

delete [N] <指针变量>;　　　　　　//N 可省略

功能：释放一个由<指针变量>指向的数组的空间，该数组有 N 个元素。数组可以是一维或二维数组。

例如：

```
int *p1;                  //定义简单指针
int ( * p2)[4];           //定义行指针
p1=new int[10];           //分配一维数组空间
p2=new int[3][4];         //分配二维数组空间
…                         //使用数组元素
delete []p1;              //释放 p1 指向的数组的空间
delete [3]p2;             //释放 p2 指向的数组的空间
```

【例 6-24】 使用动态数组。

```
#include <iostream.h>
void main()
{
    int * p,n,i;
    cout<<"请输入数组元素个数:";
    cin>>n;
    p=new int[n];
    cout<<"请输入"<<n<<"个数组元素值:";
    for(i=0;i<n;i++) cin>>p[i];
    for(i=0;i<n;i++) cout<< * (p+i)<<"\t";
    cout<<endl;
    delete []p;
}
```

对于非基本数据类型的对象而言，new 在创建动态对象的同时完成了初始化工作。如果对象有多个构造函数，那么 new 的语句也可以有多种形式。

【例 6-25】 动态申请对象存储单元。

```
#include <iostream.h>
class Sample
{
    int x, y;
public:
    Sample(){x=0;y=1;}                    //无参数的构造函数
```

```
    Sample(int a,int b)              //带参数的构造函数
    {x=a;    y=b;}
    void Display()
    { cout<<x<<"\t"<<y<<endl; }
};
void main()
{
    Sample *a = new Sample;          //调用无参数构造函数
    Sample *b = new Sample(2,3);     //调用带参数构造函数,初值为 2 ,3
    a->Display();
    b->Display();
    delete a;                        //删除对象 a
    delete b;                        //删除对象 b
}
```

注意

(1)如果用 new 创建对象数组,那么只能使用对象的无参数构造函数。例如:

```
Sample *a=new Sample[100];    //创建 100 个动态对象
```

不能写成:

```
Sample *a=new Sample[100](1);
```

所以,没有无参数构造函数的类不能生存对象数组。

(2)由 new 申请的对象,程序运行结束时,必须由 delete 删除。在用 delete 释放对象数组时,注意不要丢了符号“[]”。例如,如果 k 是个对象数组,则:

```
delete []k;                   //正确
delete k;                     //错误,相当于 delete objects[0],漏掉了另外 99 个对象。
```

(3)使用 new 运算符动态申请空间,不是每次都能申请成功,所以,在编写程序时需测试是否申请成功。如果申请成功则返回申请到的空间的首指针;否则返回空指针 NULL。

例如:

```
float *p;
p=new float[10];
if(p==NULL)                   //测试
{  cout<<"动态申请空间失败,终止执行! \n";exit(3);}
    …                         //其他语句
delete []p;
```

6.6.3 this 指针

this 是一个隐含于成员函数中(或对象内)的特殊指针。该指针指向调用成员函数的当前对象。当对象调用成员函数时,系统自动将对象自身的指针(对象的地址)传递给成员函数,在成员函数中可直接使用该指针,指针名为 this。

通常在成员函数中直接通过变量名访问数据成员,实际上,由于成员函数中隐含着一个指针 this,它指向调用成员函数的对象,所以,可以通过 this 指针访问它所指向的对象的成员。

【例 6-26】 this 指针的使用。

```
#include <iostream.h>
class Sample
{
    int x,y;
public:
    Sample(int a=0,int b=0)
    {
        this->x=a;                              //等价于 x=a;
        this->y=b;                              //等价于 y=b;
    }
    void Display()
    {
        cout<<this<<"\t";                       //E ,输出当前对象的地址
        cout<<this->x<<"\t"<<this->y<<"\n";     //输出当前对象的数据成员 x,y
    }
};
void main()
{
    Sample c1(1,4),c2(3,7);
    cout<<&c1<<endl;                            //A,输出对象 c1 的地址
    c1.Display();                               //B,调用对象 c1 的成员函数
    cout<<&c2<<endl;                            //C,输出对象 c2 的地址
    c2.Display();                               //D,调用对象 c2 的成员函数
}
```

运行结果如下：

```
0x0012FF78
0x0012FF78  1  4
0x0012FF70
0x0012FF70  3  7
```

成员函数中通过 this 指针访问数据成员。在 A 行输出的地址值与在 B 行通过 c1 调用 Display()时,E 行输出的地址值相等,即 this=&c1。在 C 行输出的地址值与在 D 行通过 c2 调用 Display()时,E 行输出的地址值相等,即 this=&c2。

注意

(1)在定义类成员函数时,并不知道 this 指向哪个对象,只有当某一对象调用该成员函数时,才知道 this 指向的具体对象。所以,两个对象调用同一个成员函数时,对应的 this 指针是不同的。

(2)一般不必显式使用 this 指针,当成员函数的形参与数据成员同名时,必须使用 this 指针,如例 6-26 的构造函数可改写为

```
Sample(int x=0,int y=0)
{this->x=x;this->y=y;}
```

6.7 情景应用——图书借阅管理系统第一版

6.7.1 项目描述

1. 客户需求描述

某社区图书馆为了提高办公效率，减少因纸张浪费带来的办公开支，现欲开发一个图书借阅管理系统。该系统具有如下功能：

- 新进图书入库
- 读者注册登记
- 办理借还书手续
- 为读者提供借书查询
- 馆内库存图书查询

2. 实施方案

按照项目所涉及的技术与教材关联知识点，分三个版本开发完善。

(1)第一版：利用面向对象程序设计方法，设计三个类：图书类 Item、读者类 Reader 和图书馆操作类 CMain，模拟图书入库、读者注册、借还书等功能。

(2)第二版：在第一版的基础上，增加杂志的借阅功能。利用继承和派生的知识，从书籍和杂志中抽象出共性，建立图书基类 Book，将书籍和杂志作为其派生类。

(3)第三版：在第二版的基础上，增加数据存储功能，完善图书借阅管理系统。

6.7.2 类的设计

在一个信息系统内识别对象是最基本的，通过识别不同对象并进行抽象和分类，就能识别出具有相同属性和行为的对象归纳类。在图书借阅管理系统内，有书名 Title、作者 Author、借书证号 Code、管理人员借还书行为等对象和事件，它们分别各是一个类。确定图书借阅管理系统的各个类，并确定各个类对象的属性。

1. 图书类 Item

图书馆有成千上万的书，每册书都是一个对象，它们形成图书类(Item)。图书类，从流通管理的角度来看，应包含书名 Title、作者 Author、分类号 IndexCode、条形码 BarCode 等属性，并包含各数据成员赋值操作、读取条形码(GetBarCode)、显示图书的基本信息等操作。

```
class Item
{
    char Title[40];           //书名
    char Author[20];          //作者
    char IndexCode[10];       //分类号
    long BarCode;             //条形码
public:
    Item();
    void SetTitle(char []);
    void SetAuthor(char []);
    void SetIndexCode(char[]);
    void SetBarCode(long);
    long GetBarCode(){return BarCode;}
```

```
    void Show();                    //显示书的信息
};
```

2. 读者类 Reader

读者类(Reader)包含姓名(Name)、职务(Position)、借书证号(Code)等属性。一个读者允许借若干册书,用一个 Item 的数组保存相应信息。另外,对读者所借书的统计用 itemCounter 表示对其属性的操作行为定义为类的成员函数。即:需定义为各属性赋值的操作、读取借书证的操作。借还书需要修改所借书数组,定义 AddBook()和 DelBook()两个操作,显示所借书的操作 ShowBooks()。

```
class Reader
{
    char Name[20];                  //姓名
    char Position[20];              //职务
    long Code;                      //借书证号
public:
    Item items[10];                 //所借书
public:
    Reader();
    long GetCode(){return Code;}
    void SetName(char []);
    void SetPosition(char []);
    void SetCode(long);
    void AddBook(Item it);          //添加所借书
    void DelBook(Item it);          //删除所借书
    void ShowBooks();               //显示已借书信息
    void ShowReader()               //显示读者信息
    {cout<<Name<<","<<Position<<","<<Code<<endl;}
    int itemCounter;                //借书计数器
};
```

3. 操作类 CMain

思政小贴士

操作类中各人机交互模块的设计应简洁友善,功能看起来很简单,却凝聚着程序员"服务为中心"的思想。应设身处地站在服务对象的角度思考问题,设计出客户满意的产品。

在图书借阅管理系统内,操作类(CMain)包含统计库存书籍总册数、已注册的读者人数等属性。同时,包含为新书籍入库 CreateBookItem()操作、为读者注册 CreateReader()操作、借还图书、查询已借图书等操作。

```
class CMain
{
    int itemNum;                //库存书籍总册数
    int readNum;                //已注册读者数
    Item item[500];             //存储书籍
    Reader reader[50];          //存储读者
public:
    CMain();
```

```
    void CreateBookItem();   //创建书目,书籍入库
    void CreateReader();     //读者注册
    void ShowMenu();               //菜单显示
    void Return();                 //还书
    void Borrow();                 //借书
    void Require();                //查询已借书信息
};
```

6.7.3　类成员函数的实现

1. 图书类 Item

```
Item::Item(){ }              //构造函数
void Item::SetTitle(char tl[]){strcpy(Title,tl);}
void Item::SetAuthor(char tl[]){strcpy(Author,tl);}
void Item::SetIndexCode(char tl[]){strcpy(IndexCode,tl);}
void Item::SetBarCode(long t){BarCode=t;}
void Item::Show()            //显示书的信息
{
    cout<<Title<<'\t'<<Author<<'\t'<<IndexCode<<'\t'<<BarCode<<endl;
}
```

2. 读者类 Reader

```
Reader::Reader(){itemCounter=0;}
void Reader::SetName(char t[]){strcpy(Name,t);}
void Reader::SetPosition(char t[]){strcpy(Position,t);}
void Reader::SetCode(long t){Code=t;}
void Reader::AddBook(Item it)                    //添加所借书籍
{
    if(itemCounter<10)
        items[itemCounter++]=it;
}
void Reader::DelBook(Item it)                    //还书,从所借书籍清单中清除
{
    if(itemCounter>0)
    {
        int i=0;
        do {
            if(items[i].GetBarCode()==it.GetBarCode())
            {
                for(int j=i;j<itemCounter;j++)
                    items[j]=items[j+1];
                itemCounter--;
                break;
            }
            i++;
```

```
        }while(i<itemCounter);
    }
}
void Reader::ShowBooks()
{
    for(int i=0;i<itemCounter;i++)
        items[i].Show();
}
```

3. 操作类 CMain

```
CMain::CMain()                          //构造函数
{   itemNum=0;
    readNum=0;
}
void CMain::CreateBookItem()            //创建书目
{
    char s1[40],s2[20],s3[10],c;
    long code;
    int i=itemNum;
    do {
        cout<<"\t\t 创建书目(书名,作者,分类号,条形码)\n";
        cout<<"\t\t 书名:";cin.getline(s1,40);
        cout<<"\t\t 作者:";cin.getline(s2,40);
        cout<<"\t\t 分类号:";cin.getline(s3,40);
        cout<<"\t\t 条形码:";cin>>code;cin.get();
        item[i].SetTitle(s1);
        item[i].SetAuthor(s2);
        item[i].SetIndexCode(s3);
        item[i].SetBarCode(code);
        cout<<"\t\t 继续吗? Y(y)es /N(n)o: ";
        cin>>c;
        cin.get();
        i++;
    }while(c=='Y'||c=='y');
    itemNum=i;
}
void CMain::CreateReader()              //创建读者库
{
    char s1[40],s2[20],c;
    long code;
    int j=readNum;
    do {
        cout<<"\t\t 创建读者信息(姓名 职务 借书证号)\n";
        cout<<"\t\t 姓名:";cin.getline(s1,40);
        cout<<"\t\t 职务:";cin.getline(s2,20);
```

```
            cout<<"\t\t 借书证号:";cin>>code;
            reader[j]. SetName(s1);
            reader[j]. SetPosition(s2);
            reader[j]. SetCode(code);
            cout<<"\t\t 继续吗? Y(y)es /N(n)o: ";
            cin>>c;
            cin. get();
            j++;
        }while(c=='Y'||c=='y');
        readNum=j;
}
void CMain::Return()                          //还书
{
        int code,barcode,i,j;
        cout<<"还书,请输入借书证号\n";
        cin>>code;
        cin. get();
        for(i=0;i<readNum;i++)
        {
            if(code==reader[i]. GetCode())
            {
                cout<<"这是你所借的书:\n";
                reader[i]. ShowBooks();
                break;
            }
        }
        if(i==readNum){cout<<"没有此号码,请重新选择! \n";return;}
        cout<<"请选择待还书的条形码\n";
        cin>>barcode;
        for(j=0;j<reader[i]. itemCounter;j++)
            if(reader[i]. items[j]. GetBarCode()==barcode)
            {
                reader[i]. DelBook(reader[i]. items[j]);
                item[itemNum++]=reader[i]. items[j];
                break;
            }
}
void CMain::Borrow()                                    //借书
{
        int code,barcode,i,j;
        Item it;
        cout<<"请输入借书证号: ";
        cin>>code;
        cin. get();
```

```
    for(i=0;i<readNum;i++)
    {
        if(code==reader[i].GetCode()) break;
    }
    if(i==readNum)
    {
        cout<<"借书证不存在!";return;
    }
    cout<<"书名\t作者\t分类号\t条形码\n";
    for(j=0;j<itemNum;j++)                   //查找书
        item[j].Show();
    cout<<"借书,请选择书本条形码:";
    cin>>barcode;
    for(j=0;j<itemNum;j++)                   //匹配
        if(item[j].GetBarCode()==barcode)
        {
            it=item[j];
            reader[i].AddBook(it);
            for(int k=j;k<itemNum;k++)   //从可借阅书中删除借出的书
                item[k]=item[k+1];
            itemNum--;
            break;
        }
}
void CMain::Require()                        //查询借书清单
{
    int code,i;
    cout<<"查询,请输入借书证号:";
    cin>>code;
    for(i=0;i<readNum;i++)
    {
        if(code==reader[i].GetCode())
        {
            cout<<"这是你所借的书\n";
            reader[i].ShowBooks();
            break;
        }
    }
    if(i==readNum)
    {
        cout<<"没有此借书证号,请重新选择! \n";
        cin.get();
    }
}
```

```
void CMain::ShowMenu()                         //菜单显示
{
    system("cls");
    cout<<"\n";
    cout<<"\t$************图书借阅管理系统********$\n";
    cout<<"\t$      0.退出                          $\n";
    cout<<"\t$      1.新书入库                      $\n";
    cout<<"\t$      2.读者登记                      $\n";
    cout<<"\t$      3.借书                          $\n";
    cout<<"\t$      4.还书                          $\n";
    cout<<"\t$      5.借书查询                      $\n";
    cout<<"\t$************************************$\n";
    cout<<"\t\t请选择您的操作(0-5):";
}
```

6.7.4　系统实现及测试

1. 主函数

主函数是程序的入口，程序从主函数开始执行，通过调用菜单显示函数将菜单显示在屏幕上，当用户选择特定功能时，通过控制类 CMain 调用相应的成员函数实现用户所选择的功能。

```
#include <iostream.h>
#include <stdlib.h>
#include <conio.h>
#include <string.h>
void main()              //主函数
{
    int n=1;
    CMain a;
    do {
      a.ShowMenu();//显示菜单界面
      cin>>n;         //输入选择功能的编号
      cin.get();
      system("cls");  //清屏
      switch(n)
      {
          case 1: a.CreateBookItem();break;
          case 2: a.CreateReader();break;
          case 3: a.Borrow();break;
          case 4: a.Return();break;
          case 5: a.Require();break;
          default: break;
      }
      if(n){cout<<"\n\t\t按任意键返回主菜单"; cin.get();}
    }while(n);
```

```
    cout<<"\n\n\t\t谢谢您的使用！\n\t\t";
}
```

2. 运行测试

操作步骤如下：

(1)运行程序，主界面如图 6-5 所示。

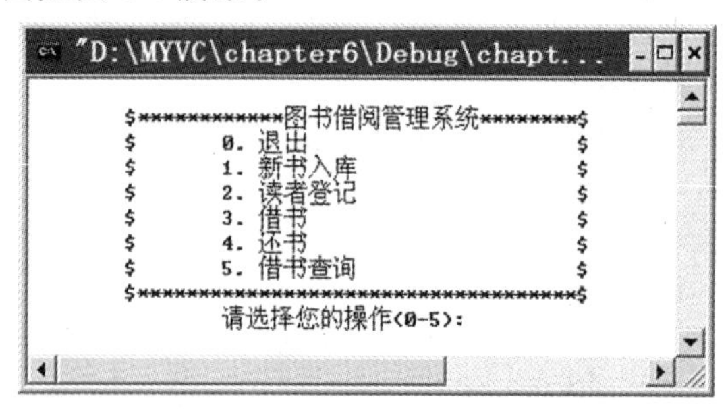

图 6-5　主界面

(2)按数字“1”键，选择“新书入库”菜单，进入书籍入库操作界面，如图 6-6 所示，按系统提示，录入书名、作者、分类号、条形码。

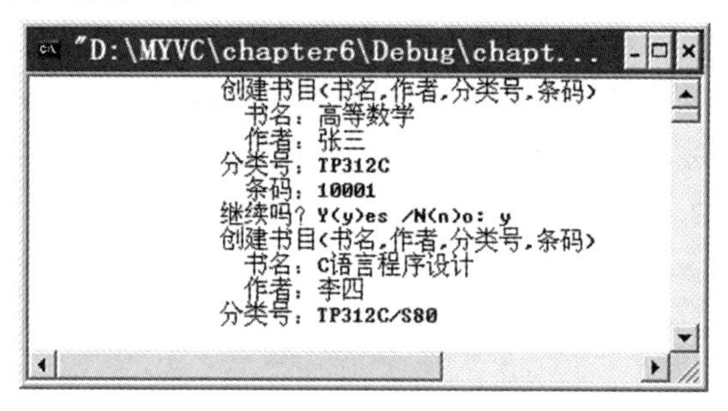

图 6-6　图书登记入库

(3)按数字“2”键，选择“读者登记”菜单，进入读者登记注册操作界面，如图 6-7 所示，按系统提示，录入姓名、职务、借书证号。

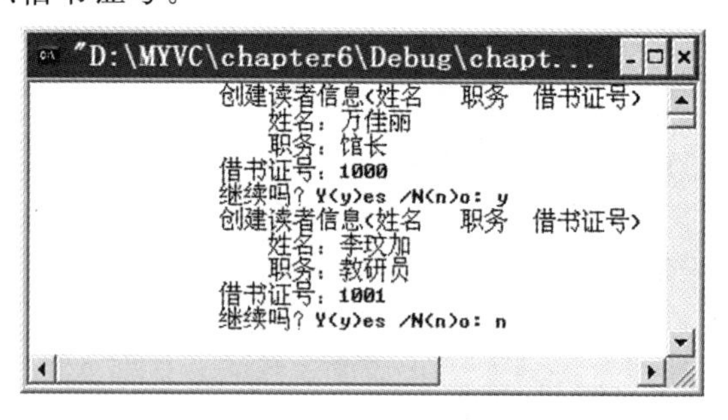

图 6-7　读者登记注册

思政小贴士

设计软件需遵循国家标准和软件行业规范，如：国家标准 GB/T 8566—2007《信息技术 软件生存周期过程》和 GB/T 8567—2006《计算机软件产品开发文件编制指南》把软件开发过程分成可行性研究、需求分析、设计、实现、测试、运行与维护六个阶段，对于软件开发过程、用户界面、图表名称都有规定，程序员设计 GUI 时，要守标准，懂规范，形成良好的职业素养。

自我测试练习

一、单选题

1. 假设 AA 为一个类，a 为该类公有的数据成员，x 为该类的一个对象，则访问 x 对象中数据成员 a 的格式为(　　)。

A. x(a)　　B. x[a]　　C. x->a　　D. x.a

2. 假设 AA 为一个类，a()为该类公有的成员函数，x 为该类的一个对象，则访问 x 对象中成员函数 a 的格式为(　　)。

A. x.a()　　B. x.a　　C. x->a　　D. x.a()

3. 假设 AA 为一个类，a 为该类私有的数据成员，GetValue()为该类的一个公有成员函数，它返回 a 的值，x 为该类的一个对象，则访问 x 对象中数据成员 a 的格式为(　　)。

A. x.a　　B. x.a()　　C. x->GetValue()　　D. x.GetValue()

4. 类中定义的成员默认为(　　)访问属性。

A. public　　B. private　　C. protected　　D. friend

5. 下列各类函数中，(　　)不是类的成员函数。

A. 构造函数　　B. 析构函数　　C. 友元函数　　D. 拷贝构造函数

6. 下列选项中，不是构造函数的特征的是(　　)。

A. 构造函数名与类名相同　　B. 构造函数可以重载

C. 构造函数可以设置默认参数　　D. 构造函数必须指定类型说明

7. 下列选项中，为析构函数的特征的是(　　)。

A. 一个类中只能定义一个析构函数　　B. 析构函数名与类名不同

C. 析构函数的定义只能在类体内　　D. 析构函数可以有一个或多个参数

8. 下面关于成员函数特征的描述中，错误的是(　　)。

A. 成员函数一定是内联函数　　B. 成员函数可以重载

C. 成员函数参数可以设置默认值　　D. 成员函数可以是静态的

9. 以下有关友元函数的描述中，错误的是(　　)。

A. 友元函数不是成员函数

B. 友元函数加强了类的封装性

C. 在友元函数中可以访问所属类的私有成员

D. 友元函数的作用是提高程序运行效率

10. 已知一个类 A，可以定义类 A 的对象或定义类 A 的指针，下列一定不正确的形式是(　　)。

A. A a1;　　B. A a2(12);　　C. A a3();　　D. A *p=new A;

二、填空题

1. 类和对象的区别是________。

2. C++关键字 private 和 public 的区别是________。

3. 在成员函数中，可以通过________指针访问一个对象的数据。

4. C++中，虽然友元提供了类之间进行数据访问的快捷方式，但它破坏了面向对象程序设计的________特性。

5. 下例程序的运行结果是________。

```
#include <iostream.h>
class Sample
{
      int x;
public:
      Sample(int a=0)
      {this->x=a;}
      void Display()
      {cout<<this->x<<","<<this<<";";}
};
void main()
{
      Sample c1(1),c2(3);
      cout<<&c1<<","<<&c2<<"\n";              //A
      c1.Display();                             //B
      c2.Display();                             //C
}
```

若 A 行输出是 0x0012FF7C,0x0012FF78,则 B 行和 C 行的输出是________。

三、编程题

1. 设计一个表示学生信息的类,其中信息包括:姓名、年龄和 3 门课程的成绩,并可设置学生的相关信息,显示学生的信息。

2. 使用成员函数重载设计一个求面积的类,包括圆、三角形和梯形。并设计一个输入成员函数和输出成员函数。

3. 编写程序判断学生能否通过某个级别的考试,全部操作在类 Grade 中实现。要求:

(1)在定义对象时指定学生姓名和分数,且姓名必须指定,分数可缺省,缺省值为 0 分。

4 个学生的姓名和分数分别为:

Wang 100

Zhang 90

Li 52

Zhao 0

(2)编写一个私有成员函数 idPass(),判断能否通过考试。

(3)编写一个成员函数 PrintData()输出结果,包含学生姓名、分数、是否通过。

4. 定义一个类 Cat,拥有静态数据成员 HowManyCats,记录 Cat 的个体数目;静态成员函数 GetHowMany(),存取 HowManyCats。设计程序测试这个类,体会静态数据成员和静态成员函数的用法。

5. 定义一个类,完成如下操作:从键盘输入两个学生的学号、姓名和计算机课考试分数,然后分别把它们显示出来。要求:把所需要的变量定义为私有变量,输入和输出操作各用一个内联函数来实现。

第7章

继承与派生

学习目标

知识目标：理解继承和派生类的概念，掌握单继承和多继承的定义方法及应用，掌握三种继承方式的访问控制，掌握多继承中二义性的两种处理方法。

能力目标：较熟练地使用继承和派生方法进行类的设计，对图书借阅管理系统进行优化升级。

素质目标：了解中华民族五千年悠久的历史和灿烂文化，继承、保护和弘扬自强不息民族精神。

思政小贴士

继承机制是实现高质量快速开发大型软件的重要途径，是面向对象程序设计方法的重要特征。前期建立的类可以被后面的类所直接调用，后面的类还可以进一步完善和扩展。社会发展同样也适用这种机制，中华民族具有五千年悠久的历史和灿烂的文化，留下了许多宝贵的文化遗产，优秀传统文化需要我们来继承、保护和弘扬。

7.1 继承与派生概述

7.1.1 基本概念

在使用面向对象程序设计方法解决问题时，一般先建立与实际问题相关的类，然后对类进行实例化，即生成对象，最后利用对象的属性和方法编写解决问题的方案。由此可见，构建类是解决问题的关键。

在许多现实问题中，所涉及的类多数是相关的。例如，学生、教师都是人，都有人的基本属性，如姓名、年龄等，但各自有自己的特点，如学生有成绩、学号；教师有工作部门、职称级别等。显然，教师和人两个类具有相关性。

这种特殊的类之间的关系，为构建类提供了一种特别的方式——继承，即如果已经拥有了一个类（如人这个类），则可以通过继承这个类的成员，再加入扩充新成员（如教师的职称、部门），构建一个新类（教师类）。

从工程角度上看，如果工程规模庞大，重用已经测试过的类代码要比重新编写新代码好得多。不但可以节省开发时间，也有助于避免新错误的产生。所以，面向对象程序设计的继承机制提供了无限重复利用程序资源的一种途径。

已存在的用来派生新类的类称为基类，又称为父类。由已存在的类派生出的新类称为派生类，又称为子类。

在C++语言中，有两种继承方式：单一继承和多继承。对于单一继承，派生类只能有一个直接基类；对于多继承，派生类可以有多个直接基类。

图 7-1 反映了类之间继承和派生的关系。其中,B1、B2、C1、C2 都是单一继承;而 C3 是多继承,因为 B1、B2 都是 C3 的直接基类。

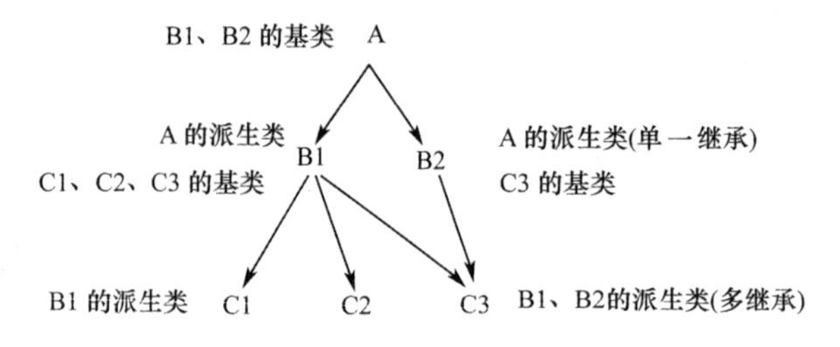

图 7-1　类之间继承与派生的关系

说明

在图 7-1 中,箭头从基类节点指向派生类节点,并且基类在上,派生类在下,本教材均采用这种方式描述类之间继承和派生的关系。有的教材恰好相反,请读者留意。

7.1.2　单一继承

1. 单一继承的定义

在单一继承方式下,定义派生类的格式如下:

```
class <派生类名>:[<继承方式>]<基类名>
{
[[private:]
   <新增私有成员声明语句>]
[protected:                              定义派生类新成员
   <新增保护成员声明语句>]
[public:
   <新增公有成员声明语句>]
};
```

说明

(1)<派生类名>是新定义的一个类名,它是从"基类名"中派生的,并且按指定的"继承方式"派生。

(2)<继承方式>决定了子类对父类的访问权限。有三种继承方式,分别是 public(公有继承)、protected(保护继承)和 private(私有继承),最常用的是 public。

(3)<继承方式>如果省略,表示私有继承,即默认继承方式是私有的。

【例 7-1】　先定义 Person 类,然后定义 Person 类的派生类 Student。

```
class Person
{
    char name[10];              //姓名
    int age;                    //年龄
public:
    void show();
};
```

```
class Student: public Person
{
    long no;                            //学号
    int eScore,mScore;                  //英语成绩、数学成绩
public:
    void calSum();                      //计算总成绩
};
```

派生类 Student 中的成员分为两部分,见表 7-1。

表 7-1　　派生类 Student 的成员构成

	private	protected	public
从基类 Person 中继承下来的成员:	char name[10]; int age;		void Show();
派生类 Student 增加的新成员:	long no; int eScore,mScore;		void calSum();

(1)从基类 Person 继承下来的成员,如:

```
char name[10];
int age;
void show();
```

(2)在定义派生类时增加的新成员,如:

```
long no;
int eScore,mScore;
void calSum();
```

注意

(1)子类具有父类的全部数据成员和成员函数;但是,子类对父类成员的访问是有所限制的。

(2)子类可以定义自己的数据成员和成员函数。

(3)基类、派生类(或父类、子类)都是"相对"的。一个类派生出新的类就是基类。派生类也可以被其他类继承,这个派生类同时也是基类。

2. 派生类的生成过程

在 C++程序设计中,一般先建立基类,然后建立派生类,再通过派生类创建对象进行实际问题的处理。

派生新类一般要经过接收基类成员、改造基类成员和添加新的成员三个阶段。

(1)接收基类成员:首先是将基类的成员全部接收,这样,派生类实际上包含了其所有基类中除构造函数和析构函数之外的全部成员。

(2)改造基类成员:一是通过继承方式,改变基类成员的访问控制。二是通过覆盖,即在派生类中定义一个和基类成员同名的成员(对于成员函数,参数必须一致)。

(3)添加新的成员:新增成员是继承与派生机制的核心,是保证派生类在功能上有所发展的关键。依据实际情况,给派生类添加适当的数据成员和成员函数,来实现必要的新增功能。同时,在派生过程中,基类的构造函数和析构函数是不能被继承下来的,所以在派生类中,一些特别的初始化和扫尾清理工作,也需要重新加入新的构造函数和析构函数。

7.2 三种继承方式

基类的成员可以有三种访问权限，分别是 private、protected 和 public。基类中的成员函数可以对基类中任何一个其他成员访问，但是在基类外部，通过基类的对象只能访问该类的 public 成员。

公有继承(public)、私有继承(private)和保护继承(protected)是常用的三种继承方式。在不同的继承方式下，原来具有不同访问权限的基类成员在派生类中的访问权限可能发生变化。三种继承的访问属性见表 7-2。

表 7-2 派生类的继承访问属性

private 派生			protected 派生			public 派生		
基类		派生类	基类		派生类	基类		派生类
private	⇒	不可见	private	⇒	不可见	private	⇒	不可见
protected	⇒	private	protected	⇒	protected	protected	⇒	protected
public	⇒	private	public	⇒	protected	public	⇒	public

7.2.1 公有继承(派生)

公有继承的特点是基类的公有成员和保护成员作为派生类成员时，它们都保持原有的状态，而私有成员是不能被继承的。即：

基类的公有(public)成员被继承为公有的。

基类的私有(private)成员在派生类中不可见。

基类的保护(protected)成员被继承为保护的。

【例 7-2】 公有继承示例。

```
#include "iostream.h"
class Base              //定义基类
{
    int a;
protected:
    int b;
public:
    void setB(int x,int y){a=x;b=y;}
    void dispB(){cout<<a<<","<<b<<endl;}
};
class Derived: public Base        //定义派生类
{
    int p;
protected:
    int q;
public:
    void setD(int x,int y)
```

```
    {
        a=x;            //错误,不可以访问基类中的 private 成员
        b=y;            //正确,基类中的 protected 成员 b,在派生类中仍是 protected 成员
        setB(x,y);      //正确,基类中的 public 成员在派生类中仍是 public 成员,可以访问
        p=2 * x;
        q=2 * y;
    }
    void dispD()
    {
        dispB();        //正确,基类中的 public 成员在派生类中仍是 public 成员,可以访问
        cout<<p<<","<<q<<endl;
    }
};
void main()
{
    Derived dvar;
    dvar.a=10;          //错误,不可以直接访问
    dvar.b=20;          //错误,不可以直接访问
    dvar.setB(1,2);     //正确,可以访问
    dvar.dispB();       //正确,可以访问
    dvar.setD(10,20);
    dvar.dispD();
}
```

表 7-3 给出了例 7-2 中 public 继承方式下成员访问权限的控制。

表 7-3　　派生类中的继承性

	私有段(private)	保护段(protected)	公有段(public)	说　明
Base 类	a	b	setB(),dispB()	
公有派生(public)↓				
Derived 类	a(不可见)	b	setB(),dispB()	从 Base 类继承下来的成员
	p	q	setD(),dispD()	Derived 类新定义的成员

注意

(1)Base 基类中的 private 成员 a 虽然被派生类继承,但它只能被基类内部的其他成员直接访问,而不能被 Derived 派生类中其他成员直接访问。

(2)public 派生下,基类中的公有成员和保护成员在派生类中仍然是公有成员和保护成员,即访问属性不变。

7.2.2　私有继承(派生)

私有继承的特点是基类的公有成员和保护成员都作为派生类的私有成员,所以派生类的其他成员可以访问它们,但是在派生类外部通过派生类对象无法访问它们。即:

基类的公有(public)成员被继承为私有的。

基类的私有(private)成员在派生类中不可见。

基类的保护(protected)成员被继承为私有的。

【例 7-3】 私有继承示例。

```
#include "iostream.h"
class Base                          //定义基类
{
    int a;
protected:
    int b;
public:
    void setB(int x,int y){a=x;b=y;}
    void dispB(){cout<<a<<","<<b<<endl;}
};
class Derived: private Base    //定义派生类
{
    int p;
protected:
    int q;
public:
    void setD(int x,int y)
    {
        a=x;            //错误,不可以访问基类中的 private 成员
        b=y;            //基类中的 protected 成员在派生类中变为 private 成员,可以访问
        setB(x,y);      //基类中的 public 成员在派生类中变为 private 成员,可以访问
        p=2*x;
        q=2*y;
    }
    void dispD()
    {
        dispB();        //基类中的 public 成员在派生类中变为 private 成员,可以访问
        cout<<p<<","<<q<<endl;
    }
};
void main()
{
    Derived dvar;
    dvar.a=10;          //错误,不可以直接访问
    dvar.b=20;          //错误,不可以直接访问
    dvar.setB(1,2);             //错误,不可以直接访问
    dvar.dispB();               //错误,不可以直接访问
    dvar.setD(10,20);
    dvar.dispD();
}
```

表 7-4 给出了例 7-3 中 private 继承方式下成员访问权限的控制。

表 7-4　　派生类中的继承性

	私有段(private)	保护段(protected)	公有段(public)	说　明
Base 类	a	b	setB(),dispB()	
私有派生(private)↓				
Derived 类	a(不可见),b setB(),dispB()			从 Base 类继承下来的成员
	p	q	setD(),dispD()	Derived 类新定义的成员

注意

在 private 派生下，基类中的公有成员和保护成员都成了派生类的私有成员。确保基类中的成员函数只可以让派生类中的成员函数间接使用，而不能被外部使用。

7.2.3　保护继承(派生)

保护继承的特点是基类的公有成员和保护成员都成为派生类的保护成员，并且只能被它的派生类的成员函数或友员访问。即：

基类的公有(public)成员被继承为保护的。

基类的私有(private)成员在派生类中不可见。

基类的保护(protected)成员被继承为保护的。

【例 7-4】　保护继承示例。

```
#include "iostream.h"
class Base                              //定义基类
{
    int a;
protected:
    int b;
public:
    void setB(int x,int y){a=x;b=y;}
    void dispB(){cout<<a<<","<<b<<endl;}
};
class Derived: protected Base           //定义派生类
{
    int p;
protected:
    int q;
public:
    void setD(int x,int y)
    {
        a=x;              //错误,不可以访问基类中的 private 成员
        b=y;              //基类中的 protected 成员在派生类中仍是 protected 成员,可以访问
        setB(x,y);        //基类中的 public 成员在派生类中变成 protected 成员,可以访问
```

```
        p=2 * x;
        q=2 * y;
    }
    void dispD()
    {
        dispB();              //基类中的 public 成员在派生类中变成 protected 成员,可以访问
        cout<<p<<","<<q<<endl;
    }
};
void main()
{
    Derived dvar;
//  dvar.a=10;                //错误,不可以直接访问
//  dvar.b=20;                //错误,不可以直接访问
//  dvar.setB(1,2);           //错误,不可以直接访问
//  dvar.dispB();             //错误,不可以直接访问
    dvar.setD(10,20);
    dvar.dispD();
}
```

表 7-5 给出了例 7-4 中 protected 继承方式下成员访问权限的控制。

表 7-5　　派生类中的继承性

	私有段(private)	保护段(protected)	公有段(public)	说　明
Base 类	a	b	setB(),dispB()	
保护派生(protected)↓				
Derived 类	a(不可见)	b setB(),dispB()		从 Base 类继承下来的成员
	p	q	setD(),dispD()	Derived 类新定义的成员

注意

(1)基类中的私有成员是不能被直接访问的(有的书中称为"不能被继承"的)。实际上在派生类中也有基类私有成员的副本,只不过不能被直接访问而已。

(2)protected 派生下,基类中的公有成员和保护成员在派生类中都成了保护成员。

(3)保护成员具有"良好"的继承特性:它在公有派生和保护派生下访问属性保持不变。并且,保护成员还具有"良好"的访问属性:它介于公有成员和私有成员的访问属性之间,即它除了可被本类的成员访问外,还可被派生类的成员访问,但不能被本类及其派生类之外的程序部分所访问。

模仿练习

创建一个教师类(CTeacher),包括工号、职称和薪金,编程输入和显示教师的信息。建立一个人类(CPerson),包含姓名、性别和年龄,并作为教师类的基类。

7.3 派生类的构造函数和析构函数

7.3.1 派生类的构造函数

派生类的构造函数必须通过调用基类的构造函数来初始化基类子对象。所以，在定义派生类的构造函数时除了对自己的数据成员进行初始化外，还必须调用基类的构造函数使基类的数据成员得以初始化。如果派生类中还有子对象时，还应包含对子对象初始化的构造函数。派生类构造函数的一般格式如下：

```
＜派生类名＞(＜派生类构造函数参数表＞):＜基类构造函数名＞(＜参数表＞)
{
    ＜派生类中新增数据成员初始化语句＞
};
```

**说明**

(1)在派生类构造函数参数表中，给出了初始化基类数据成员和新增数据成员所需要的全部参数。

(2)派生类的构造函数执行顺序如下：

①按被继承时的说明顺序，调用基类的构造函数。

②调用派生类构造函数体中的内容。

【例 7-5】 派生类构造函数的定义方法。

```
#include "iostream.h"
#include "string.h"
class CPerson                                    //基类
{
    char pName[20];                              //姓名
    char pID[20];                                //学号
    bool bMan;                                   //性别:false 表示女,true 表示男
public:
    CPerson(char *name,char *id,bool isman=true)  //构造函数
    {
        strcpy(pName,name);
        strcpy(pID,id);
        bMan=isman;
    }
    void Output()
    {
        cout<<"姓名:"<<pName<<endl;
        cout<<"学号:"<<pID<<endl;
        char *str=bMan?"男":"女";
        cout<<"性别:"<<str<<endl;
    }
```

```
};
class CStudent: public CPerson                    //派生类
{
    float dbScore[3];                             //三门成绩
    char department[20];                          //系部
public:
    CStudent(char * name,char * id,bool isman,char * dp):CPerson(name,id,isman)
    {
        strcpy(department,dp);
    }
    void InputScore(float score1,float score2,float score3)
    {
        dbScore[0]=score1;
        dbScore[1]=score2;
        dbScore[2]=score3;
    }
    void Print()
    {
        Output();                                 //调用基类成员函数
        cout<<"系部:"<<department<<endl;
        for(int i=0;i<3;i++)
            cout<<"成绩"<<i+1<<": "<<dbScore[i]<<",";
        cout<<endl;
    }
};
void main()
{
    CStudent stu("张  芳","20130129",false,"计算机系");
    stu.InputScore(80,75,89);
    stu.Print();
}
```

运行结果如图 7-2 所示。

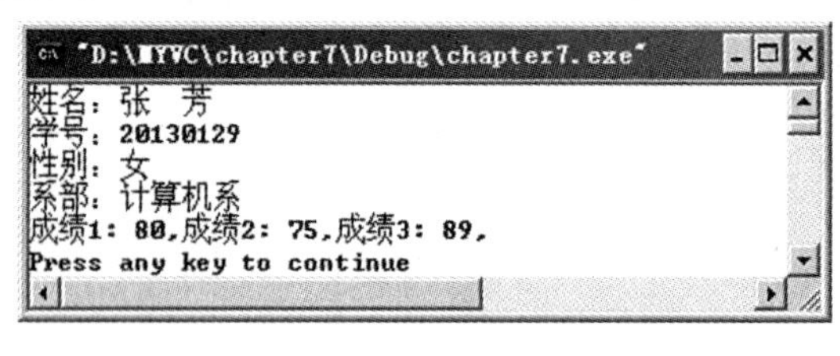

图 7-2　运行结果

在这个例子中,基类构造函数 CPerson 带有三个参数,因此,派生类 CStudent 在构造函数定义时必须指明“基类构造函数初始化表”:

CPerson(name,id,isman)

它紧跟在派生类构造函数的参数表之后,用冒号分隔。基类构造函数的参数来自派生类构造函数的参数表。

注意

(1)如果基类中有默认的构造函数或者没有构造函数,则在派生类构造函数的定义中,可以省略对基类的构造函数的调用,而使用默认构造函数初始化基类中的数据成员。

(2)当基类的构造函数使用一个或多个参数时,派生类必须定义构造函数,提供将参数传递给基类构造函数的途径。

7.3.2　派生类的析构函数

和构造函数一样,析构函数也不能被继承,因此在执行派生类的析构函数时,基类的析构函数也将被调用。其执行顺序与构造函数执行顺序正好相反。派生类的析构函数的调用顺序是:

(1)执行派生类的析构函数。

(2)执行基类的析构函数。

【例 7-6】 分析下列程序的输出结果。

```
#include <iostream.h>
class A
{
public:
    A()
    {cout<<"执行 A 类构造函数\n";}
    ~A()
    {cout<<"执行 A 类析构函数\n";}
};
class B : public A
{
public:
    B()
    {cout<<"执行 B 类构造函数\n";}
    ~B()
    {cout<<"执行 B 类析构函数\n";}
};
void main()
{
    B b;
    cout<<"其他执行语句。"<<endl;
}
```

上述程序中,由基类 A 公共派生类 B,所以对于语句"B b;"定义的对象 b,先执行基类 A 的构造函数,再执行类 B 的构造函数。而当对象 b 被删除时,则先执行类 B 的析构函数,后执行类 A 的析构函数,程序的执行结果如图 7-3 所示。

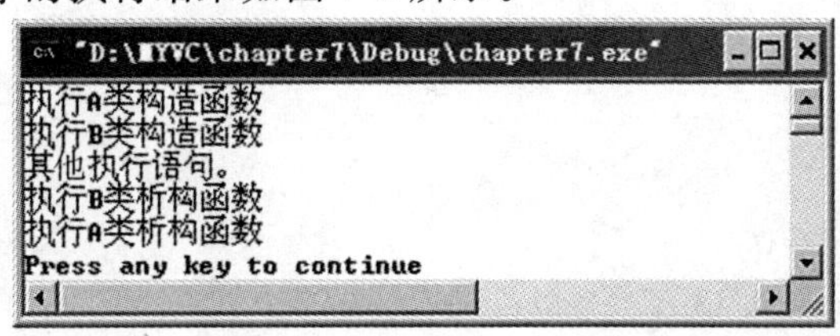

图 7-3　析构函数的调用顺序

模仿练习

已知:时间类 CTime 仅有数据属性“年、月、日、时、分、秒”;本国时间类 CCountrytime 除拥有时间类 CTime 的各个属性外,还有自己的数据属性“国家、格林尼治时差”。请用继承结构解决中、日两国的时间差计算。

7.4 多继承

7.4.1 多继承的定义

多继承可以看作是单一继承的扩展。所谓多继承是指派生类具有多个基类,派生类与每个基类之间的关系仍可看作是一个单一继承。多继承机制如图 7-4 所示。

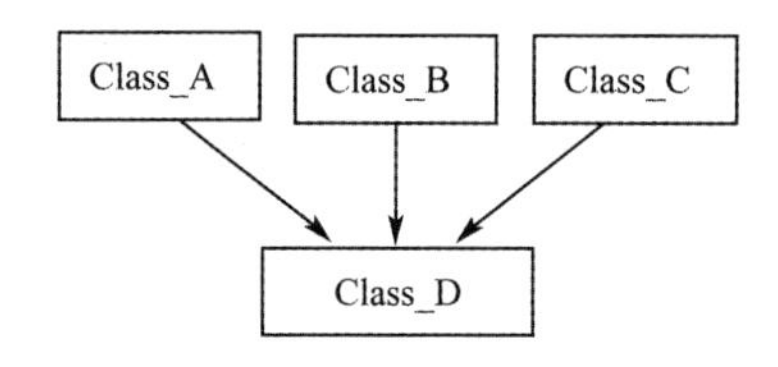

图 7-4 多继承机制

类 Class_D 继承类 Class_A、Clase_B 和 Class_C。换句话说,类 Class_D 是类 Class_A、Clase_B 和 Class_C 的派生类,类 Class_D 包含类 Class_A、Clase_B、Class_C 的所有数据成员和成员函数。

多继承派生类的语法格式如下:

```
class <派生类名>:[<继承方式 1>]<基类名 1>,[<继承方式 2>]<基类名 2>,…,[<继承方式 n>]<基类名 n>
{
[[private:]
    <新增私有成员声明语句>]  ┐
[protected:                 │
    <新增保护成员声明语句>]  ├定义派生类新成员
[public:                    │
    <新增公有成员声明语句>]  ┘
};
```

【例 7-7】 一个简单的多继承示例。

```
#include<iostream.h>
class Base1
{   int b1;
public:
    void setB1(int i){b1=i;}
    void showB1(){cout<<"b1="<<b1;}
};
```

```
class Base2
{
    int b2;
public:
    void setB2(int i){b2=i;}
    void showB2(){cout<<"\nb2="<<b2;}
};
class Derived : public Base1,private Base2          //定义多继承派生类 Derived
{   int d;
public:
    void setD(int i,int j){d=i;setB2(j);}           //①
    void showD(){showB2();cout<<"\nd="<<d;}         //②
};
void main()
{   Derived d;                                      //定义 Derived 类的对象 d
    d.setB1(15);
    d.showB1();
    d.setD(37,49);
    d.showD();
    //d.setB2(26);                                  //③
    //d.showB2();                                   //④
}
```

运行结果如下：

```
b1=15
b2=49
d=37
```

在上面的程序中，类 Base1 是类 Derived 的公有基类，而类 Base2 是类 Derived 的私有基类，因此类 Base1 的公有成员在类 Derived 中仍为公有成员，而类 Base2 的公有成员在类 Derived 中却成为私有成员，所以，在 Derived 类之外（如 main() 函数中）不能访问类 Derived 的对象 d 的成员函数 setB2(int) 和 showB2()（见③、④两句），而只能在 Derived 类中访问这两个成员函数（见①、②两句）。

7.4.2　多继承的构造函数

多继承下派生类的构造函数与单一继承下派生类的构造函数相似，除了需要对自身的数据成员进行初始化外，还必须负责调用基类的构造函数使基类的数据成员得以初始化。派生类的构造函数格式如下：

```
<派生类名>(<总参数表>):<基类名1>(<参数表1>),<基类名2>
    (<参数表2>),…,<基类名n>(<参数表n>)…
{
    <派生类构造函数体>
}
```

其中，“总参数表”中各个参数包含了其后各个基类的参数表。

注意

(1)在派生类构造函数的总参数表中,给出了初始化基类数据成员、新增数据成员所需要的全部参数。

(2)多重继承的构造函数按照下面的原则被调用:

①先基类,后自己。即先执行基类的构造函数,再执行派生类本身的构造函数体。

②在同一层上的各个基类的构造函数,按派生时定义的先后次序执行。

【例 7-8】 分析以下程序的执行结果。

```
#include <iostream.h>
class A                                    //定义基类 A
{
    int a;
public:
    A (int i)
    {a=i;cout<<"执行 A 基类的构造函数\n";}
    void dispA(){cout<<"a="<<a<<endl;}
};
class B                                    //定义基类 B
{
    int b;
public:
    B(int j)
    {b=j;cout<<"执行 B 基类的构造函数\n";}
    void dispB(){cout<<"b="<<b<<endl;}
};
//定义 A 和 B 的派生类 C,B 在前,A 在后,所以先调用 B 的构造函数,后调用 A 的构造函数
class C : public B,public A
{
    int c;
public:
    C(int x,int y,int z): A(x),B(y)          //包含基类成员初始化列表
    {
        c=z;
        cout<<"执行 C 派生类的构造函数\n";
    }
    void disp()
    {
        dispA();
        dispB();
        cout<<"c="<<c<<endl;
    }
};
void main()
{
```

```
    C obj(10,11,12);
    obj.disp();                    //调用类C的disp()成员函数
}
```

运行结果如图 7-5 所示。

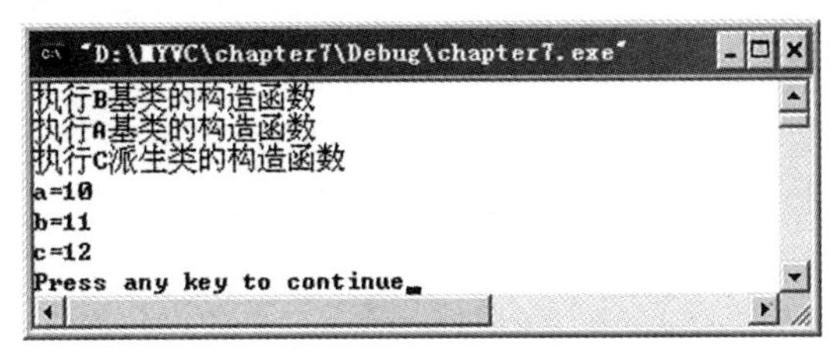

图 7-5　多继承构造函数的调用顺序

模仿练习

定义一个点类(Point)、矩形类(Rectangle)和立方体类(Cube)的层次结构。矩形类包括长度和宽度两个新数据成员,矩形类的位置由点类继承。立方体类由长、宽、高三个新数据成员构成,立方体的位置由点类继承。要求各类提供支持初始化的构造函数和显示自己成员的成员函数。编写主函数,测试这个层次结构,输出立方体的相关信息。

7.5　多继承中的二义性

一般说来,在派生类中对基类成员的访问应该是唯一的,但是,在多继承中,若多个基类之间存在同名成员,则可能出现对基类中某成员的访问不唯一的情况。同样,若在多条继承路径上有公共基类,这个公共基类也会产生多个副本。这就是对基类成员访问的二义性问题。

对多继承中的二义性问题有两种处理方法:一是在成员名之前冠以类名和作用域分辨符"::";二是采用虚基类的方法。下面分别介绍。

7.5.1　作用域分辨符

作用域分辨符就是我们经常见到的作用域运算符"::",它可以用来限制访问的成员所在的类的名称,一般语法格式如下:

(1)对象名.基类名::数据成员名;　　　　　　//数据成员

(2)对象名.基类名::成员函数名([<参数表>]);　　//成员函数

下面介绍处理两种二义性的情形。

1. 公共基类存在潜在二义性

【例 7-9】　用"类名::"避免二义性示例 1。

```
#include<iostream.h>
class A
{
public:
    int a;
};
```

```
class B : public A
{
public:
    float b;
};
class C : public A
{
public:
    float c;
};
class D : public B,public C
{
public:
    int d;
    void print()
    {
        cout<<"B::a="<<B::a;        //访问从B类中继承过来的a
        cout<<"\nC::a="<<C::a;      //访问从C类中继承过来的a
        cout<<"\nb="<<b;
        cout<<"\nc="<<c;
        cout<<"\nd="<<d<<endl;
    }
};
void main()
{
    D od;                           //定义D类的对象od
    od.B::a=1;                      //访问od中从B类继承过来的a
    od.C::a=2;                      //访问od中从C类继承过来的a
    od.b=3.5f;
    od.c=4.8f;
    od.d=5;
    od.print();
}
```

运行结果如下：

```
B::a=1
C::a=2
b=3.5
c=4.8
d=5
```

注意

不能用“A::a”代替上述的“B::a”或“C::a”。

在图7-6所示的派生和继承中，由于类B和类C都包含从类A中继承过来的成员a；所以，类D中就会有a的两个拷贝，从而产生二义性。

2. 不同基类中存在相同成员时存在潜在二义性

【例 7-10】　用“类名::”避免二义性示例 2。

```
#include "iostream.h"
class Base1                      //定义基类
{
     int a;
public:
     void seta(int x){a=x;}
     void disp(){cout<<a<<endl;}
};
class Base2                                    //定义基类
{
     int b;
public:
     void setb(int x){b=x;}
     void disp(){cout<<b<<endl;}
};
class Derived: public Base1,public Base2       //定义派生类
{
public:
     void print(){
          Base1::disp();                       //A
          Base2::disp();                       //B
     }
};
void main()
{    Derived d;
     d.seta(1);
//   d.disp();                                 //C,二义性
     d.setb(2);
//   d.disp();                                 //D,二义性
     d.print();
}
```

类 Derived 是从类 Base1 和类 Base2 中共同派生而来的，如图 7-7 所示。所以，在类 Derived中产生两个 disp()成员函数，因此，当在 main()函数中通过 Derived 的对象 d 调用 disp()函数时，产生“Derived::disp′ is ambiguous”二义性错误信息。

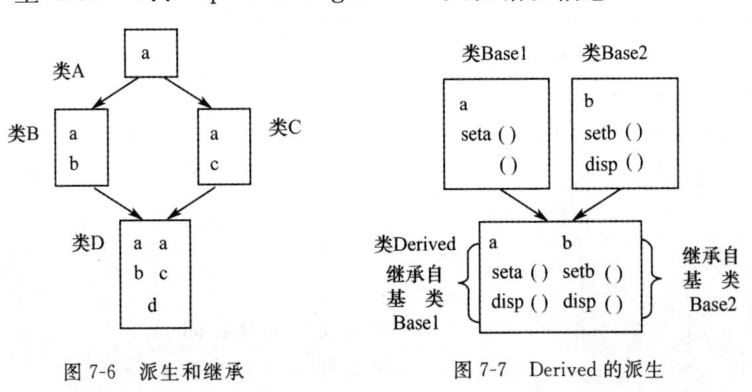

图 7-6　派生和继承　　　　图 7-7　Derived 的派生

消除二义性的办法是用作用域运算符“::”,将程序中的C、D两行修改为:

```
d.Base1::disp();
d.Base2::disp();
```

7.5.2 虚基类

虚基类是指当基类被继承时,在基类的继承方式前加上关键字virtual。虚基类的声明格式如下:

```
class <派生类名>:virtual <继承方式> <基类名>
{
    <类体>
}
```

【例7-11】 用虚基类避免二义性。

```
#include<iostream.h>
class A
{
public:
    int a;
};
class B : virtual public A          // A是虚拟基类
{
public:
    float b;
};
class C : virtual public A          // A是虚拟基类
{
public:
    float c;
};
class D : public B,public C
{
public:
    int d;
    void print()
    {
        cout<<"a="<<a;                  // 直接访问成员 a
        cout<<"\nb="<<b;
        cout<<"\nc="<<c;
        cout<<"\nd="<<d<<endl;
    }
};
void main()
{
    D od;                               // 定义D的对象od
    od.a=1;                             // 访问od中的成员 a
```

```
    od.b=3.5;
    od.c=4.8f;
    od.d=5;
    od.print();
}
```

运行结果如下：

```
a=1
b=3.5
c=4.8
d=5
```

当用同一个虚基类所派生的多个类再进行多继承时，可以为它们的派生类提供唯一的基类。在上面的例子中，由于在基类 A 前使用了关键字 virtual，把类 A 声明为虚基类，这样，当用类 B 和类 C 派生类 D 时，类 D 中只有基类 A 的唯一拷贝，从而消除了二义性。

7.5.3 虚基类的构造函数

虚基类的初始化与一般的多继承的初始化在语法上是一样的，但构造函数的调用次序不同。派生类构造函数调用的次序有以下原则：

(1)虚基类的构造函数在非虚基类的构造函数之前调用。

(2)若同一层次中包含多个虚基类，则这些虚基类的构造函数按它们说明的次序调用。

(3)若虚基类由非虚基类派生而来，则仍按先调用基类中的构造函数，再调用派生类中的构造函数的顺序执行。

【例 7-12】 虚基类的构造函数。

```
#include <iostream.h>
class A
{
public:
    A(){cout<<"类 A 的构造函数"<<endl;}
};
class B
{
public:
    B(){cout<<"类 B 的构造函数"<<endl;}
};
class C: public B,virtual public A
{
public:
    C(){cout<<"类 C 的构造函数"<<endl;}
};
class D: public B,virtual public A
{
public:
    D(){cout<<"类 D 的构造函数"<<endl;}
};
```

```
class E: public C ,virtual public D
{
public:
    E(){cout<<"类E的构造函数"<<endl;}
};
void main()
{
    E obj;
}
```

运行结果如图 7-8 所示。

在例 7-12 中,类的层次结构如图 7-9 所示,下面分析一下构造函数的执行过程。

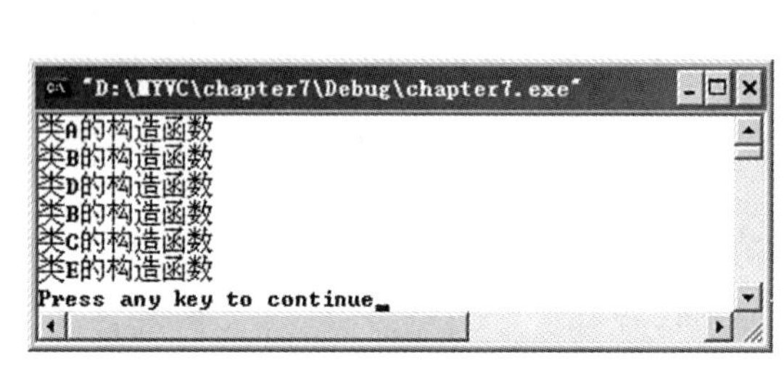

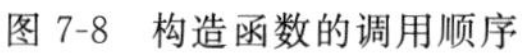
图 7-8　构造函数的调用顺序

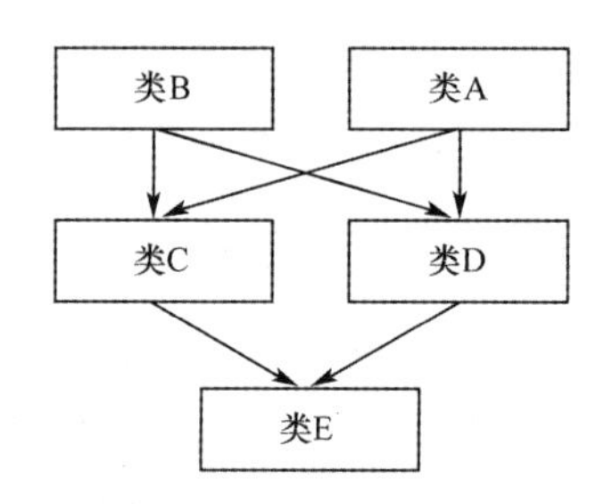

图 7-9　类的层次结构

(1)当在 main()函数中定义类 E 的对象 obj 时,就要执行构造函数。因为类 E 是由类 C 和类 D 派生而来的,因此应先执行基类的构造函数,类 E 的构造函数最后执行。在其基类中,类 D 为虚基类,因此,尽管类 C 在类 D 之前说明,但还是类 D 的构造函数执行在先。在这个层次上构造函数的调用可按顺序分为 D(),C(),E()。对于类 D 和类 C 来说,其内部构造函数如何执行,还需要分析它们的基类之后决定。

(2)下面来分析类 D。类 D 是由类 A 和类 B 派生出来的,类 A 为虚基类,所以先 A,再 B,后 D。又由于类 A、类 B 均不再是派生类,则不用再往下分析,则第一段构造函数的执行顺序是 A(),B(),D()。

(3)再往下分析类 C。类 C 是由类 A 和类 B 派生而来的,类 A 为虚基类,并且类 A 和类 B 再没有基类,因此类 C 的构造函数的执行顺序为 A(),B(),C()。由于类 A 为类 C 和类 D 的共同虚基类,类 C 和类 D 共用类 A 的一个实例,而这个实例在类 D 中已初始化,在这里 A()就不需要再执行,因此类 C 的构造函数的执行顺序为 B(),C()。

综合上面的分析,整个 obj 对象的各构造函数的执行顺序为:

A(),B(),D(),B(),C(),E()

这个分析出来的执行顺序正好与程序所得到的实际结果相一致。

注意

一般情况下,在虚基类中,只允许定义不带参数的或带默认参数的构造函数。

7.5.4　虚基类的应用实例

【例 7-13】 编写一个程序,实现学院教师(兼职教师)的数据操作,要求程序运行结果如图 7-10 所示。

设计一个 person 类,包含人员编号和姓名,以及相关的成员函数,从它派生出教师类 teacher 和工程师类 engineer,再从这两个类派生出教师工程师类 teachengi。这样 teachengi

类的对象中存在两组 person 类的成员，为此，将从 person 类派生的教师类 teacher 和工程师类 engineer 改为虚继承，这样 teachengi 类的对象中只存在唯一 person 类的成员。程序中各对象之间的类层次结构如图 7-11 所示。

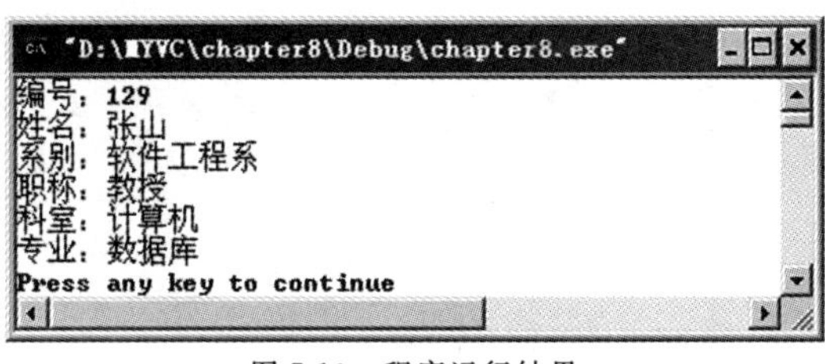

图 7-10　程序运行结果

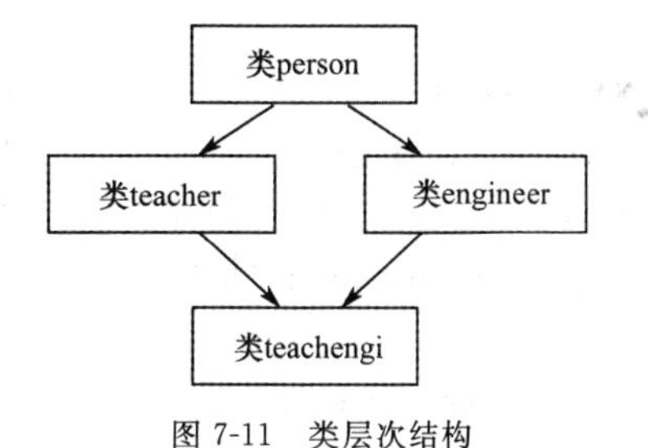

图 7-11　类层次结构

参考代码如下：

```
#include <iostream.h>
#include <string.h>
class person
{
    int bh;                        //编号
    char xm[10];                   //姓名
public:
    void setperson(int bh1,char xml[])
    {
        bh=bh1;
        strcpy(xm,xml);
    }
    void dispperson()
    {
        cout<<"编号:"<<bh<<endl;
        cout<<"姓名:"<<xm<<endl;
    }
};
class teacher : virtual public person
{
    char xb[20];                   //所在系
    char zc[10];                   //职称
public:
    void setteacher(char xb1[],char zc1[])
    {
        strcpy(xb,xb1);
        strcpy(zc,zc1);
    }
    void dispteacher()
    {
        cout<<"系别:"<<xb<<endl;
```

```
        cout<<"职称："<<zc<<endl;
    }
};
class engineer ：virtual public person
{
    char ks[20];                //科室
    char zy[10];                //专业
public:
    void setengineer(char ks1[],char zy1[])
    {
        strcpy(ks,ks1);
        strcpy(zy,zy1);
    }
    void dispengineer()
    {
        cout<<"科室："<<ks<<endl;
        cout<<"专业："<<zy<<endl;
    }
};
class teachengi ：public teacher,public engineer
{   public:
    void setteachengi(int bh1,char xm1[],char xb1[],char zc1[],char ks1[],char zy1[])
    {
        setperson(bh1,xm1);
        setteacher(xb1,zc1);
        setengineer(ks1,zy1);
    }
    void dispteachengi()
    {
        dispperson();
        dispteacher();
        dispengineer();
    }
};
void main()
{
    teachengi obj;                  //定义类 teachengi 的对象 od
    obj.setteachengi(129,"张山","软件工程系","教授","计算机","数据库");
    obj.dispteachengi();
}
```

模仿练习

编程实现时间类 CTime 和日期类 Date，在此基础上定义一个带日期的时间类 TimeWithDate。对该类对象进行比较、增加(增加值为秒)、相减(结果为秒数)等操作。

7.6　情景应用——图书借阅管理系统第二版

7.6.1　项目描述

在第一版的基础上，增加杂志的借阅功能。利用继承和派生的知识，从书籍和杂志中抽象出共性，建立图书基类 Book，将书籍和杂志作为其派生类。

杂志是图书的一种，对于现刊以期为借阅单位，对于过刊以卷（Volume）为借阅单位。为简化问题，我们只处理过刊借阅，即以卷为借阅单位，每卷分配一个条形码。与书籍不同之处在于，杂志没有单一的作者，只以刊名和卷名借阅。

7.6.2　类层次结构设计

思政小贴士

图书借阅管理系统的设计开发，从功能上尽可能满足客户要求，弘扬工匠精神，精益求精，不求最好，但求更好。

书籍和杂志都有书（杂志）名、条形码等共性，都有设置条形码、读取条形码及显示等接口，提取两者的共性和公共接口，定义一个图书类 Book 作为基类，并派生出书籍类 Item 和杂志类 Magazine，如图 7-12 所示。

Book 类
char Title[40] long BarCode int Type
Book() Book(char * ,long) void SetBarCode(long code) void SetTitle(char * tl) void SetType(bool type) int GetType() long GetBarCode() virtual void Show()

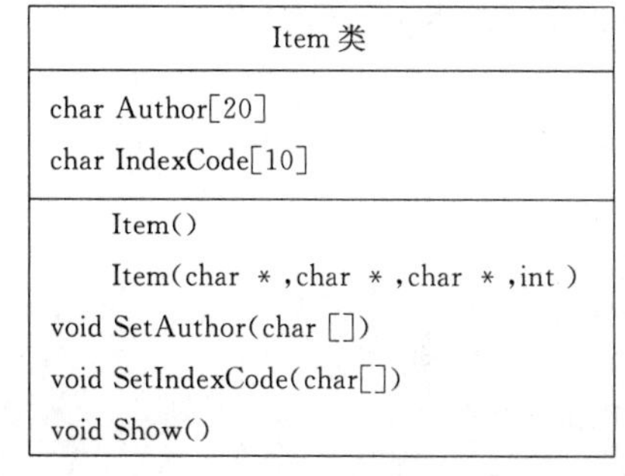

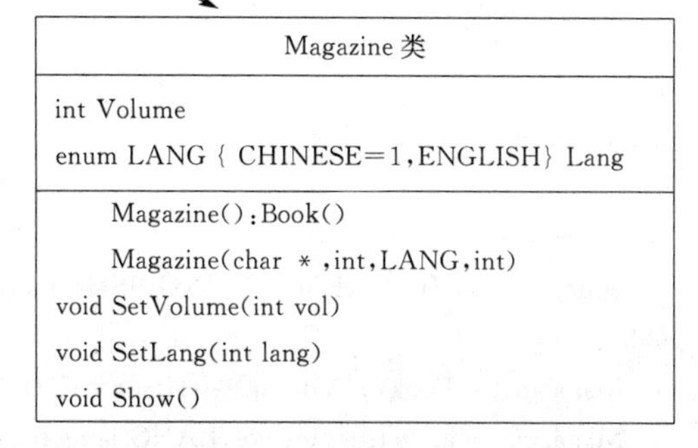

图 7-12　类层次结构

书籍类 Item 有作者、分类号等特性；而杂志类 Magazine 有卷号、语言等特性，其中，杂志的语言用一个枚举类型 LANG 表示。基类 Book 中还增加一个整型变量 Type，用于区别派生类是 Item 还是 Magazine。派生类应对虚函数 Show()进行重定义以显示自身的特殊属性。部分成员作相应修改。

```
class Book                          //图书类
{
protected:
    char Title[40];                 //书名
    long BarCode;                   //条形码
    int Type;                       //0 表示书籍,1 表示杂志
public:
    Book();
    Book(char * title,long code);
    void SetBarCode(long code){BarCode=code;}
    void SetTitle(char * tl){strcpy(Title,tl);}
    void SetType(bool type){Type=type;}
    int GetType(){return Type;}
    long GetBarCode(){return BarCode;}
    virtual void Show();            //显示函数定义为虚函数
};
class Item: public Book             //书籍类
{
//    char Title[40];                              //书名,从基类继承下来
    char Author[20];                               //作者
    char IndexCode[10];                            //分类号
//    long BarCode;                                //条形码,从基类继承下来
public:
    Item();                                        //构造函数
    Item(char * author,char * title,char * index,int code);
    //void SetTitle(char []);                      //从基类继承下来的
    void SetAuthor(char []);
    void SetIndexCode(char[]);
    //void SetBarCode(long);                       //从基类继承下来的
    //long GetBarCode(){return BarCode;}           //从基类继承下来的
    void Show();                                   //重定义函数,显示书籍信息
};
class Magazine: public Book                        //杂志类
{
    int Volume;                                    //卷号
    enum LANG {CHINESE=1,ENGLISH} Lang;//语言种类
public:
    Magazine():Book(){Volume=0;Lang=CHINESE;Type=1;}
    Magazine(char * title,int vol,LANG lang,int code);
    void SetVolume(int vol){Volume=vol;}
    void SetLang(int lang){Lang=(LANG)lang;}
```

```
    void Show();                          //重定义函数,显示杂志信息
};
```

7.6.3 修改读者类和操作类

1. 修改读者类成员

(1)添加杂志类对象数组,用于存储杂志借阅信息。

(2)添加计数器,统计所借杂志数目。

(3)增加杂志重载成员函数。

(4)增加杂志归还成员函数。

(5)部分成员函数的代码修订。

```
class Reader               //读者类
{
    char Name[20];         //姓名
    char Position[20];     //职务
    long Code;             //借书证号
public:
    Item items[10];        //所借书
    Magazine mags[10];     //所借杂志
public:
    Reader();
    Reader(char * name,char * posi,int code);
    long GetCode(){return Code;}
    void SetName(char []);
    void SetPosition(char []);
    void SetCode(long);
    void AddBook(Item it);               //添加所借书
    void AddBook(Magazine it);           //添加所借杂志
    void DelBook(Item it);               //还书后减少所借书
    void DelBook(Magazine it);           //还杂志后减少所借杂志
    int ShowBooks();                     //显示借书信息
    void ShowReader(){cout<<Name<<","<<Position<<","<<Code<<endl;}
    int itemCounter;                     //计数器,统计所借书数目
    int zazCounter;                      //计数器,统计所借杂志数目
};
```

2. 修改操作类成员

(1)添加杂志类对象数组,用于存储杂志信息。

(2)增加显示库存书籍和杂志信息成员函数。

(3)增加显示登记注册的读者信息成员函数。

(4)部分成员函数的代码修订。

```
class CMain                //操作类
{
    int itemNum;           //库存书籍总数
    int magNum;            //库存杂志总数
```

```
    int readNum;          //读者注册入库人数
    Item item[100];
    Magazine mag[100];
    Reader reader[50];
public:
    CMain();
    void CreateBookItem();                //书籍和杂志入库操作
    void CreateReader();                  //读者注册登记
    void ShowMenu();                      //主菜单显示
    void Return();                        //书籍和杂志的归还操作
    void Borrow();                        //书籍和杂志的借阅操作
    void Require();                       //查询借阅信息
    void fnShowBook();                    //显示库存书籍和杂志信息
    void fnShowReader();                  //显示登记注册的读者信息
};
```

7.6.4 成员函数的实现

1. 基类 Book()的成员函数

```
Book::Book()
{
    strcpy(Title,"");
    BarCode=0;
}
Book::Book(char * title,long code)
{
    strcpy(Title,title);
    BarCode=code;
}
void Book::Show()
{
    cout<<"书籍:"<<Title<<'\t'<<"条形码:"<<BarCode<<endl;
}
```

2. 书籍类(Item)的成员函数

```
Item::Item(){}
Item::Item(char * author,char * title,char * index,int code):Book(title,code)   //构造函数
{
    strcpy(Author,author);
    strcpy(IndexCode,index);
    Type=0;
}
void Item::SetAuthor(char tl[]){strcpy(Author,tl);}
void Item::SetIndexCode(char tl[]){strcpy(IndexCode,tl);}
void Item::Show()                    //重写显示书籍信息
{
    cout<<"图书:"<<Title<<'\t'<<"作者:"<<Author<<'\t'<<"分类号:"<<IndexCode
```

```
    <<'\t'<<"条形码:"<<BarCode<<endl;
}
```

3. 杂志类(Magazine)的成员函数

```
Magazine::Magazine(char * title,int vol,LANG lang,int code):Book(title,code)
{
    Volume=vol;
    Lang=lang;
    Type=1;
}
void Magazine::Show()
{
    cout<<"杂志:\t"<<Title<<'\t'<<"卷号:"<<Volume<<'\t';
    cout<<"语言:"<<((Lang==1)?"Chinese":"English")<<"\t 条形码:"<<BarCode<<endl;
}
```

4. 读者类(Reader)的成员函数

```
Reader::Reader()
{
    strcpy(Name,"");
    strcpy(Position,"");
    itemCounter=0;
    zazCounter=0;
    Code=0;
}
Reader::Reader(char * name,char * posi,int code)
{
    strcpy(Name,name);
    strcpy(Position,posi);
    itemCounter=0;
    zazCounter=0;
    Code=code;
}
void Reader::SetName( char t[]){strcpy(Name,t);}
void Reader::SetPosition(char t[]){strcpy(Position,t);}
void Reader::SetCode(long t){Code=t;}
void Reader::AddBook(Item it)                //添加所借书数
{
    if(itemCounter<10)
    {
        items[itemCounter++]=it;
    }
}
void Reader::AddBook(Magazine it)                    //添加所借杂志数
{
    if(zazCounter<10)
    {
```

```
            mags[zazCounter++]=it;
        }
}
void Reader::DelBook(Item it)              //还书后减少所借书
{
    int i=0;
    do {
        if(items[i].GetBarCode()==it.GetBarCode())
        {
            for(int j=i;j<itemCounter;j++)
                items[j]=items[j+1];
            itemCounter--;
            break;
        }
        i++;
    }while(i<itemCounter);
}
void Reader::DelBook(Magazine it)          //还杂志后减少所借杂志
{
    int i=0;
    do {
        if(mags[i].GetBarCode()==it.GetBarCode())
        {
            for(int j=i;j<zazCounter;j++)
                mags[j]=mags[j+1];
            zazCounter--;
            break;
        }
        i++;
    }while(i<zazCounter);
}
int Reader::ShowBooks()
{
    if(itemCounter==0&&zazCounter==0)
    {cout<<"你未借书和杂志!";return 0;}
    for(int i=0;i<itemCounter;i++)items[i].Show();
    for(int j=0;j<zazCounter;j++)mags[j].Show();
    return 1;
}
```

5. 控制类(CMain)的成员函数

```
CMain::CMain()
{
    itemNum=0;
    readNum=0;
```

```
    magNum=0;
}
void CMain::CreateReader()                    //创建读者库
{
    char s1[40],s2[20],c;
    long code;
    int j=readNum;
    do {
        cout<<"\t\t 注册读者信息(姓名 职务 借书证号)\n";
        cout<<"\t\t 姓名:";cin.getline (s1,40);
        cout<<"\t\t 职务:";cin.getline (s2,20);
        cout<<"\t\t 借书证号:";cin>>code;
        reader[j].SetName(s1);
        reader[j].SetPosition(s2);
        reader[j].SetCode(code);
        cout<<"\t\t 继续吗? Y(y)es /N(n)o: ";
        cin>>c;
        cin.get();
        j++;
    }while(c=='Y'||c=='y');
    readNum=j;
}
void CMain::CreateBookItem()
{
    char s1[40],s2[20],s3[20],c;
    long code;
    int type,vol;
    int i=itemNum;
    int j=magNum;
    do {
        cout<<"创建书目,请选择 1: 图书\t 2:杂志\n";
        cin>>type;
        cin.get();
        switch(type){
        case 1:
            cout<<"\t 请输入书目信息(书名,作者,分类号,条形码)\n";
            cout<<"\t 书名:"; cin.getline (s1,40);
            cout<<"\t 作者:"; cin.getline (s2,20);
            cout<<"\t 分类号:"; cin.getline (s3,20);
            cout<<"\t 条形码:"; cin>>code;cin.get();
            item[i].SetTitle(s1);
            item[i].SetAuthor(s2);
            item[i].SetIndexCode(s3);
            item[i].SetBarCode(code);
```

```
            item[i]. SetType (0);
            i++;
            break;
        case 2:
            cout<<"\t 请输入杂志信息(杂志名,语言,卷号,条形码)\n";
            cout<<"\t 杂志名:"; cin. getline (s1,40);
            cout<<"\t 语言(1 中文,2 英文):";cin>>type;
            cout<<"\t 卷号:"; cin>>vol;
            cout<<"\t\t 条形码:"; cin>>code;cin. get();
            mag[j]. SetTitle(s1);
            mag[j]. SetLang(type);
            mag[j]. SetVolume (vol);
            mag[j]. SetBarCode(code);
            mag[j]. SetType(1);
            j++;
            break;
        default:
            cout<<"输入错误! 请重新选择\n";
            continue;
        }
        cout<<"\t\t 继续吗? Y(y)es /N(n)o: ";
        cin>>c;
        cin. get();
    }while(c=='Y'||c=='y');
    itemNum=i;
    magNum=j;
}
void CMain::Borrow()                    //借阅图书杂志
{
    int code,barcode,type,i,j;
    Item it;
    Magazine zz;
    if(itemNum==0 && magNum==0){cout<<"没有图书可借!";return;}
    cout<<"请输入读者借书证号:";
    cin>>code;  cin. get();
    for( i=0; i<readNum; i++)
    {
        if( code==reader[i]. GetCode()) break;
    }
    if( i==readNum){cout<<"\t 借书证不存在!";return;}
    do {
        cout<<"借书,请选择 1: 书\t 2:杂志\n";
        cin>>type; cin. get();
        switch(type){
```

```
        case 1:
            cout<<"书名\t 作者\t 分类号\t 条形码\n";
            for(j=0;j<itemNum;j++)                    //查找书
                item[j].Show();
            cout<<"借书,请选择图书条形码:";
            cin>>barcode;
            for(j=0;j<itemNum;j++)                    //匹配查找
            if(item[j].GetBarCode()==barcode)
            {
                it=item[j];
                reader[i].AddBook(it);
                for(int k=j;k<itemNum;k++)        //从可借阅书中删除借出的书
                    item[k]=item[k+1];
                itemNum--;
                break;
            }
            break;
        case 2:
            cout<<"杂志名\t 卷号\t 语言\t 条形码\n";
            for(j=0;j<magNum;j++)                     //查找杂志
                mag[j].Show();
            cout<<"借书,请选择杂志条形码:";
            cin>>barcode;
            for(j=0;j<magNum;j++)                     //匹配
            if(mag[j].GetBarCode()==barcode)
            {
                zz=mag[j];
                reader[i].AddBook(zz);
                for(int k=j;k<magNum;k++)         //从可借阅杂志中删除借出的杂志
                    mag[k]=mag[k+1];
                magNum--;
                break;
            }
            break;
        default:cout<<"输入错误! 请重新选择\n";continue;
        }
    }while(type!=1&&type!=2);
}
void CMain::Return()                                  //还书
{
    int i,j;
    long barcode,code;
    cout<<"还书,请输入借书证号\n";
    cin>>code;
```

```
    cin.get();
    for(i=0;i<readNum;i++)                          //认证借书证
    {
        if( code==reader[i].GetCode())
        {
            if(reader[i].ShowBooks()==0) return;    //你没有借书
            break;
        }
    }
    if(i==readNum) {cout<<"没有此号码,请重新选择! \n";return;}
    cout<<"请选择待还书的条形码\n";
    cin>>barcode;
    for(j=0;j<reader[i].itemCounter ;j++)
        if(reader[i].items[j].GetBarCode()==barcode)
        {  item[itemNum++]=reader[i].items[j];      //添加到书库中
           reader[i].DelBook(reader[i].items[j]);   //从借书单中删除
           return;
        }
    for(j=0;j<reader[i].zazCounter ;j++)
        if(reader[i].mags[j].GetBarCode()==barcode)
        {   mag[magNum++]=reader[i].mags[j];        //添加到杂志库中
            reader[i].DelBook(reader[i].mags[j]);   //从借书单中删除
            return;
        }
}
void CMain::Require()                               //借书查询
{
    int code,i;
    cout<<"查询,请输入借书证号:";
    cin>>code;
    for(i=0;i<readNum;i++)
    {
        if(code==reader[i].GetCode())
        {
            cout<<"这是你所借的书\n";
            if(reader[i].ShowBooks()==0) return;
            break;
        }
    }
    if(i==readNum) cout<<"没有此号码,请重新选择! \n";
    cin.get();
}
void CMain::fnShowBook()                            //显示库存书籍和杂志信息
{
```

```
    cout<<"库存图书、杂志如下:\n";
    for(int i=0;i<itemNum;i++)
        item[i].Show();
    for(int j=0;j<magNum;j++)
        mag[j].Show();
    //cin.get();
}
void CMain::fnShowReader()                  //显示登记注册的读者信息
{
    cout<<"已注册读者清单:\n";
    for(int i=0;i<readNum;i++)
        reader[i].ShowReader();
}
void CMain::ShowMenu()                      //显示菜单
{
    system("cls");                          //清屏
    cout<<"\n";
    cout<<"\t$************图书借阅管理系统**********$\n";
    cout<<"\t$       0.退出                          $\n";
    cout<<"\t$       1.新书入库                      $\n";
    cout<<"\t$       2.读者登记                      $\n";
    cout<<"\t$       3.借书                          $\n";
    cout<<"\t$       4.还书                          $\n";
    cout<<"\t$       5.借书查询                      $\n";
    cout<<"\t$       6.库存查询                      $\n";
    cout<<"\t$       7.读者清单                      $\n";
    cout<<"\t$*************************************$\n";
    cout<<"\t\t请选择您的操作(0-7):";
}
```

7.6.5 系统实现及测试

1.修改主函数

在主函数中,修改 switch 语句,添加库存查询和读者清单功能调用语句。

```
#include <iostream.h>
#include <stdlib.h>
#include <conio.h>
#include <string.h>
void main()
{
    int n=1;
    CMain a;
    do
    {
```

```
        a.ShowMenu();                              //显示菜单界面
        cin>>n;                                    //输入选择功能的编号
        cin.get();
        system("cls");                             //清屏
        switch(n)
        {
            case 1: a.CreateBookItem();break;
            case 2: a.CreateReader(); break;
            case 3: a.Borrow();break;
            case 4: a.Return();break;
            case 5: a.Require();break;
            case 6: a.fnShowBook();break;
            case 7: a.fnShowReader();break;        //库存查询
            default: break;                        //读者清单
        }
        if(n){ cout<<"\n\t\t按任意键返回主菜单";cin.get();}
    }while(n);
    cout<<"\n\n\n\n\n\t\t谢谢您的使用! \n\t\t";
}
```

2. 运行测试

操作步骤如下:

(1)运行程序,主界面如图 7-13 所示。

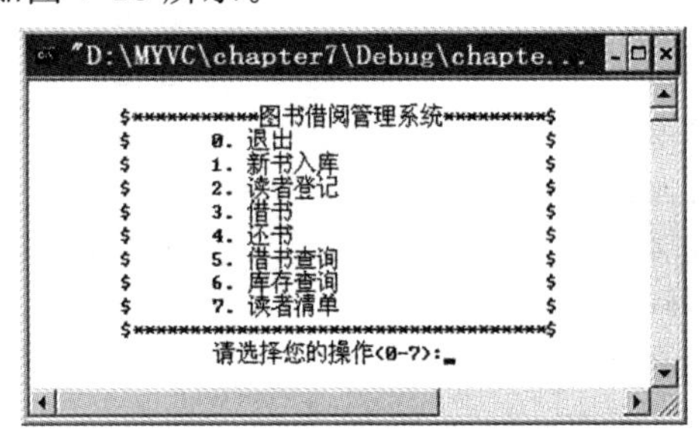

图 7-13　图书借阅管理系统第二版

(2)按数字"1"键,选择"新书入库"菜单,进入书籍入库操作界面,如图 7-14 所示,按系统提示选择书目类型:图书或杂志,如果选择 1,则提示录入书名、作者、分类号、条形码。否则,提示输入杂志名,语言,卷号,条形码。然后输入对应信息。

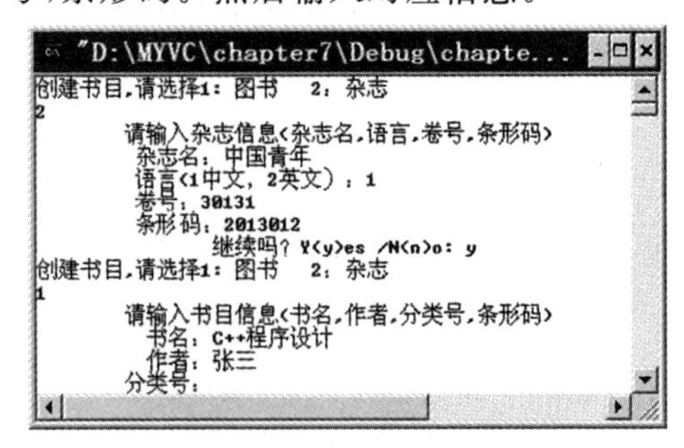

图 7-14　新书入库

(3)其他功能数字按键测试,留给读者完成。

自我测试练习

一、单选题

1. 下列对派生类的描述中，错误的是(　　)。

A. 派生类至少有一个基类

B. 派生类可作为另一个类的基类

C. 派生类除了包含它直接定义的成员外，还包含其基类的成员

D. 派生类所继承的基类成员的访问权限保持不变

2. 派生类对象可直接访问基类中的(　　)。

A. 公有继承的公有成员　　B. 公有继承的私有成员

C. 公有继承的保护成员　　D. 私有继承的公有成员

3. 当派生类中有和基类一样名字的成员时，一般来说(　　)。

A. 将产生二义性　　B. 派生类的同名成员将覆盖基类的成员

C. 是不允许的　　D. 基类的同名成员将覆盖派生类的成员

4. 在定义一个派生类时，若不使用关键字显式地规定采用何种继承方式，则默认为(　　)方式。

A. 私有继承　　B. 非私有继承

C. 保护继承　　D. 公有继承

5. C++的虚基类机制可以保证(　　)。

A. 限定基类只通过一条路径派生出派生类

B. 允许基类通过多条路径派生出派生类，派生类也就能多次继承该基类

C. 当一个类多次间接从基类派生以后，派生类对象能保留多份间接基类的成员

D. 当一个类多次间接从基类派生以后，其基类只被一次继承

二、填空题

1. 用来派生新类的类称为________，而派生出来的新类称为该类的子类或派生类。

2. 如果一个派生类只有唯一的基类，则这样的继承关系称为________。

3. 分析下列程序，根据输出结果完善程序。要求：

(1)在主函数中不能通过对象 c1 访问类中的所有数据成员。

(2)程序运行结果为：3 6 9。

```
#include "iostream.h"
class A
{
    (1)________________            //最合理的访问权限
    int a;
public:
    A(int i=0){a=i;}
};
class B
{
    (2)________________            //最合理的访问权限
```

```
        int b;
public:
        B(int i=0){b=i;}
};
class C: public A
{
        int c;
        B b1;
public:
        (3)________________            //根据运行结果定义构造函数
        { (4)________________}
        void show()
        { (5)________________          //输出 C 类中的所有数据成员
        }
};
void main()
{
        C c1(3,6,9);
        c1.show();
}
```

三、编程题

1. 定义一个基类 Animal,有私有整型成员变量 age,构造其派生类 Dog,在其成员函数 SetAge(int n)中直接给 age 赋值,运行时有什么问题? 把 age 改成公有成员变量还会有问题吗?

2. 编写一个程序,有一个汽车类 vehicle,它具有一个需要传递参数的构造函数,类中的数据成员包括车轮个数 wheels 和车重 weight 放在保护段中;小车类 car 是 vehicle 的私有派生类,其中包含载人数 passenger_load;卡车类 truk 是 vehicle 的私有派生类,其中包含载人数 passenger_load 和载重量 pay_load。每个类都有相关数据的输出方法。

3. 定义一个学生类 Student,包括成绩 score 及两个静态数据成员:总分 total 和学生人数 count;成员函数 scoretotal(float s)用于设置分数、求总分及累计学生人数;静态成员函数 sum()用于返回总分;静态成员函数 average()用于求平均分。在 main()函数中,输入某班同学成绩,并调用上述函数求全班学生的总分和平均分。

第 8 章

多态性和虚函数

学习目标

知识目标：了解静态联编和动态联编的概念，熟练掌握虚函数的定义和调用方法，理解纯虚函数和抽象类的概念，掌握运算符重载的一般规则和实现方法。

能力目标：能较熟练地利用多态和虚函数进行 C++程序开发和设计。

素质目标：了解中华民族灿烂文化.，提升民族自豪感。

多态性是面向对象程序设计的重要特征之一。它与前面介绍过的类的封装性和继承性构成面向对象程序设计的三大特性。这三大特性是彼此关联的，封装性是基础，继承性是关键，而多态性是补充。

多态性分为静态多态性和动态多态性。静态多态性，是通过函数重载、运算符重载、函数模板和类模板实现的。动态多态性是通过虚函数机制实现的。

8.1 联编的概念

多态性是通过联编来实现的。所谓联编，是把函数调用与适当的函数代码相关联的动作，分为静态联编和动态联编。静态联编在程序执行前完成，在编译阶段决定执行哪个同名函数。而在编译阶段不能决定执行哪个同名函数，只有在执行阶段才能依据要处理的对象类型来决定执行哪个类的成员函数，其所支持的多态性称为运行时的多态性，称为动态联编，是通过继承和虚函数实现的。

【例 8-1】 以下是一个静态联编的例子，分析程序的执行结果。

```
#include "iostream.h"
class Point
{
protected:
    double x,y;                //点的坐标
public:
    Point(double a=0,double b=0){x=a;y=b;}
    double Area()              //函数 1
    {  cout<<"调用 Point 基类的 Area()函数,面积= ";
       return 0.0;
    }
};
class Rectangle: public Point
{
```

```
protected:
    double x1,y1;                    //长方形右下角点的坐标,基类中 x,y 为左上角坐标
public:
    Rectangle(double a=0,double b=0,double c=0,double d=0):Point(a,b)
    {x1=c;y1=d;}
    double Area()                    //函数 2
    {  cout<<"调用 Rectangle 类的 Area()函数, 面积= ";
       return (x-x1) * (y-y1);
    }
};
class Circle: public Point
{
protected:
    double r;                        //圆半径,基类中 x,y 为圆心坐标
public:
    Circle(double a=0,double b=0,double c=0):Point(a,b)
    {r=c;}
    double Area()                    //函数 3
    {  cout<<"调用 Circle 类的 Area()函数, 面积= ";
       return 3.14 * r * r;
    }
};
double CalcArea(Point &p)
{
    return p.Area();                 //A,编译连接时确定调用函数 1
}
void main()
{
    Point p(1,2);
    Rectangle r(0,0,1,1);
    Circle c(0,0,1);
    double s;
    s=CalcArea(p);
    cout<<s<<endl;
    s=CalcArea(r);
    cout<<s<<endl;
    s=CalcArea(c);
    cout<<s<<endl;
}
```

运行结果如图 8-1 所示。

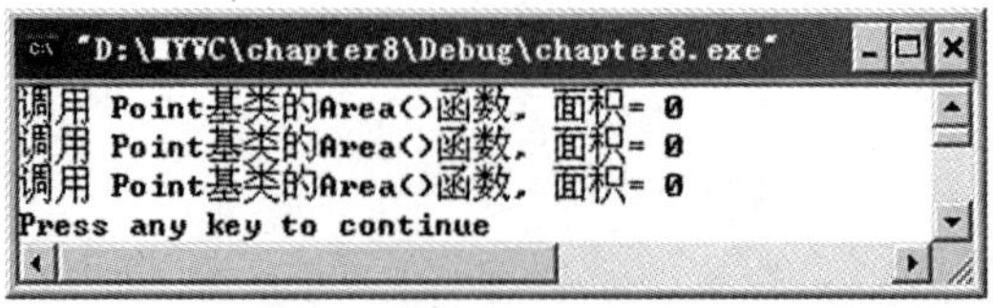

```
"D:\■Y¥C\chapter8\Debug\chapter8.exe"
调用 Point基类的Area()函数, 面积= 0
调用 Point基类的Area()函数, 面积= 0
调用 Point基类的Area()函数, 面积= 0
Press any key to continue
```

图 8-1　静态联编

输出结果表明，程序中A行的p.Area()在编译时确定调用函数1，因为p为Point类对象。这是通过静态联编实现的，导致程序输出了非所期望的结果。

我们希望的是，通过类Rectangle对象r的引用来调用函数2，计算并输出长方形的面积1；同样，通过类Circle对象c的引用来调用函数3，计算并输出圆的面积3.14。

能否找到一种机制，让CalcArea()函数变成一个通用的求面积的函数，换句话说，在调用CalcArea()时，根据实参对象的不同而求出不同对象的面积。即CalcArea(r)求长方形r的面积、CalcArea(c)求圆形c的面积。答案是可以的，利用C++提供的动态联编和虚函数即可完成该项工作。

8.2　虚函数

程序中若出现函数调用，但在编译阶段无法确定调用哪一个函数，而只有到了程序运行阶段才能确定调用哪一个函数，这就是动态联编。

虚函数的作用是实现动态多态性。当编译器看到通过指针(或引用)调用此类函数时，对其执行动态联编，即通过指针(或引用)实际指向的对象的类型信息来决定执行哪个类的成员函数。通常此类指针(或引用)都声明为基类的，它可以指向基类或派生类的对象。

虚函数是动态联编的基础。虚函数是成员函数，而且是非static的成员函数。如果某类中的一个成员函数被说明为虚函数，这就意味着该成员函数在派生类中可能有不同的实现。

8.2.1　虚函数的定义

虚函数的定义格式如下：

```
virtual <返回类型> <函数名>(<参数列表>)
{
    <函数体>
}
```

说明

(1)virtual关键字声明的函数称为虚函数。

(2)如果某类的一个成员函数声明为虚函数，则意味着该成员函数在派生类中可能有不同的实现。在基类的派生类中就可以定义一个其函数名、参数、返回类型均相同的虚函数。

(3)当通过指针或引用来调用该虚函数时，将会采用动态联编的方式。

【例8-2】　修改例8-1的程序，将计算面积的成员函数Area()定义为虚函数，以实现动态联编。

```
#include "iostream.h"
class Point
{
protected:
    double x,y;                          //点的坐标
public:
    Point(double a=0,double b=0){x=a;y=b;}
    virtual double Area()                //虚函数1
```

```
    {   cout<<"调用 Point 基类的 Area()函数,面积= ";
        return 0.0;
    }
};
class Rectangle: public Point
{
protected:
    double x1,y1;
public:
    Rectangle(double a=0,double b=0,double c=0,double d=0):Point(a,b)
    {x1=c;y1=d;}
    virtual double Area()                       //虚函数 2
    {   cout<<"调用 Rectangle 类的 Area()函数,面积= ";
        return (x-x1) * (y-y1);
    }
};
class Circle: public Point
{
protected:
    double r;                                   //圆半径,基类中 x,y 为圆心坐标
public:
    Circle(double a=0,double b=0,double c=0):Point(a,b)
    {r=c;}
    virtual double Area()                       //虚函数 3
    {   cout<<"调用 Circle 类的 Area()函数,面积= ";
        return 3.14 * r * r;
    }
};
double CalcArea(Point &p)
{
    return p.Area();                            //A,运行时才确定调用那个虚函数
}
void main()
{
    Point p(1,2);
    Rectangle r(0,0,1,1);
    Circle c(0,0,1);
    double s;
    s=CalcArea(p);                              //计算点的面积
    cout<<s<<endl;
    s=CalcArea(r);                              //计算长方形面积
    cout<<s<<endl;
    s=CalcArea(c);                              //计算圆面积
    cout<<s<<endl;
}
```

运行结果如图 8-2 所示。

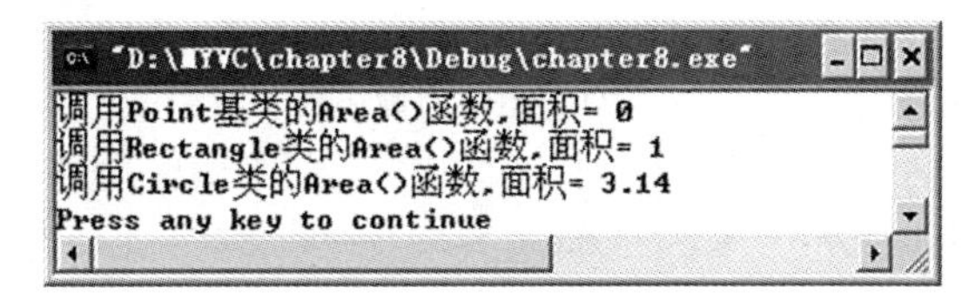

图 8-2　动态联编

分析此程序可以看出,它与例 8-1 之差仅是:三个求面积 Area()函数前面加上了关键字 virtual,即都被定义为虚函数。这时 C++规定对程序中 A 行 p.Area()函数调用的处理方法是:在编译阶段,不确定调用哪一个函数,而是在此处保留三个虚函数 Area()的三个入口地址。在程序运行时,根据实参类型来确定调用三个虚函数之一。例如,若实参是 Circle 类对象,则在 A 行调用的是"虚函数 3",依此类推。

注意

(1)当在基类中把成员函数定义为虚函数后,在其派生类中的虚函数必须与基类中的虚函数同名,且函数参数个数、类型必须完全一致,否则属于函数的重载,而不是虚函数。

(2)基类虚函数前的关键字 virtual 不能缺省,派生类中虚函数前的关键字 virtual 可以缺省。

(3)虚函数不能是静态成员函数,因为静态成员函数属于类,与具体的某个对象无关。

8.2.2　虚函数的调用

通过例 8-2 可以看到,在调用虚函数时,是通过对象的指针或引用等方式。

在例 8-2 中,通过对象来调用虚函数时,调用的虚函数是引用它的对象所在类中的虚函数,是唯一确定的,因此不可能实现多态性。

而通过对象指针或引用来调用虚函数时,调用到的虚函数由对象指针或引用所关联的实际对象所决定。因此,对象指针或引用关联到不同类的对象时,调用到的虚函数就不同,实现了动态多态性。

所以,利用虚函数来实现动态多态性,必须满足如下要求:

(1)在基类中把成员函数定义为虚函数。

(2)在派生类中定义与基类虚函数同名、同参数、同返回类型的成员函数,但函数体不同,以实现对不同对象的操作。

(3)在 main()函数中,通过对象指针或引用来调用虚函数。

【例 8-3】　将计算面积的成员函数 Area()定义为虚函数,以实现动态联编。

```
#include "iostream.h"
const double PI=3.14;
class Circle
{
protected:
    double r;                        //圆的半径
public:
    Circle(){}
    Circle(double rr){r=rr;}
    virtual double Area()            //基类中的虚函数
    {   cout<<"调用 Circle 基类的 Area()函数,";
```

```
        return PI * r * r;
    }
    virtual void display()                //基类中的虚函数
    {
        cout<<"圆的半径为:"<<r<<endl;
    }
};
class Globe: public Circle
{
protected:
    double x1,y1;
public:
    Globe(double rr):Circle(rr){}
    virtual double Area()                //派生类中的虚函数与基类中的虚函数有不同的实现
    {   cout<<"调用 Globe 类的 Area()函数,";
        return 4 * PI * r * r;
    }
    virtual void display()                //派生类中的虚函数与基类中的虚函数有不同的实现
    {
        cout<<"球的半径为:"<<r<<endl;
    }
};
class Cylinder: public Circle
{
protected:
    double h;                            //圆柱高
public:
    Cylinder(){}
    Cylinder(double rr,double hh):Circle(rr)
    {h=hh;}
    virtual double Area()                //派生类中的虚函数与基类中的虚函数有不同的实现
    {   cout<<"调用 Cylinder 类的 Area()函数,";
        return 3 * PI * r * r+2 * PI * r * h;
    }
    virtual void display()                //派生类中的虚函数与基类中的虚函数有不同的实现
    {
        cout<<"圆柱体的底面半径为:"<<r<<",高为:"<<h<<endl;
    }
};
void fun(Circle &c)
{
    c.display();                          //A,运行时才确定调用哪个虚函数
}
```

```
void main()
{
    Circle cir(2), * p;
    Globe glo(3);
    Cylinder cyl(4,2);
    cout<<"通过对象来调用相应的虚函数:"<<endl;                    //不会实现多态
    cir.display();
    cout<<"圆的面积:"<<cir.Area()<<endl;
    glo.display();
    cout<<"球的面积:"<<glo.Area()<<endl;
    cyl.display();
    cout<<"圆柱体的面积:"<<cyl.Area()<<endl;
    cout<<"\n通过引用和指针来调用相应的虚函数:"<<endl;           //实现多态
    fun(cir);
    p=&cir;
    cout<<"圆的面积:"<<p->Area()<<endl;
    fun(glo);
    p=&glo;
    cout<<"球的面积:"<<p->Area()<<endl;
    fun(cyl);
    p=&cyl;
    cout<<"圆柱体的面积:"<<p->Area()<<endl;
}
```

运行结果如图 8-3 所示。

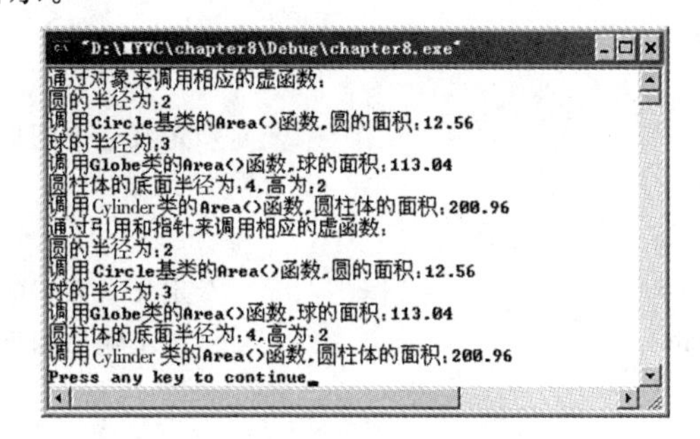

图 8-3　静态联编和动态联编

注意

实现动态多态性,必须使用基类的指针或引用,使基类指针或引用与不同派生类对象关联,然后调用虚函数。

思政小贴士

祖冲之(公元 429 年—公元 500 年)是我国杰出的数学家,科学家。南北朝时期人,汉族人,字文远。他证明圆周率应该在 3.1415926 和 3.1415927 之间,成为世界上第一个把圆周率的准确数值计算到小数点以后七位数字的人。直到一千年后,这个记录才被阿拉伯数学家阿尔·卡西和法国数学家维叶特所打破,有不少明朝之前的数学家在自己的著作中引用过祖冲之的圆周率,这些事实都证明了祖冲之在圆周率研究方面卓越的成就,表明中华民族灿烂文化源远流长,是中华民族的骄傲和自豪。

模仿练习

设计一个小学生类Pupil，包括学号、姓名、班级，语文、数学、英语等学科成绩，成员函数display()用来显示学生信息。在此基础上派生出一个中学生类Mstudent，添加物理、化学等学科成绩，并且也包括显示学生信息的成员函数display()。

8.3 纯虚函数和抽象类

很多情况下，基类中的虚函数无法给出有意义的实现，此时，可将基类中的虚函数定义为纯虚函数，其具体实现在派生类中完成。

8.3.1 纯虚函数

纯虚函数是一种特殊的虚函数，它只有函数的声明，没有具体实现函数的功能，要求各派生类根据实际需要定义自己的版本，纯虚函数的声明格式如下：

virtual <返回类型> <函数名>(<参数表>)=0;

**说明**

由于纯虚函数没有函数体，所以在派生类中没有重新定义纯虚函数之前，是不可以调用该函数的，也不可以被继承。

【例8-4】 分析以下程序的执行结果。

```
#include <iostream.h>
#include <math.h>
const double PI=3.14;
class Shape                                      //定义一个图形类
{
public:
    virtual double Area()=0;                     //定义求面积的纯虚函数
    virtual void shapedisp()=0;                  //定义输出图形名的纯虚函数
};
class Circle: public Shape
{
private:
    double r;
public:
    Circle(){}
    Circle(double rr){r=rr;}
    virtual double Area(){return PI*r*r;}         //在派生类中实现求面积的功能
    virtual void shapedisp(){cout<<"它是一个圆";}  //在派生类中实现输出图形名
};
class Cube: public Shape
{
private:
```

```
    double x,y,h;
public:
    Cube(){}
    Cube(double xx,double yy,double hh){x=xx;y=yy;h=hh;}
    virtual double Area()
    {return 2*(x*y+x*h+y*h);}          //在派生类中实现求面积的功能
    virtual void shapedisp()
    {cout<<"它是一个立方体";}          //在派生类中实现输出图形名
};
void main()
{
    Shape *ptr;
    Circle c(5);
    Cube m(1,2,3);
    ptr=&c;
    ptr->shapedisp();
    cout<<",面积 = "<<ptr->Area()<<endl;
    ptr=&m;
    ptr->shapedisp();
    cout<<",面积 = "<<ptr->Area()<<endl;
}
```

运行结果如图 8-4 所示。

图 8-4　程序运行结果

该程序中,基类 Shape 中说明了两个纯虚函数 Area()、shapedisp(),并不知道具体代表什么图形,所以对于函数 Area()、shapedisp(),无法给出有意义的实现,只有定义为纯虚函数。而在其派生类 Circle 或 Cube 中,就可以具体实现这两个函数了,如图 8-5 所示。该程序实现动态联编,Area()、shapedisp()在运行时进行选择。

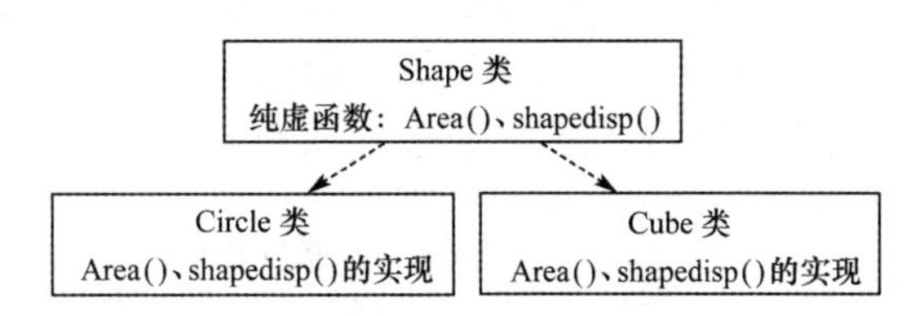

图 8-5　类层次结构

8.3.2　抽象类

带有纯虚函数的类称为抽象类。抽象类不能产生对象。

抽象类是一种特殊的类,只能作为基类来使用,其虚函数的实现由派生类给出。这是为了实现抽象和设计目的而建立的,它处于继承层次结构的较上层。抽象类的主要作用是将有关的子类组织在一个继承层次结构中,由它来为它们提供一个公共的根,相关的子类是从这个根派生出来的。

对于抽象类的使用有几点规定：

(1)抽象类只能用作其他类的基类，不能建立抽象类对象。

(2)抽象类不能用作参数类型、函数返回类型或显式转换的类型。

(3)可以说明指向抽象类的指针和引用，此指针可以指向它的派生类，实现多态性。

【例 8-5】 分析以下程序的执行结果。

```
#include <iostream.h>
#define PI   3.14159
class shapes                              //抽象类 shapes
{
protected:
    int x,y;
public:
    void setvalue(int d,int w=0){x=d;y=w;}
    virtual void disp()=0;                //纯虚函数
};
class square: public shapes
{
public:
    void disp()
    {
        cout<<"矩形面积:"<<x * y<<endl;
    }
};
class circle: public shapes
{
public:
    void disp()
    {
        cout<<"圆面积:"<<PI * x * x<<endl;
    }
};
void main ()
{
    shapes *ptr[2];                         //定义对象指针数组
    square s1;                              //定义对象 s1
    circle c1;                              //定义对象 c1
    ptr[0]=&s1;                             //ptr[0]指向 s1
    ptr[0]->setvalue(10,5);                 //相当于 s1.setvalue(10,5)
    ptr[0]->disp();                         //相当于 s1.disp()
    ptr[1]=&c1;                             //ptr[1]指向 c1
    ptr[1]->setvalue(10);                   //相当于 c1.setvalue(10)
    ptr[1]->disp();                         //相当于 c1.disp()
}
```

运行结果如下：

```
矩形面积:50
圆面积:314.159
```

程序定义了一个抽象类 shapes 和它的两个派生类 square 与 circle。在 main()中定义了抽象类的指针数组 ptr[2]，并给该数组元素赋予分别指向对象 s1 和 c1 的指针，从而对这两个对象进行操作。

模仿练习

设计一个抽象类 Change 提供统一接口，根据此类派生出几个子类完成从华氏温度到摄氏温度的转换，磅值到毫米的转换等。

8.4　静态多态性与动态多态性的比较

在 C++中，静态多态性具体表现为重载(Overload)；动态多态性具体表现为纯虚函数和覆盖(Override)。另外，前面还提到了隐藏。下面通过几个例子来体会它们之间的差别。

【例 8-6】 分析以下程序的运行结果。

```
#include "iostream.h"
class Base
{
public:
    void fun(){cout<<"Base::fun()"<<endl;}                  //重载函数
    void fun(int i){cout<<"Base::fun(int i)"<<endl;}        //重载函数
};
class Derived: public Base
{
public:
    void fun2()                              //派生类与基类不同名所以没有隐藏
    {cout<<"Derived::fun2()"<<endl;}
};
void main()
{
    Derived d;
    d.fun();
    d.fun(1);
}
```

运行结果如图 8-6 所示。

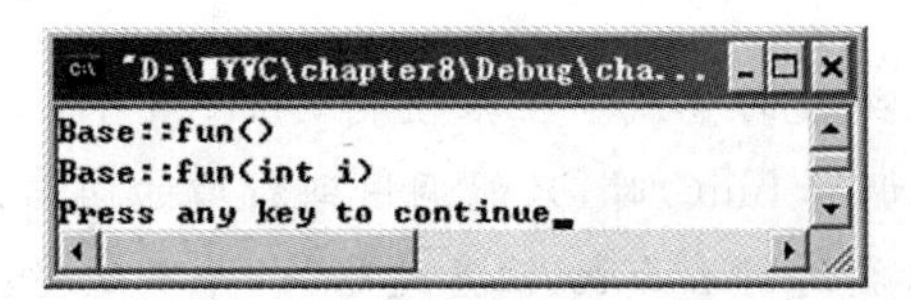

图 8-6　程序运行结果

说明

在 Base 类中,定义了 2 个同名函数 fun(),这属于函数重载。派生类 Derived 继承了 Base 类,并新增了 fun2()成员函数,从而,在 Derived 类中有三个成员函数。本例只有重载而没有覆盖。

【例 8-7】 修改例 8-6 中的程序,在派生类中增加 fun()函数,分析程序的运行结果。

```
#include "iostream.h"
class Base
{
public:
    void fun(){cout<<"Base::fun()"<<endl;}                  //重载函数
    void fun(int i){cout<<"Base::fun(int i)"<<endl;}        //重载函数
};
class Derived: public Base
{
public:
    void fun(int i)          //在派生类中会隐藏基类的同名函数
    {cout<<"Derived::fun(int i)"<<endl;}
    void fun2(){cout<<"Derived::fun2()"<<endl;}
};
void main()
{
    Base b;
    b.fun();
    b.fun(2);
    Derived d;
    d.fun(1);
    //d.fun();                                               //语法错误
}
```

运行结果如图 8-7 所示。

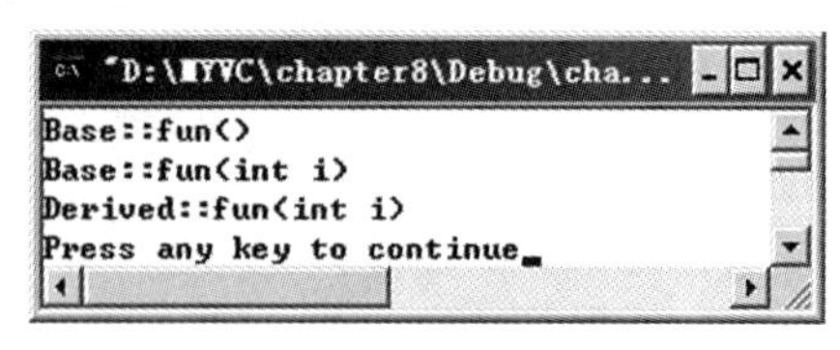

图 8-7 程序运行结果

说明

对基类 Base 来说,存在函数的重载。在派生类 Derived 中,定义了一个同名函数fun(),这样通过 Derived 类对象 d 调用 fun()时,只能调用到新增的同名成员函数。这是因为,派生类新增的成员函数隐藏了基类的同名函数(注意是隐藏,并不是覆盖)。另外,在派生类中新增的 fun()成员函数带一个参数,所以,d.fun(1)是对的,而 d.fun()则是错误的。由此来看,派生类中的成员函数如果要隐藏基类的成员函数,只要函数名相同就行了,与函数参数无关。

【例 8-8】 修改例 8-7 中的程序，在成员函数 fun()前增加关键字 virtual，分析运行结果。

```
#include "iostream.h"
class Base
{
public:
    void fun(){cout<<"Base::fun()"<<endl;}                              //重载函数
    virtual void fun(int i){cout<<"Base::fun(int i)"<<endl;}            //重载函数
};
class Derived: public Base
{
public:
    virtual void fun(int i){cout<<"Derived::fun(int i)"<<endl;}         //覆盖
    void fun2(){cout<<"Derived::fun2()"<<endl;}
};
void main()
{
    Base b, *p;
    p=&b;
    p->fun();
    p->fun(2);
    Derived d;
    d.fun(1);
    p=&d;
    p->fun(1);
}
```

运行结果如图 8-8 所示。

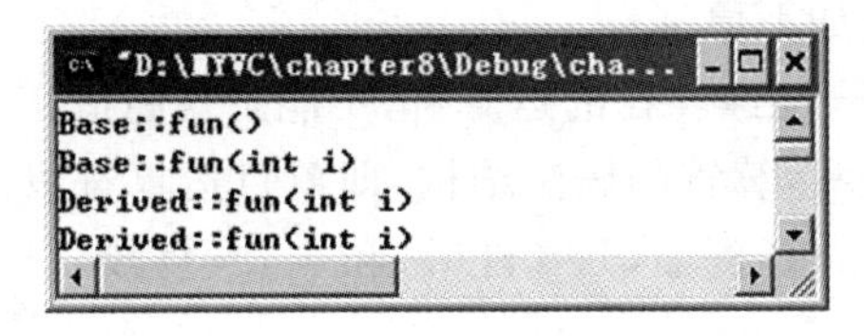

图 8-8　程序运行结果

**说明**

基类函数必须有 virtual 关键字，才能覆盖。

重载、覆盖和隐藏特点比较：

(1)重载的特点：在同一个类中，函数名相同，参数不同；与 virtual 无关。

(2)覆盖的特点：分别位于基类和派生类中，函数原型完全相同，且基类函数必须有 virtual 关键字。

(3)隐藏的特点：只要派生类中新增的成员函数与基类的成员函数名相同，则所有基类的同名函数均被隐藏，其中基类函数没有 virtual 关键字。

8.5 运算符重载

运算符重载其实就是函数的重载，是一种重要的重载多态性。给已有运算符赋予更多的含义，使它能够用于特定类的对象，执行特定的功能，而且使用形式与基本类型数据的形式相同。C++语言支持运算符重载，但许多高级语言（如 Java 语言）并不支持运算符重载。

8.5.1 运算符重载的一般规则

运算符是 C++系统内部定义的，它们具有特定的语法规则，如参数说明、运算顺序、优先级别等。因此，运算符重载时必须遵守一定的规则，不是所有的运算符都允许重载，C++语言允许重载的运算符见表 8-1。

表 8-1 允许重载的运算符

<table>
<tr><th>类 别</th><th>运算符</th></tr>
<tr><td>双目算术运算符</td><td>+(加)，-(减)，*(乘)，/(除)，%(取模)</td></tr>
<tr><td>关系运算符</td><td>==(等于)，!=(不等于)，<(小于)，>(大于)，<=(小于等于)，>=(大于等于)</td></tr>
<tr><td>逻辑运算符</td><td>||(逻辑或)，&&(逻辑与)，!(逻辑非)</td></tr>
<tr><td>单目运算符</td><td>+(正)，-(负)，*(指针)，&(取地址)</td></tr>
<tr><td>自增自减运算符</td><td>++(自增)，--(自减)</td></tr>
<tr><td>位运算符</td><td>|(按位或)，&(按位与)，~(按位取反)，^(按位异或)，<<(左移)，>>(右移)</td></tr>
<tr><td>赋值运算符</td><td>=，+=，-=，*=，/=，%=，|=，&=，^=，<<=，>>=</td></tr>
<tr><td>空间申请与释放</td><td>new，delete，new[]，delete[]</td></tr>
<tr><td>其他运算符</td><td>()(函数调用)，->(成员访问)，->*(成员指针访问)，,(逗号)，[](下标)</td></tr>
</table>

运算符重载时必须遵守如下原则：

(1)重载的运算符是 C++已经存在的运算符，不能主观臆造。

(2)运算符重载不能改变运算符的语法结构，即单目运算符只能重载为单目运算符，双目运算符只能重载为双目运算符。例如，++(自增)和--(自减)只能重载为一元运算符使用，不能重载为二元运算符使用。

(3)运算符重载不能改变 C++语言中已定义的运算符优先顺序和结合性。

(4)运算符重载一般不改变运算符的功能。例如，重载的“+”运算符不可以用来计算两个对象的乘积。

(5)不能重载的运算符有：

①sizeof()运算符

②成员运算符(.)

③指向成员的指针运算符(*)

④作用域运算符(::)

⑤条件运算符(?:)

(6)编译程序对运算符重载遵循函数重载的选择规则。

运算符重载有两种形式：重载为类的成员函数和重载为类的友元函数。

8.5.2　运算符重载为成员函数

运算符重载为类的成员函数的一般形式为：

```
<类型><类名::>operator<运算符>([<形参表>])
{
    函数体;
}
```

说明

(1)“类型”是函数的返回类型。

(2)“类名”是重载该运算符的类。

(3)“operator”是关键字，是重载运算符的标志。

(4)“运算符”是要重载的运算符。

(5)“形参表”表示该运算符所需要的操作数，双目运算符重载为类的成员函数，它们包含一个形参，即运算符右侧的操作数。

例如，当要完成 obj1+obj2 时，重载运算符+为成员函数的声明如下：

```
Example operator+(Example obj2)
```

1. 双目运算符重载为类成员函数

双目运算符有两个操作数，通常在运算符的左右两侧，如 a+b，a<b 等。在重载双目运算符函数中，一个操作数是对象本身的数据，由 this 指针给出，另一个操作数则需要通过运算符重载函数的参数表来传递。

【例 8-9】　利用运算符重载为类成员函数，设计方阵类的加、减、乘运算。

在此仅重载方阵类的加法运算，重载减法和乘法运算类似，留给读者完成。

```
#include <iostream.h>
const int N=3,L=3;
class CMatric
{
private:
    int a[N][L];
public:
    CMatric()
    {
        int i,j;
        for(i=0;i<N;i++)
            for(j=0;j<L;j++)a[i][j]=0;
    }
    CMatric(const int b[N][L])
    {
        int i,j;
        for(i=0;i<N;i++)
            for(j=0;j<L;j++)a[i][j]=b[i][j];
    }
    ~CMatric(){}
```

```
        void print()
        {   int i,j;
            for(i=0;i<N;i++)
            {   for(j=0;j<L;j++) cout<<a[i][j]<<" ";
                cout<<endl;
            }
        }
        CMatric operator+(const CMatric x); //加法运算符重载为成员函数的声明
};
CMatric CMatric::operator+(const CMatric x)
{   CMatric k;
    int i,j;
    for(i=0;i<N;i++)
    for(j=0;j<L;j++)k.a[i][j]=this->a[i][j]+x.a[i][j];
    return k;
}
void main()
{
    int aa[N][L]={11,21,31,41,51,61,71,81,11};
    int bb[N][L]={10,12,13,14,15,16,17,18,19};
    CMatric x(aa),y(bb);
    CMatric z;
    z=x+y;                          //方阵类的加法运算
    cout<<"x矩阵:\n";
    x.print();
    cout<<"y矩阵:\n";
    y.print();
    cout<<"x+y矩阵:\n";
    z.print();
}
```

运行结果如图 8-9 所示。

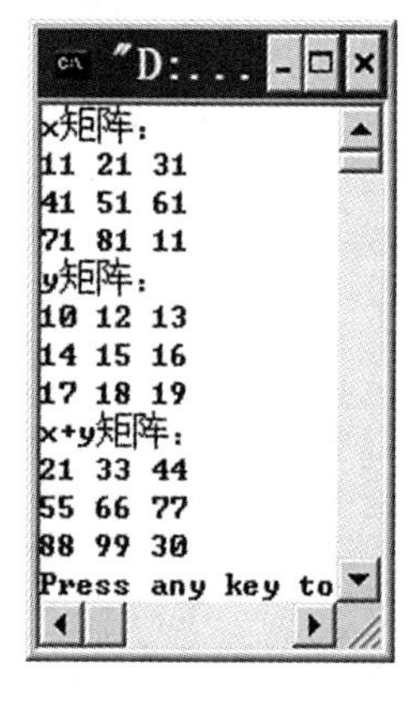

图 8-9　方阵的加法运算

2. 单目运算符重载为类成员函数

单目运算符中有一个操作数,如!a,-b,&c,++i 等,重载单目运算符的方法与重载双目运算符的方法类似。但由于单目运算符只有一个操作数,因此运算符重载函数只有一个参数,且可以省略此参数。因为操作数由对象的 this 指针给出,就不需要任何参数。

【例 8-10】 时钟类单目运算符++重载为成员函数形式。

时钟类,包含数据成员时(Hour)、分(Minute)、秒(Second),模拟分、秒表,进制是 60,时钟为 24 小时制。

```
#include "iostream.h"
class Clock
{
    int Hour,Minute,Second;
```

```
public:
    Clock(int h=0,int m=0,int s=0);                  //构造函数
    void ShowTime();
    Clock operator ++();                             //前置单目运算符重载
    Clock operator ++(int);                          //后置单目运算符重载
};
Clock::Clock(int h,int m,int s)
{
    Hour=h;   Minute=m; Second=s;
}
void Clock::ShowTime()
{   cout<<Hour<<":"<<Minute<<":"<<Second<<endl; }
Clock Clock::operator ++()                       //前置单目运算符重载
{
    Second++;
    if(Second>=60)
    {   Second-=60;
        Minute++;
        if(Minute>=60)
        {   Minute-=60; Hour++;
            if(Hour>=24)Hour-=24;
        }
    }
    return *this;
}
Clock Clock::operator++(int)                    //前置单目运算符重载
{
    Clock t=*this;
    Second++;
    if(Second>=60)
    {   Second-=60; Minute++;
        if(Minute>=60)
        {   Minute-=60;   Hour++;
            if(Hour>=24)Hour-=24;
        }
    }
    return t;
}
void main()
{
    Clock t1(23,59,59),t2;
    cout<<"第一时间(t1):";
    t1.ShowTime();
    cout<<"t2= ++t1:\n";
```

```
    t2=++t1;
    cout<<"t1:";
    t1.ShowTime();
    cout<<"t2:";
    t2.ShowTime();
    cout<<"第二时间(t1):";
    t1.ShowTime();
    cout<<"t2= t1++:\n";
    t2=t1++;
    cout<<"t1:";
    t1.ShowTime();
    cout<<"t2:";
    t2.ShowTime();
}
```

运行结果如图 8-10 所示。

图 8-10　时钟的自增运算

模仿练习

1. 在例 8-9 中,利用运算符重载为类成员函数,完成方阵类的减、乘运算。
2. 利用运算符重载为类成员函数,设计复数类的加减运算。
3. 编写一个日期类,实现日期的加天数、减天数和输出操作(2 月固定为 28 天)。

8.5.3　运算符重载为友元函数

运算符重载为类的友元函数的一般形式如下:

```
friend <类型>operator<运算符>(<形参表>)
{
    函数体;
}
```

说明

(1)"类型"是函数的返回类型。

(2)"operator"是关键字,是重载运算符的标志。

(3)"运算符"是要重载的运算符。

(4)"形参表"表示该运算符所需要的参数和类型。

(5)"friend"是运算符重载为友元函数时,在函数类型说明之前使用的关键字。

双目运算符重载为友元函数，含有两个参数。例如，当要完成 obj1+obj2 时，重载运算符+为友元函数的声明如下：

```
Example operator+(Example obj1,Example obj2)
```

1. 双目运算符重载为类的友元函数

重载为类的友元函数时，将没有隐含的参数 this 指针。这样，对于双目运算符，友元函数有两个参数。友元函数无须利用对象或其指针进行调用，但它可以自由地访问对象的私有成员。

【例 8-11】 利用运算符重载为类的友元函数，修改例 8-9，重新设计方阵类的加运算。

```
#include <iostream.h>
const int N=3,L=3;
class CMatric
{
private:
    int a[N][L];
public:
    CMatric()
    {
        int i,j;
        for(i=0;i<N;i++)
            for(j=0;j<L;j++)a[i][j]=0;
    }
    CMatric(const int b[N][L])
    {
        int i,j;
        for(i=0;i<N;i++)
            for(j=0;j<L;j++)a[i][j]=b[i][j];
    }
    ~CMatric(){}
    void print()
    {
        int i,j;
        for(i=0;i<N;i++)
        {   for(j=0;j<L;j++) cout<<a[i][j]<<" ";
            cout<<endl;
        }
    }
    friend CMatric operator+(const CMatric x,const CMatric y); //加法运算符重载为友元函数的声明
};
CMatric operator+(const CMatric x,const CMatric y)          //定义加法运算符重载函数
{
    CMatric k;
    int i,j;
    for(i=0;i<N;i++)
        for(j=0;j<L;j++)k.a[i][j]=x.a[i][j]+y.a[i][j];
    return k;
}
```

```
void main()
{
    int aa[N][L]={11,21,31,41,51,61,71,81,11};
    int bb[N][L]={10,12,13,14,15,16,17,18,19};
    CMatric x(aa),y(bb);
    CMatric z;
    z=x+y;
    cout<<"x 矩阵:\n";
    x.print();
    cout<<"y 矩阵:\n";
    y.print();
    cout<<"x+y 矩阵:\n";
    z.print();
}
```

运行结果如图 8-9 所示。

2. 单目运算符重载为类的友元函数

单目运算符重载为类的成员函数时，一般不需要显式说明参数。因为重载为类的成员函数时，总是隐含一个参数，该参数是 this 指针。当重载为类的友元函数时，由于不存在隐含的 this 指针，所以对单目运算符来说，友元函数必须有一个参数。

【例 8-12】 用友元函数重载运算符++。

```
#include <iostream.h>
class CPoint
{
    long x,y;
public:
    CPoint(){x=0L;y=0L;}
    CPoint(long x1,long y1)
    { x=x1;y=y1; }
    void display()
    {
        cout<<"("<<x<<","<<y<<")"<<endl;
    }
    friend CPoint operator++(CPoint &);              //前缀自增
    friend CPoint operator++(CPoint &,int);          //后缀自增
};
CPoint operator++(CPoint &e)                         //前缀自增
{
    return CPoint(++e.x,++e.y);
}
CPoint operator++(CPoint &e,int)                     //后缀自增
{
    return CPoint(e.x++,e.y++);
}
void main()
{
```

```
    CPoint p1(10,10),p2;
    p2=p1++;
    p1.display();
    p2.display();
    p2=++p1;
    p1.display();
    p2.display();
}
```

运行结果如图 8-11 所示。

图 8-11 平面点的自增

模仿练习

1. 在例 8-11 中,利用运算符重载为类友元函数,完成方阵类的减、乘运算。
2. 利用运算符重载为类的友元函数,设计复数类的自增运算。

8.6 情景应用——训练项目

项目 1 抽象类的应用实例

【问题描述】

利用抽象类提供统一接口技术,编写一个程序计算正方体、球体、圆柱体的表面积和体积。

【算法设计】

(1)从正方体、球体和圆柱体的各种运算中抽象出一个公共基类 container 为抽象基类。

(2)在抽象基类中,定义求表面积和体积的两个纯虚函数。抽象类中定义一个公共的数据成员 radius,可作为球的半径、正方体边长、圆柱体的底面半径。

(3)由抽象基类,派生出要描述的正方体、球体和圆柱体三个类,即 cube、sphere 和 cylinder,在这三个类中都具有求表面积和体积函数的重定义版本。这些类之间构成的类层次结构如图 8-12 所示。

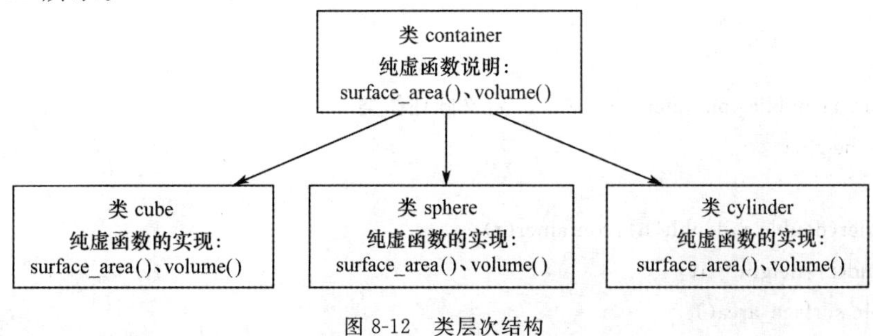

图 8-12 类层次结构

参考代码如下：

```
#include <iostream.h>
#define PI   3.1416
class container                        //抽象基类
{
protected:
     double radius;
public:
     container(double r){container::radius=r;}
     virtual double surface_area()=0;   //纯虚函数
     virtual double volume()=0;         //纯虚函数
};
class cube: public container           //定义正方体类
{
public:
     cube(double r):container(r){}
     double surface_area()
     {
          return 6 * radius * radius;
     }
     double volume()
     {
          return radius * radius * radius;
     }
};
class sphere: public container         //定义球体类
{
public:
     sphere(double r):container(r){}
     double surface_area()
     {
          return 4 * PI * radius * radius;
     }
     double volume()
     {
          return PI * radius * radius * radius * 4/3;
     }
};
class cylinder: public container       //定义圆柱体类
{   double height;
public:
     cylinder(double r,double h):container(r)
     {cylinder::height=h;}
     double surface_area()
```

```
    {
        return 2 * PI * radius * (height+radius);
    }
    double volume()
    double surface_area()
    {
        return PI * radius * radius * height;
    }
};
void main()
{
    container  * p;                    //定义抽象类指针
    cube obj1(4);                      //创建正方体对象 obj1
    sphere obj2(4);                    //创建球体对象 obj2
    cylinder obj3(4,5);                //创建圆柱体对象 obj3
    p=&obj1;                           //p 指向正方体对象 obj1
    cout<<"正方体：表面积="<<p->surface_area();
    cout<<"\t 体积="<<p->volume () <<endl;
    p=&obj2;                           //p 指向球体对象 obj2
    cout<<"球 体：表面积="<<p->surface_area() ;
    cout<<"\t 体积="<<p->volume () <<endl;
    p=&obj3;                           //p 指向圆柱体对象 obj3
    cout<<"圆柱体：表面积="<<p->surface_area();
    cout<<"\t 体积="<<p->volume () <<endl;
}
```

运行结果如图 8-13 所示。

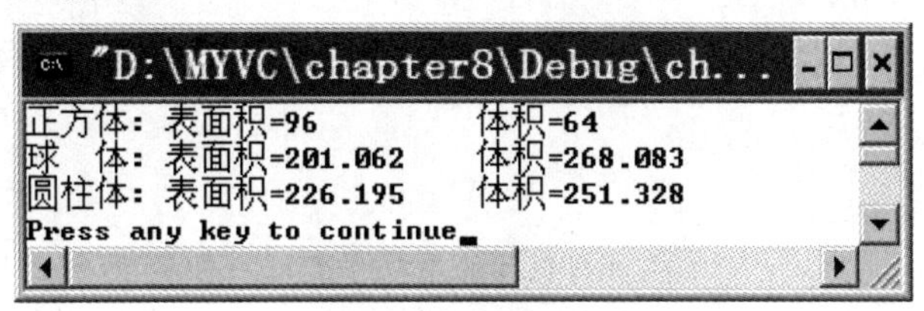

图 8-13　运行结果

训练项目

设计一个评选优秀教师和学生的程序，其类层次结构如图 8-14 所示。当输入一系列教师或学生记录后，将优秀教师和学生的姓名列出来，并采用相关数据进行测试。

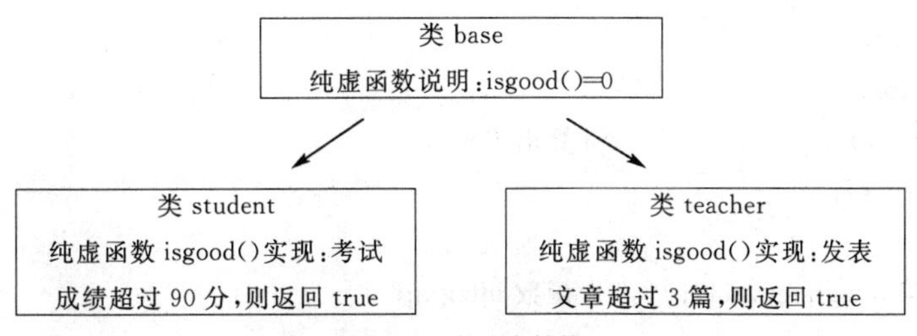

图 8-14　类层次结构

项目 2　计算函数的定积分

【问题描述】

假设函数 $f(x) = 4/(1+x^2)$，求函数 $f(x)$ 的定积分：$\int_a^b f(x)\mathrm{d}x$ 的值。

计算定积分的方法是：将区间$[a,b]$ 分成 n 个等份，使每一小段宽度 $h = (b-a)/n$，函数 $f(x)$ 的自变量将顺序取为：$a, a+h, a+2h, \cdots, a+(n-1)h, a+nh = b$，共 $n+1$ 个点。可有如下三种近似方法求定积分：

(1)矩形法定积分近似值为：$(f(a)+f(a+h)+\cdots+f(a+(n-1))h$

(2)梯形法定积分近似值为：$(f(a)+2f(a+h)+\cdots+2f(a+(n-1)h)+f(b))h/2$

(3)simpson 法定积分近似值为：$(f(a)+4f(a+h)+2f(a+2h)+\cdots+f(b))h/3$

设计一个程序，计算定积分的近似值。

【算法设计】

(1)定义一个基类 inteAlgo，其中声明一个计算定积分的虚函数 integrate()。

(2)分别定义基类的三个派生类 rectangle、ladder 和 simpson，且在此三个派生类中也说明同一个虚函数 integrate()，但它们各自的函数体不同(对应不同的定积分方法)。

(3)通过使用指向基类 inteAlgo 的指针变量 p，并使 p 指向不同的派生类对象，最后使系统通过动态联编的方式去实现调用不同的派生的虚函数 integrate()的目的，进而实现三种不同的计算定积分的方法。

参考代码如下：

```
#include "iostream.h"
float function(float x)                //欲积分的函数
{
    return 4.0f/(1+x*x);
}
class inteAlgo                         //基类 inteAlgo
{
protected:
    float a,b;                         //积分区间的左右边界
    int n;                             //把[a,b]区间划分为 n 等份
    float h,sum;                       //步长 h,积分结果值 sum
public:
    inteAlgo(float left,float right,int steps)
    {
        a=left;
        b=right;
        n=steps;
        h=(b-a)/n;                     //计算出步长 h
        sum=0.0f;
    }
    virtual void integrate(void);      //虚函数 integrate()
};
```

```
class rectangle: public inteAlgo              //派生类 rectangle
{
public:
    rectangle(float left,float right,int steps):inteAlgo(left,right,steps)
    {}
    virtual void integrate(void);             //虚函数 integrate()
};
class ladder: public inteAlgo                 //派生类 ladder
{
public:
    ladder(float left,float right,int steps):inteAlgo(left,right,steps)
    {}
    virtual void integrate(void);             //虚函数 integrate()
};
class simpson: public inteAlgo                //派生类 simpson
{
public:
    simpson(float left,float right,int steps):inteAlgo(left,right,steps)
    {}
    virtual void integrate(void);             //虚函数 integrate()
};
void inteAlgo::integrate(void)                //基类虚函数定义
{  cout<<sum<<endl; }
//rectangle 类的实现
void rectangle::integrate(void)               //按矩形法计算定积分
{
    float a1=a;
    for(int i=0;i<n;i++)
    {  sum+=function(a1);                     //sum=(f(a)+f(a+h)+…+f(a+(n-1))h
       a1+=h;
    }
    sum *=h;
    cout<<sum<<endl;                          //显示积分结果 sum
}
//ladder 类的实现
void ladder::integrate(void)                  //按梯形法计算定积分
{
    float a1=a;
    sum=(function(a)+ function(b))/2.0f;
    for(int i=1;i<n;i++)
    {
        a1+=h;
        sum+=function(a1);                    //sum=(f(a)+2f(a+h)+…+2f(a+(n-1)h)+f(b))h/2
    }
```

```
    sum * =h;
    cout<<sum<<endl;                      //显示积分结果 sum
}
//simpson 类的实现
void simpson::integrate(void)             //按 simpson 法计算定积分
{
    float a1=a,s=1.0f;
    sum=function(a)+ function(b);
    for(int i=1;i<n;i++)
    {
        a1+=h;
        sum+=(3.0f+s) * function(a1);     //sum=(f(a)+4f(a+h)+2f(a+2h)+…+f(b))h/3
        s=-s;
    }
    sum * =h/3.0f;
    cout<<sum<<endl;                      //显示积分结果 sum
}
void integrateFun(inteAlgo * p)
{
    p->integrate();
}
void main()
{
    rectangle rec(0.0,1.0,10);            //rectangle 类对象 rec
    ladder lad(0.0,1.0,10);               //ladder 类对象 lad
    simpson sim(0.0,1.0,10);              //simpson 类对象 sim
    integrateFun(&rec);                   //矩形法计算定积分
    integrateFun(&lad);                   //梯形法计算定积分
    integrateFun(&sim);                   //simpson 法计算定积分
}
```

运行结果如下：

```
3.23993
3.13993
3.14159
```

项目 3　运算符重载的综合应用

【问题描述】

在 C++中，系统提供的字符串处理能力较弱，如不能使用赋值运算符进行字符串的直接赋值，而必须使用 strcpy()函数进行字符串赋值；不能使用加法运算符连接两个字符串，而必须使用 strcat()函数进行字符串连接。

本项目建立一个字符串类作为运算符重载的综合应用，通过运算符重载实现字符串的直接赋值、相加、大小比较等，就像对一般数据的操作一样方便。

【算法设计】

定义字符串类 MyString，在类中重载“＝”运算符，以实现字符串的直接赋值；重载“+”运算符，以实现字符串的连接；重载“－”运算符，以实现从一个字符串中删除子串；重载“＞”“＜”“＝＝”运算符，以实现两个字符串的大小比较。

参考代码如下：

```
#include <iostream.h>
#include <string.h>
class MyString
{
protected:
    int iLength;
    char * str;
public:
    MyString(){str=NULL;iLength=0;}                          //缺省构造函数
    MyString(const char * s);                                //构造函数,以字符指针为参数
    void Show(){ if(str) cout<<str<<'\n';}                   //输出字符串
    MyString & operator=(MyString &);                        //重载赋值运算符
    friend MyString operator+(const MyString &,const MyString &);  //友元实现+重载
    friend MyString operator-(const MyString &,const char *);     //友元实现-重载
    int operator < (const MyString &)const;
    int operator > (const MyString &)const;
    int operator==(const MyString &)const;
};
MyString::MyString(const char * s)                           //构造函数,以字符指针为参数
{
    if(s)
    {   iLength=strlen(s);
        str=new char[iLength+1];
        strcpy(str,s);
    }
    else {str=NULL;iLength=0;}
}
MyString & MyString::operator=(MyString &s)                  //实现赋值运算符重载
{
    if(this==&s) return * this;                              //处理字符串自身赋值
    if(str)delete[]str;                                      //释放对象自身的空间
    iLength=s.iLength;
    if(s.str)
    {   str=new char[iLength+1];
         strcpy(str,s.str);
    }
    else str=NULL;
    return * this;
}
```

```
MyString operator+(const MyString &s1,const MyString &s2)      //连接两个字符串
{   MyString t;
     t.iLength=s1.iLength+s2.iLength;
     t.str=new char[t.iLength+1];
     strcpy(t.str,s1.str);
     strcat(t.str,s2.str);
     return t;
}
MyString operator-(const MyString &s1,const char * s2)        //删除s1中第一次出现的s2
{
    MyString t;
    char * p1=s1.str, * p2;
    int i=0,len=strlen(s2);
    if(p2=strstr(s1.str,s2))                                  //如果是子串
    {   t.iLength=s1.iLength-len;
        t.str=new char[t.iLength+1];
        while(p1<p2)t.str[i++]= * p1++;
        p1+=len;
        while(t.str[i++]= * p1++);
        return t;
    }else return s1;
}
int MyString::operator < (const MyString &s)const             //重载小于运算符,成员函数实现
{   return (strcmp(str,s.str)<0); }
int MyString::operator > (const MyString &s)const             //重载大于运算符,成员函数实现
{   return (strcmp(str,s.str)>0); }
int MyString::operator==(const MyString &s)const              //重载恒等于运算符,成员函数实现
{   return (strcmp(str,s.str)==0); }
void main()
{
    MyString s1("C++程序设计"),s2,s3("ABC学生学习"),s;
    cout<<"测试赋值运算符=:\n";
    s1.Show();
    s2=s1;
    s2.Show();
    cout<<"测试字符串连接运算符+:\n";
    s=s1+s3;
    s.Show();
    cout<<"测试字符串相减运算符-:\n";
    s=s-"C++";
    s.Show();
    cout<<"测试字符串大小比较运算符:\n";
    if(s1<s3) cout<<"s1<s3"<<endl;
    else cout<<"s1>=s3"<<endl;
}
```

训练项目

完善 MyString 类，添加拷贝构造函数、析构函数、获取字符串长度、判断参数字符串是否为子串等成员，并对其进行测试。

自我测试练习

一、单选题

1. 关于动态联编的描述中，(　　)是错误的。

A. 动态联编是以虚函数为基础的

B. 动态联编是在编译时确定所调用函数的

C. 动态联编是通过对象的指针或引用调用虚函数来实现的

D. 动态联编是在运行时确定所调用函数的

2. 关于虚函数的描述中，(　　)是正确的。

A. 虚函数是一个非成员函数

B. 虚函数是一个 static 类型的成员函数

C. 派生类的虚函数与基类的虚函数具有不同的参数个数和类型

D. 基类中说明了虚函数后，派生类中与其对应的虚函数前面可以不加 virtual 关键字

3. 关于纯虚函数和抽象类的描述中，(　　)是错误的。

A. 纯虚函数是一种特殊的虚函数，它没有具体的实现

B. 具有纯虚函数的类是抽象类

C. 一个基类中说明有纯虚函数，该类的派生类一定不是抽象类

D. 抽象类只能作为基类来使用，其纯虚函数的实现由派生类给出

4. 包含一个或多个纯虚函数的类称为(　　)。

A. 抽象类　　B. 虚拟类　　C. friend 类　　D. protected 类

5. 编译时多态性通过使用(　　)获得。

A. 继承　　B. 虚函数　　C. 重载函数　　D. 析构函数

6. 在下列运算符中，不能重载的是(　　)。

A. <=　　B. >>　　C. ::　　D. &=

二、填空题

1. 在 C++中，有一种不能定义对象的类，这种类只能被继承，称为＿＿＿＿＿＿，定义该类至少具有一个＿＿＿＿＿＿。

2. 阅读分析以下程序。

```
#include "iostream.h"
class A
{
    int a;
public:
```

```
    A(int i=0){a=i;}
    virtual void show()              //A 行
    {cout<<"A::show()called."<<a<<endl;}
};
class B: public A
{
    int d;
    void show()
    {cout<<"B::show()called."<<d<<endl;}
public:
    B(int i=0,int j=0):A(i)
    {d=j;}
};
void fun(A *obj)
{
    obj->show();
}
void main()
{
    B* p=new B(5,8);
    fun(p);
    delete p;
}
void fun(A &obj)
{
    obj.show();
}
void main()
{
    B *p=new B(5,8);
    fun(*p);
    delete p;
}
```

(1)程序运行结果是________;若将 A 行的关键字 virtual 删除,则运行结果为______。

(2)若将 fun()和 main()修改为框图中对应的函数,则若 A 行有 virtual 时,运行结果为:________;则若 A 行无 virtual 时,运行结果为:________。

3. 双目运算符重载为类的成员函数时,重载函数有________个参数;双目运算符重载为类的友元函数时,重载函数有________个参数。

三、编程题

1. 定义一个类 Base,该类含有虚成员函数 display(),然后定义它的两个派生类 FirstD 和 SecondD,这两个派生类中均含有公有成员函数 display()。在主程序中,定义指向基类 Base

的指针变量 ptr，并分别定义类 Base、类 FirstD、类 SecondD 的对象 b1、f1、s1，让 ptr 分别指向 b1、f1、s1 的起始地址，然后执行这些对象的成员函数 display()。

2. 按下列要求编写程序：

(1)定义一个类 Shapes，类中含有 protected 成员变量 x、y、z，分别为矩形的长和宽、圆的半径。定义成员函数 dShapes(d,w)，用来设置成员变量 x、y 的初值；定义成员函数 rShapes(r1)，用来设置成员变量 z 的初值；定义纯虚函数 display()。

(2)定义类 Shapes 的派生类 Square 和 Circle，其成员函数 display 用来计算矩形和圆的面积、周长。

(3)在主程序中定义一个指针数组 ptr，指向类 Shapes 的对象；定义 s1 为类 Square 的对象，c1 为类 Circle 的对象。ptr 对象指针数组的第 0 个元素存放对象 s1 的地址，第 1 个元素存放 c1 的地址。用对象指针计算并输出矩形、圆的面积和周长。

3. 声明一个哺乳动物类 Animal，再由此派生出狗类 Dog，二者都定义 Speak()成员函数，基类中定义为虚函数。声明 Dog 类的一个对象，调用 Speak()函数，观察运行结果。

4. 编写一个密码类，其中包含一个 str 密码字符串私有成员数据，以及一个“==”运算符重载成员函数，用于比较用户输入的密码是否正确，并用数据测试该类。

第9章

模板和异常处理

学习目标

知识目标：理解函数模板、类模板的概念，掌握函数模板和类模板的区别及引用，了解异常的基本概念，并掌握异常处理方法。

能力目标：较熟练使用类模板进行程序设计，具有对程序异常处理的能力。

素质目标：培养注重细节、精益求精的工匠精神。

模板是实现代码重用的一种工具。它可以实现类型参数化，即把类型定义为参数，从而实现了真正的代码可重用性。模板可以分为两类：一种是函数模板，另一种是类模板。

一个优秀的软件应具备容错能力，在C++中异常处理也是很重要的。本章将介绍模板的定义格式和使用方法，以及C++的异常处理机制。

9.1 模板概述

什么是模板？为什么要使用模板？

编写程序时，经常遇到这样的情况：若干程序单元（如函数或者类定义）中除了所处理的数据类型不同，程序代码是一样的。例如，交换两个变量的值，考虑到需要处理不同的数据类型，所以一般采用重载技术。具体实现如例9-1所示。

【例9-1】 使用函数重载，交换两个变量的值。

```
#include <iostream.h>
void fnSwap(char &,char &);
void fnSwap(int &,int &);
void fnSwap(double &,double &);
void main()
{
    char a1='a',a2='b';
    int b1=10,b2=20;
    double c1=2.5,c2=3.5;
    fnSwap(a1,a2);              //A行
    fnSwap(b1,b2);              //B行
    fnSwap(c1,c2);              //C行
    cout<<"a1="<<a1<<",a2="<<a2<<endl;
    cout<<"b1="<<b1<<",b2="<<b2<<endl;
    cout<<"c1="<<c1<<",c2="<<c2<<endl;
```

```
}
void fnSwap(char &x,char &y)                //重载函数①
{
    char temp;
    temp=x; x=y; y=temp;
}
void fnSwap(int &x,int &y)                  //重载函数②
{
    int temp;
    temp=x; x=y; y=temp;
}
void fnSwap(double &x,double &y)            //重载函数③
{
    double temp;
    temp=x; x=y; y=temp;
}
```

运行结果如下：

```
a1=b,a2=a
b1=20,b2=10
c1=3.5,c2=2.5
```

程序中定义了三个重载函数，其差别只在于参数类型不一样。程序中的A、B、C三行分别调用对应的重载函数①、②、③，实现了对字符型、整型与浮点型数的处理。

使用函数重载方法解决上述问题，优点是不需要重复给函数取名，调用函数的代码比较简洁。但是，函数重载的本质依然是一种人工复制代码的方法，并没有降低书写程序和修改程序的工作量。如果需要修改函数功能时，必须对所有同名的重载函数中完全相同的算法进行完全相同的修改。同时，如果需要交换两个其他类型的数据，就会因重载函数定义不全面而引起调用错误。

在例9-1中，每一个重载函数的实际操作部分，除了所使用的参数类型以外，可以说是完全一样的。如果能把数据类型和算法代码相分离，将数据类型也变为参数之一，在使用算法时临时指定数据类型，就可以实现算法代码与多种数据类型之间的多个对应关系。同一段代码就可以“以不变应万变”地处理多种数据类型了。

为解决上述问题，C++引入了模板机制，使之迎刃而解。简单地讲，模板就是一种参数化的类或函数，它把类或函数要处理的数据类型参数化。C++提供了两种模板机制，即函数模板和类模板。下面分别进行介绍。

9.2　函数模板

函数模板机制为用户提供了把功能相似、仅数据类型不同的函数设计为通用的函数模板的方法，从而大大增强了函数设计的通用性。使用函数模板的方法是先定义函数模板，然后实例化成相应的模板函数并调用执行。

9.2.1 函数模板的定义

函数模板定义的一般格式为：

```
template <模板形参表>
返回类型 函数名(<形参表>)
{
    函数体
}
```

说明

(1)template是模板定义的关键字,关键字之后是使用尖括号括起来的＜模板形参表＞,该表不能为空,它可以包含标准数据类型、类类型。

(2)模板形参可以是基本类型,也可以是类类型。＜模板形参表＞中可以包含一个或多个＜模板形参＞,如果有多个,则必须用逗号隔开。模板形参可以有三种形式：

①class ＜参数名＞

②typename ＜参数名＞

③＜数据类型＞ ＜参数名＞

前两种形式的关键字class和typename完全等价,只是C++版本差异,新版本都支持,＜参数名＞可以是任意的合法标识符。

(3)用关键字class或typename定义的参数称为虚拟类型参数,在实际调用函数时会被自动替换为确定的数据类型。用＜数据类型＞定义的参数称为常规参数,具有确定的数据类型,不需要替换。当函数模板只有一个虚拟类型参数时,参数名通写成T。

(4)＜形参表＞中至少有一个形参的类型必须用＜模板形参表＞中的参数来定义。

【例9-2】 定义求两个数中的较小值的模板。

```
template <class T>
T fnMin(T x,T y)
{
    T min;
    if(x<=y) min=x;
    else     min=y;
    return min;
}
```

在该例中T表示fnMin()函数的返回类型、参数x和y的类型,使用模板时,T将被具体的类型(例如,int、float、double等)所取代。

【例9-3】 定义求数组中的最大值的模板。

```
template <class T>
T fnMax( T *x,int size)
{
    T max=x[0];
    for(int i=1;i<size;i++)
        if(x[i]>max) max=x[i];
    return max;
}
```

在该例中 T 表示 fnMax()函数的返回类型、数组参数 x 的类型，使用模板时，T 将被具体的数组类型（例如，int、float、double 等）所取代。

模仿练习

1. 设计一个交换两个变量的值的函数模板，解决例 9-1 的函数重载方法。
2. 设计一个求两个数之和的函数模板。
3. 设计一个冒泡排序的函数模板。

9.2.2 函数模板的实例化

在定义了一个函数模板后，并不直接执行，只有实例化为模板函数后才能执行。这一过程由编译系统完成。当编译处理函数调用时，如果该函数是一个函数模板，编译系统将根据实参中的类型来确定是否匹配函数模板中对应的参数，然后生成一个重载函数，称该重载函数为模板函数。

模板函数的调用格式如下：

```
模板函数名<模板实参表>(函数实参表)        //模板形参表中有常规参数时
模板函数名(函数实参表)                    //模板形参表中无常规参数时
```

【例 9-4】 求数组中元素的最大值。

```
#include <iostream.h>
template <class T>
T fnMax(T *x,int n)                     //函数模板
{
    T max=x[0];
    for(int i=0;i<n;i++)
    {
        if(max<x[i]) max=x[i];
    }
    return max;
}
void main()
{
    int a[]={ 2,3,4,44,56,55,94,7};
    double b[]={2.5,5.2,90.5,56.3,43.9};
    cout<<"最大值:"<<fnMax(a,8);       //A,被解释成 fnMax(int *,int)模板函数
    cout<<"最大值:"<<fnMax(b,5);       //B,被解释成 fnMax(double *,int)模板函数
}
```

在例 9-4 程序中，声明了一个函数模板 T fnMax(T x[],int n)，其功能是从函数的参数数组中返回一个最大元素值。

在 main()函数中利用函数模板 fnMax< >实例化了两个模板函数，如图 9-1 所示。在 A 行中，编译系统发现函数调用 fnMax(a,8)时，实例化为如下模板函数：

```
int fnMax(int *x,int n)
{
    int max=x[0];
```

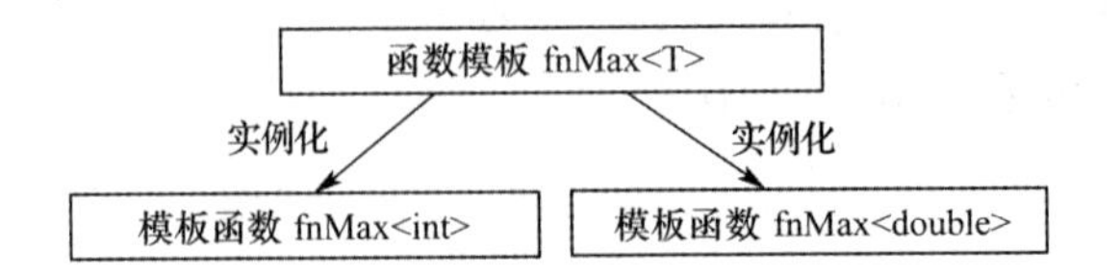

图 9-1 函数模板与模板函数

```
    for(int i=0;i<n;i++)
    {
        if(max<x[i]) max=x[i];
    }
    return max;
}
```

在 main()函数 B 行中，发现函数调用 fnMax(b,5)时，实例化为如下模板函数：

```
double fnMax(double * x,int n)
{
    double max=x[0];
    for(int i=0;i<n;i++)
    {
        if(max<x[i]) max=x[i];
    }
    return max;
}
```

注意

(1)实例化过程是隐式发生的。

(2)若参数不匹配，将导致程序错误，因为不会发生自动类型转化，这与函数重载不同。

【例 9-5】 多参数的函数模板。

```
#include <iostream.h>
template <class T1,class T2>
void fnPrint(T1 x,T2 y,int z)
{
    cout<<x<<","<<y<<","<<z<<endl;
}
void main()
{
    fnPrint('#',4,5);             //实例化为 fnPrint(char x,int y,int z)
    fnPrint(6,7,8);               //实例化为 fnPrint(int x,int y,int z)
    fnPrint(9.5,10,11);           //实例化为 fnPrint(double x,int y,int z)
}
```

【例 9-6】 具有常规参数的函数模板的定义和使用。

```
#include <iostream.h>
template <class T,int k>
T fnAver(T x,T y)
{
```

```
    return (x+y)/k;
}
void main()
{
    float a,b,c;
    cout<<"请输入两实数:";
    cin>>a>>b;
    c=fnAver<float,2>(a,b);          //A,实例化为 fnAver(float,float),且 k=2
    cout<<"c="<<c<<endl;
}
```

例 9-6 中,<模板形参表>中 k 是常规参数,数据类型为 int,在函数中可以直接使用。由于 k 是模板形参,只能通过<模板实参表>传递实参的值给它。A 行给出了模板实参表,为了与<模板形参表>一一对应,首先写 float 数据类型与 T 对应,然后数据 2 就是传给 k 的具体实参数值。由于编译器优先根据<模板实参表>中的数据类型进行虚拟类型参数 T 的替换,所以 T 替换为 float,而常规参数 k 也被确定为数据 2,程序就可以正确运行了。

注意

(1)<模板形参表>中的常规参数不能有缺省值。例如:

```
template <class T,int k>          //正确
template <class T,int k=2>        //错误,常规参数不能有缺省值
```

(2)函数模板机制的引入,简化了 C++函数重载。但调试比较困难,建议先编写一个特殊版本的函数,运行正常后再改成函数模板。

模仿练习

1. 使用函数模板,实现例 9-1 交换两个变量的值。
2. 使用函数模板,求一个数的绝对值。
3. 使用函数模板进行平均成绩的计算。

9.2.3 函数模板的重载

函数可以重载,同样,函数模板也可以重载。函数模板之间、函数模板与普通函数也可以重载。

重载函数调用的匹配原则是普通重载函数优先,即匹配规则如下:

(1)寻找和使用最符合函数名和参数类型的普通重载函数,若找到则调用它。

(2)寻找一个函数模板,将其实例化产生一个匹配的模板函数,若找到则调用它。

(3)寻找可以通过类型转化进行参数匹配的重载函数,若找到则调用它。

(4)如果按以上步骤均未找到匹配函数,则调用错误。

【例 9-7】 函数模板的重载。

```
#include <iostream.h>
template <class T>
T fnMax(T x,T y)                  //函数模板
{
    cout<<"模板函数 fnMax(T,T)!,";
```

```
    return x>y? x:y;
}
template<class T>
T fnMax(T x,T y,T z)                    //重载函数模板
{
    T max;
    cout<<"模板函数 fnMax (T,T,T)!,";
    max=fnMax(x,y);
    return fnMax(max,z);
}
int fnMax(int x,int y)                  //普通函数重载函数模板
{
    cout<<"模板函数 fnMax (int,int)!,";
    return x>y? x:y;
}
int fnMax(int x,char y)                 //普通函数重载函数模板
{
    cout<<"模板函数 fnMax (int,char)!,";
    return x>y? x:y;
}
void main()
{
    char c='a';
    int i=10;
    double f=100.8;
    cout<<"fnMax("<<c<<")="<<fnMax(c,c)<<endl;
    cout<<"fnMax("<<i<<")="<<fnMax(i,i)<<endl;
    cout<<"fnMax("<<f<<")="<<fnMax(f,f)<<endl;
    cout<<"fnMax("<<i<<","<<c<<")="<<fnMax(i,c)<<endl;
    cout<<"fnMax("<<c<<","<<i<<")="<<fnMax(c,i)<<endl;
    cout<<"fnMax("<<f<<","<<i<<")="<<fnMax(f,i)<<endl;
    cout<<"fnMax("<<i<<","<<f<<")="<<fnMax(i,f)<<endl;
}
```

运行结果如图 9-2 所示。

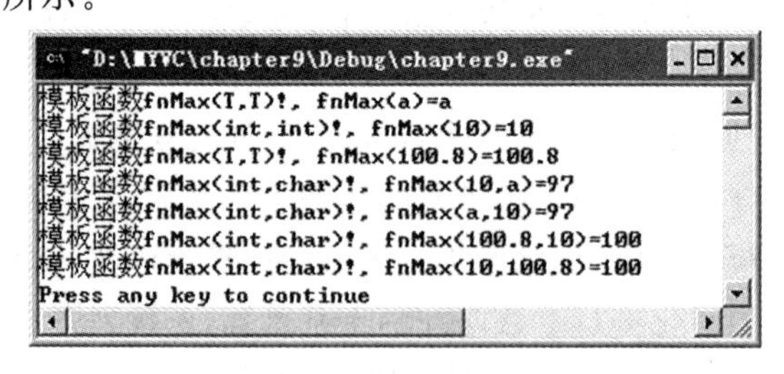

图 9-2　函数模板的重载

说明

(1)fnMax(c,c):根据规则(1),找不到匹配的普通重载函数;根据规则(2),找到一个函数模板 fnMax(T x,T y),实例化生成一个模板函数,所以调用它。

(2)fnMax(i,i):根据规则(1),找到普通重载函数 fnMax(int x,int y),所以调用它。

(3)fnMax(f,f)：根据规则(1),找不到匹配的普通重载函数;根据规则(2),找到一个函数模板 fnMax(T x,T y),实例化生成一个模板函数,所以调用它。

(4)fnMax(i,c)：根据规则(1),找到普通重载函数 fnMax(int x,char y),所以调用它。

(5)fnMax(c,i)：根据规则(1),找不到匹配的普通重载函数;根据规则(2),找不到匹配的函数模板;根据规则(3),通过类型转换找到匹配的普通重载函数 fnMax(int x,char y),所以调用它。

(6)fnMax(f,i)、fnMax(i,f)与 fnMax(c,i)相同。

模仿练习

1. 设计一个函数模板求 x^3,并以整型和双精度型进行调用。

2. 编写一个函数模板,返回两个值中较小者,同时能正确处理字符串。

提示:设计一个函数模板,能处理 int、float 和 char 等数据类型,再添加一个重载函数专门处理字符串比较。

9.3　类模板

类模板是对一批仅仅数据成员类型不同或成员函数的参数和返回值类型不同的抽象。程序员只要为这一批类所组成的整个家族创建一个类模板,给出一套程序代码,就可以用来生成多种具体的类,从而大大提高了编程的效率。

9.3.1　类模板的定义

类模板的一般定义格式如下：

```
template <模板形式参数表>
class 类名
{
    类声明体
};
template <模板形式参数表>          //在类模板的外部定义的成员函数 1
返回类型 类名<类型名表>::成员函数 1(形式参数表)
{
    成员函数体 1
}
template <模板形式参数表>          //在类模板的外部定义的成员函数 2
返回类型 类名<类型名表>::成员函数 2(形式参数表)
{
    成员函数体 2
}
…
template <模板形式参数表>          //在类模板的外部定义的成员函数 n
返回类型 类名<类型名表>::成员函数 n(形式参数表)
```

```
    {
        成员函数体 n
    }
```

说明

(1)<模板形式参数表>与函数模板中的意义一样。后面的成员函数定义中,“类名<类型名表>”中的“类型名表”是类型形式参数的使用。

(2)类模板的定义只是对类的描述,不是具体的类。

(3)建立类模板后,可以通过创建类模板的实例来使用该类模板。

下面举一个有界数组的类模板的例子。

【例 9-8】 定义一个类模板。

```
template <class T>                    //指出在类模板中用到的通用数据类型
class Point                           //点类模板
{
private:
    T x,y;
public:
    Point(T x,T y){this->x=x;this->y=y;}
    T getX(){ return x;}
    T getY(){ return y;}
    void display();
};
template <class T>                    //成员函数的定义
void Point<T>::display()
{
    Cout<<"("<<x<<","<<y<<")"<<endl;
}
```

9.3.2 类模板的实例化

定义一个类模板后,就可以创建类模板的实例,即生成模板类。类模板与模板类的区别是:类模板是模板的定义,不是一个实例类,模板类才是实实在在的类,可以由它定义对象。

在使用类模板定义对象时,首先根据给定的模板实际参数实例化成具体的模板类,然后再由模板类建立对象。

类模板实例化、建立对象的格式如下:

类模板名<模板实际参数表> 对象名 1,对象名 2,…;

其中,“<模板实际参数表>”为具体的类型名。

【例 9-9】 定义一个类模板,并实例化。

```
#include <iostream.h>
template <class T>                //指出在类模板中用到的通用数据类型
class Point
{
private:
    T x,y;
```

```
public:
    Point(T x,T y){this->x=x;this->y=y;}
    T getX(){ return x;}
    T getY(){ return y;}
    void display();
};
template <class T>                          //成员函数的定义
void Point<T>::display()
{
    cout<<"("<<x<<","<<y<<")"<<endl;
}
void main()
{
    Point<int> p1(4,5);                     //相当于把 int 代回模板中 T 的位置
    p1.display();
    cout<<"x="<<p1.getX ()<<",y="<<p1.getY()<<endl;
    Point<float> p2(40.5F,50.8F);           //相当于把 float 代回模板中 T 的位置
    p2.display();
    cout<<"x="<<p2.getX ()<<",y="<<p2.getY()<<endl;
}
```

运行结果如下：

```
(4,5)
x=4,y=5
(40.5,50.8)
x=40.5,y=50.8
```

说明

类模板在实例化时，实际参数不仅可以是基本数据类型，还可以是用户自定义类型，也包括自定义的类。

【例 9-10】 类模板的实际参数是类的实例。

```
#include <iostream.h>
class A
{
    int a;
public:
    A(){}
    A(int x){a=x;}
    A(A *p){this->a=p->a;}
    void operator! (){cout<<"a="<<a<<endl;}
};
template <class T>
class B
{
private:
```

```
    int b;
    T *x;
public:
    B(int y,T *p){ b=y; x=new T(p);}
    void operator!()
    {
        cout<<"b="<<b<<endl;
        !*x;
    }
};
void main()
{
    A a(1);
    B<A> b(2,&a);            //实参是 A 类
    !b;
}
```

运行结果如下：

```
b=2
a=1
```

模仿练习

1. 为 T 类型的数组设计一个类模板，对所有元素求和、查找指定元素是否存在，如存在，则返回所在数组元素的下标，否则返回－1。

2. 构造一个类模板 CValue，这个类中可以存放 3 个数值，并且具有两个成员函数。成员函数的功能是求出 3 个数中的最大值及最小值。用户输入 3 个数，将最大和最小值输出在屏幕上。

9.4 异常处理

思政小贴士

系统也好，我们每个人也好，存在问题隐患并不可怕，关键是能否有效地去预防和处理潜在的问题，并在问题出现的时候，不仅说声"对不起"，还可以有效地进行解决，降低损失。

正常情况下，程序应具备一定的容错功能，这是因为在程序运行过程中，由于系统、环境或程序本身因素，可能会出现程序异常终止、死机等情况，这些情况都可能造成数据的丢失或带来一些灾难性后果，所以，在编写程序时应设计一定的处理机制来处理解决这些问题，这就是异常处理。

9.4.1 异常的概念

异常就是程序在执行时发生的错误，以及某种意想不到的状态，如溢出、被零除、数组下标超出界限以及内存不够等。以下这些情况有可能引起异常：

(1)代码或调用的代码中有错误。

(2)操作系统资源不可用。

(3)公共语言运行库遇到意外情况。

(4)自定义抛出异常。

(5)其他。

其中某些异常是可以恢复的,而有些则不能。在.NET Framework 中,用 Exception 类表示基类异常。大多数异常对象都是 Exception 的或某个派生类的实例,但是,任何从 Object 类派生的对象都可以作为异常引发。

针对可以预料的错误,在程序设计时,应编制相应的预防或处理代码,以防异常发生造成严重后果。一个应用程序,既要保证正确性,还应有容错能力,或者说,既能够在正确的应用环境中、用户正确操作时运行正常、准确,还能够在应用环境出现意外或用户操作不当时有合理的反应,这就是异常处理机制。

9.4.2　异常处理的实现

一般而言,C++的异常处理可以分为两大部分进行:一是异常的检测与发出,二是异常捕捉与处理。

异常的检测、抛出和处理可以用三个保留字来实现,即 try、throw 和 catch 来管理异常处理。C++处理异常的机制由三部分组成:

(1)检测异常(try 语句块),将那些有可能产生错误的语句框定在 try 块中。

(2)捕捉异常(catch 语句块),将异常处理的语句放在 catch 块中,以便异常被传递过来时就处理它。

(3)抛出异常(throw 语句),检测是否产生异常,若是,则抛出异常。

异常处理的语法结构如下:

```
class<异常标志>
try
{
    …
    throw(<异常标志>)              //抛出异常
    …
}
catch(<异常类型 1 参数 1>)         //捕捉异常
{
  …                               //处理异常
}
catch(<异常类型 2 参数 2>)
{
  …                               //处理异常
}
…
catch(<异常类型 n 参数 n>)
{
  …                               //处理异常
}
```

如果在 try{}程序块内发现异常，则由 throw(异常)语句抛出异常，catch(异常)语句负责捕捉异常，当异常被捕捉之后，catch{}程序块内的程序则进行异常处理。在这里，throw(异常)语句所抛出的异常其实是某种对象，是用来识别异常的。

【例 9-11】 观察异常的捕捉与处理。

```
#include <iostream.h>
void main()
{
    int a,b;
    double c;
    cout<<"请输入两个整数:";
    cin>>a>>b;
    try {
        if(b==0) throw "除数不能为 0";
        c=(double)a/b;
        cout<< a<<"/"<<b<<"="<<c<<endl;
    }
    catch (char * str)
    {
        cout<<str<<endl;
    }
}
```

运行结果如图 9-3 所示。

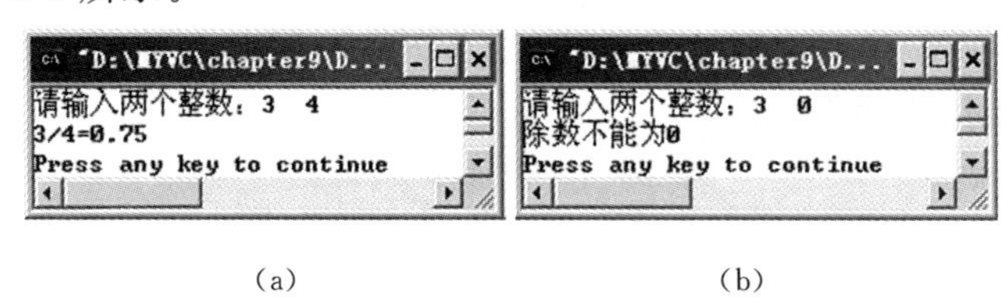

(a) (b)

图 9-3 异常的捕获与处理

9.4.3 异常处理的执行过程

前面演示了如何使用 try/catch 语句捕获系统自动产生的异常。这种异常通常是在代码出现错误的时候产生。但使用 throw 可以人为抛出异常。

(1)按正常顺序执行到 try 语句，执行 try 语句块的内容。

(2)如果 try 语句块中的代码在执行过程中没产生异常，就不会执行 try 语句块后面的 catch 语句块，按顺序流程，继续执行 catch 语句段后面的语句。

(3)如果 try 语句块中的代码在执行过程中出现异常，则会通过 throw 计算一个异常对象并抛出，程序执行会转向 try 后面紧跟的 catch 语句块，如果有多个 catch 语句块，则按照 catch 顺序，依次逐个检查 catch 语句块的参数类型和 throw 抛出的异常对象类型是否匹配，直到找到相匹配的 catch 语句块。

(4)如果找到匹配的 catch 语句块，首先进行参数传递，执行 catch 语句块。

(5)如果一直没有匹配的 catch 语句块，则运行 terminate()函数，terminate()函数会自动调用 abort 终止程序。

【例 9-12】　多个 catch 语句的执行。

```
#include <iostream.h>
void fnFun(int );
void fnFun(int x)
{
    try
    {
        if(x==0) throw x;
        else if(x<0) throw "字符串异常";
        else throw 2.5;
    }
    catch (int n)                    //A
    {
        cout<<"异常对象为："<<n<<endl;
    }
        catch (char * str)           //B
    {
        cout<<"异常对象为："<<str<<endl;
    }
    catch (…)                        //C
    {
        cout<<"异常对象为：函数调用异常"<<endl;
    }
}
void main()
{
    fnFun(-2);
    fnFun(0);
    fnFun(2);
}
```

运行结果如图 9-4 所示。

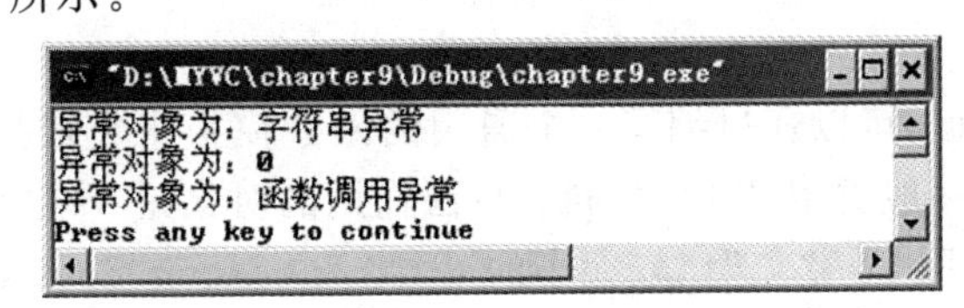

图 9-4　多个 catch 语句的执行

说明

(1)执行"fnFun(-2);"语句时，在 fnFun()函数中，因为 x<0，所以 try 语句块就抛出"字符串异常"，从而和后面的参数是字符串的 catch 语句匹配(B 行)，所以便执行 B 行 catch 语句块内容。

(2)执行"fnFun(0);"语句时，在 fnFun()函数中，因为 x=0，所以 try 语句块就抛出数值 0，与后面的参数是 int 类型的 catch 语句匹配(A 行)，所以便执行 A 行 catch 语句块内容。

(3)执行“fnFun(2);”语句时，在 fnFun()函数中，因为 x=2，所以 try 语句块就抛出数值 2.5，没找到与 catch 的参数类型匹配，则执行 C 行 catch(…)语句块的内容，因为 catch(…)可捕获任意类型的异常。

注意

在进行参数匹配时，应注意以下几点：

(1)如果参数是简单数据类型，一定要完全匹配，不允许类型转换。

(2)如果参数是类对象，则该 catch 语句只能捕获与参数同类的异常或派生类的异常。

(3)catch(…)能匹配所有类型的异常，所以执行不到 catch(…)后面的其他 catch 语句块，catch(…)一定要放在所有 catch 语句的后面。

模仿练习

1. 求一个函数的表达式 f(x,y,z)=x+y/z 的值，注意 z 不能为 0，编程捕捉 z 为 0 时的异常，并提醒用户除数不能为 0。

2. 编写一个程序，求出输入的平方根，并用异常处理机制处理负数的情况。

9.5 情景应用——训练项目

项目 1 冒泡排序函数模板

【问题描述】

冒泡排序是一个经典的排序方法，如果要用一个程序对多种不同数据类型的数组进行排序操作，该如何编写程序？程序运行结果如图 9-5 所示。

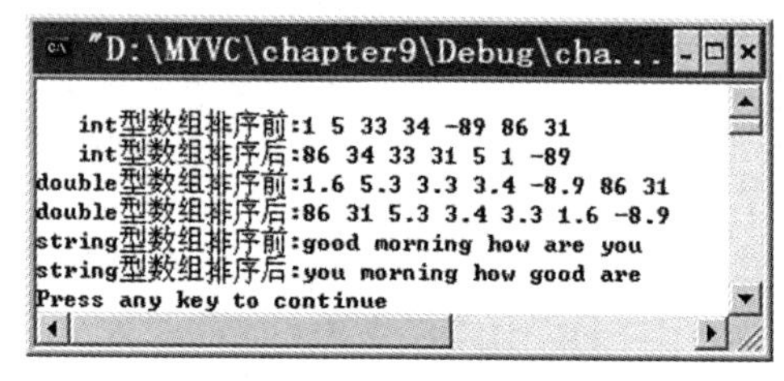

图 9-5 冒泡排序模板

【算法设计】

对于不同类型的数据，可以通过编写一个通用的函数模板来完成排序操作。本案例的关键是将被排序的元素用一般类型 T 代替，同时算法作用的对象是 T 类型元素构成的数组。类型为 T 的元素之间是利用“＞”“＜”比较大小的，因此，int 、long、double、string 等类型都可以应用这一模板。

参考代码如下：

```
#include "iostream"
#include "string"
using namespace std;
template <class T1,class T2>
void fnBubbleSort(T1 x,T2 temp,int count,bool ascend)
{
    for(int i=0;i<count-1;i++)
```

```
    for(int j=0;j<count-1-i;j++)
      if(ascend)
      {
          if(x[j]>x[j+1])
          {
              temp=x[j];
              x[j]=x[j+1];
              x[j+1]=temp;
          }
      }
      else
      {
          if(x[j]<x[j+1])
          {
              temp=x[j];
              x[j]=x[j+1];
              x[j+1]=temp;
          }
      }
}
void main()
{
    int iTemp=0,i;
    double dTemp=0.0;
    string sTemp;
    int a[]={1,5,33,34,-89,86,31};
    cout<<"\n int 型数组排序前:";
    for(i=0;i<7;i++) cout<<a[i]<<" ";
    fnBubbleSort(a,iTemp,7,false);
    cout<<"\n int 型数组排序后:";
    for(i=0;i<7;i++) cout<<a[i]<<" ";
    double b[]={1.6,5.3,3.3,3.4,-8.9,86,31};
    cout<<"\n double 型数组排序前:";
    for(i=0;i<7;i++) cout<<b[i]<<" ";
    fnBubbleSort(b,dTemp,7,false);
    cout<<"\n double 型数组排序后:";
    for(i=0;i<7;i++) cout<<b[i]<<" ";
    string c[]={"good","morning","how","are","you"};
    cout<<"\n string 型数组排序前:";
    for(i=0;i<5;i++) cout<<c[i]<<" ";
    fnBubbleSort(c,sTemp,5,false);
    cout<<"\n string 型数组排序后:";
    for(i=0;i<5;i++) cout<<c[i]<<" ";
    cout<<"\n";
}
```

训练项目

用函数模板实现智能加法器的扩展。实现两个或三个数相加，这些数的数值类型可以是整型或实数(提示：利用函数模板的参数缺省)。

项目 2　最大值类模板

【问题描述】

使用类模板实现对不同数据类型数组的处理，求数组中的最大值，要求利用动态申请数组。程序运行结果如图 9-6 所示。

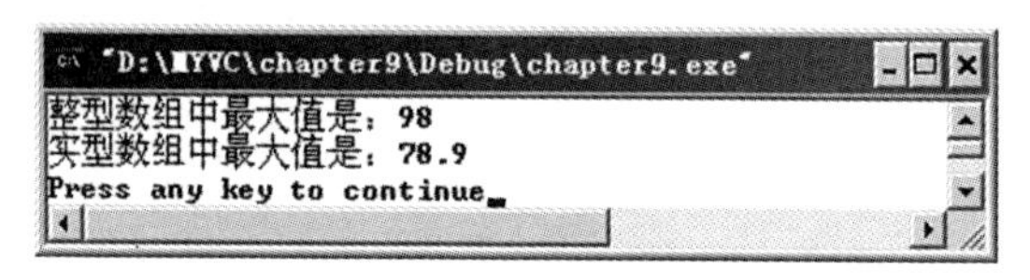

图 9-6　程序运行结果

【算法设计】

找数组中的最大元素这类问题可以利用扫描法来解决。即以数组的第一个元素为基准，向后比较，如果遇到有比基准元素更大的元素则将基准元素替换为该元素，直到数组中所有的元素均被扫描。这时得到最新的基准元素就是数组中最大的元素。类似方法可以找到数组中最小元素。

由于数组中元素类型不定，可以利用模板技术，用通用数据类型 T 代替类型说明，实现一个寻找最大或最小的元素的函数模板。

为了使用这一模板，类型为 T 的元素之间必须可以利用运算符“>”“<”比较大小。因此，int、float、double、long、string 等类型都可以应用这一模板。

参考代码如下：

```
#include <iostream.h>
template <class T>
class maxElem
{
    T *a;
    int size;
public:
    maxElem(T *array=NULL,int n=0)
    {
        size=n;
        if(size>0)
        {
            a=new T[size];
            for(int i=0;i<size;i++)a[i]=array[i];
        }
        else a=NULL;
    }
    T maxValue()
```

```
    {
        T max=a[0];
        for(int i=1;i<size;i++)if(max<a[i])max=a[i];
        return max;
    }
    ~maxElem(){if(a)delete[]a;}
};
void main()
{
    int iA[10] ={1,2,0,44,5,8,90,45,67,98};
    double fB[6]={4.5,7.8,78.9,4.0,6.7,10.9};
    maxElem<int>k1(iA,10);       //A,定义类对象时,给出虚拟类型的实际类型 int
    maxElem<double>k2(fB,6);    //B,定义类对象时,给出虚拟类型的实际类型 double
    cout<<"整型数组中最大值是:"<<k1.maxValue()<<endl;
    cout<<"实型数组中最大值是:"<<k2.maxValue()<<endl;
}
```

程序中,A 行有两个作用,一是自动生成一个数据类型 T 为 int 的实际类,二是自动生成该类的对象 k1;B 行的作用类似。

训练项目

设计一个线性链表的模板类,采用顺序结构进行存储,要求实现插入、删除和输出元素等功能,并用相关数据进行测试。

自我测试练习

一、单选题

1. 以下关于函数模板的叙述中正确的是(   )。

A. 函数模板也是一个具体类型的函数

B. 函数模板的类型参数与函数的参数是同一个概念

C. 通过使用不同的类型参数,函数模板可以生成不同类型的函数

D. 用函数模板定义的函数没有类型

2. 已知函数模板定义如下:

```
template <class T>
T fnMin(T x,T y)
{   return x<y? x:y;}
```

在所定义的函数模板中,生成的下列模板函数错误的是(   )。

A. int fnMin(int,int)   B. char fnMin(char,char)

C. double fnMin(double,int)   D. double fnMin(double,double)

3. 类模板的使用实际上是将类模板实例化成一个(   )。

A. 函数   B. 对象   C. 类   D. 抽象类

4. 已知类模板定义如下:

```
template <class ST>
```

```
class A
{
public:
    A(int i){ d=i;}
    ST  d;
};
```

下列关于模板类对象的定义中,正确的是(　　)。

A. A<ST>a(5);　　　　B. A<class ST>a(5);

C. A<int>a(5);　　　　D. A<class int>a(5);

5. 下列叙述错误的是(　　)。

A. catch(…)语句可捕获所有类型的异常

B. 一个 try 语句可以有多个 catch 语句

C. catch(…)语句可以放在 catch 语句的中间

D. 程序中 try 语句与 catch 语句是一个整体,缺一不可

二、填空题

1. 当在同一个程序中存在一个普通函数是一个函数模板的重载函数时,则与函数调用表达式相符合的________将被优先调用执行。

2. 当一个函数调用表达式只能与一个函数模板相符合时,将首先根据函数模板生成一个________,然后再调用它。

3. 下列程序的运行结果是________。

```
#include "iostream.h"
template <class Type>
void Display(Type,Type)
{
    cout<<"函数模板\n";
}
void Display(double,double)
{
    cout<<"一般函数(d,d)\n";
}
void Display(double ,int )
{
    cout<<"一般函数(d,i)\n";
}
void main()
{
    int i=0;
    double j=0.6;
    float k=0.5f;
    Display(0,i);
    Display(0.25,j);
    Display(0,k);
```

```
    Display(0,'h');
}
```

4. 补充以下程序,使整个程序正确执行。

```
#include <iostream.h>
int a[5]={1,2,3,4,5};
int fnPrint(int i)
{
    ________
    Throw "错误";
    return a[i];
}
void main()
{
    try
    {
        ________
    }
    catch(char * )
    {
        Cout<<"数组下标越界异常"<<endl;
    }
}
```

三、编程题

1. 设计一个函数模板,分别求出一维数组中所有正数元素的个数和所有负数元素的个数。以整型和双精度型进行调用。

2. 求编写一个使用类模板对数组进行排序、查找和求元素和的程序。

第 10 章

C++的 I/O 流类库

学习目标

知识目标:理解 C++的 I/O 流、流类的概念,熟练掌握标准输入/输出,掌握文本文件和二进制文件的读写,以及文件的定位。

能力目标:具备文件操作的程序设计能力,完善图书借阅管理系统的数据存取功能。

素质目标:增强对数据的安全防范意识。

思政小贴士

随着大数据、人工智能时代的到来,各类数据对国家治理、社会发展、人民生活都产生了深刻影响,已经成为一种新的生产要素。在现代计算机的应用领域中,数据处理是个重要方面,要实现数据处理往往是要通过文件的形式来完成。

本章将介绍文件的输入输出,简称文件 I/O。

10.1 C++文件的基本知识

数据是以文件的形式存储在外部存储介质(如磁盘)上的,计算机操作系统也是以文件为单位对数据进行管理和处理的。

10.1.1 标准输入和输出

从操作系统的角度看,每一个与主机相连的输入/输出设备都被看作一个文件。程序的输入指的是从输入文件将数据传送给程序,程序的输出指的是从程序将数据传送给输出文件。C++的输入与输出主要包括以下的内容:

(1)对系统指定的标准设备的输入和输出。

(2)以外存磁盘文件为对象进行输入和输出。

(3)对内存指定的空间进行输入和输出。

输入和输出是数据传送的过程,数据如流水一样从一处流向另一处。C++形象地将此过程称为流(Stream)。数据从内存传送到某个载体或设备中,即输出流。数据从某个载体或设备传送到内存缓冲区变量中,即输入流,如图 10-1 所示。流中的内容可以是 ASCII 字符、二进制形式的数据或其他形式的信息。在 C++中,输入/输出流被定义为类。C++的 I/O 库中的类称为流类(Streamclass),用流类定义的对象称为流对象。ios 流是所有流的基类,由它派生出的流用于完成整个输入和输出工作,表 10-1 列出了每种流的用途。

文件是存储在计算机外部介质上的一组相关数据的集合。操作系统是以文件为单位对数据进行管理的。每个文件都必须有一个唯一的文件名,文件名的一般形式为:文件名.[扩展名],其中扩展名是可选的,并按类别命名,例如,C++语言源程序的扩展名是 cpp,而可执行文件的扩展名是 exe。

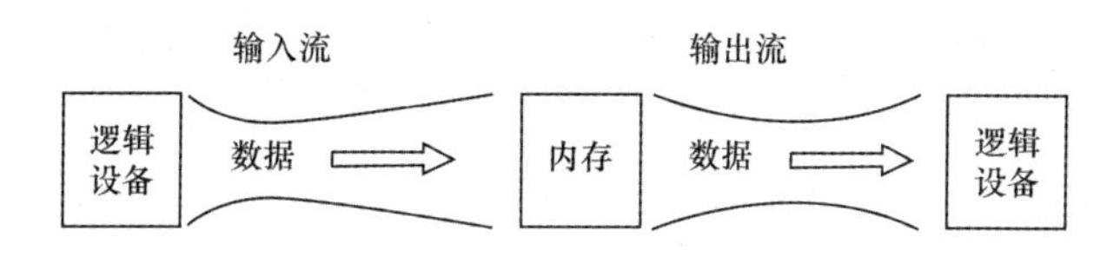

图 10-1　输入/输出流

表 10-1　　　　　　　　　　　**I/O 流类**

类 名	用 途	所在头文件
ios	抽象流基类	iostream. h
istream	通用输入流基	iostream. h
ostream	通用输出流基	
iostream	通用输入/输出流基	
ifstream	输入文件流类	fstream. h
ofstream	输出文件流类	
fstream	输入/输出流类	
istrstream	输入字符串流	strstream. h
ostrstream	输出字符串流	
strstream	输入/输出字符串流	

C++对文件的操作是通过文件流类来实现的，为了使用这些文件流类，需要使用 # include 预编译指令将 fstream. h 文件包含进来。文件流按其用途不同可分为三种：输入流、输出流和输入/输出流。要在程序中使用它们，必须定义相应的对象，例如：

```
ifstream inputFile;                //定义一个文件输入流对象 inputFile
ofstream outputFile;               //定义一个文件输出流对象 outputFile
fstream inoutputFile;              //定义一个文件输入/输出流对象 inoutputFile
```

说明

文件流类 ifstream、ofstream 和 fstream 继承自 istream、ostream 和 iostream 类，而 istream、ostream 和 iostream 又继承自 ios 类。

10.1.2　文本流、二进制流和数据文件

数据文件在磁盘上有两种存储方式，一种是按 ASCII 码存储，称为 ASCII 码文件；一种是按二进制码存储，称为二进制文件。

文本文件：也称 ASCII 码文件。这种文件在保存时，每个字符对应一个字节，用于存储对应的 ASCII 码。

二进制文件：不是保存 ASCII 码，而是按二进制的编码方式来保存文件内容。

例如，整数 100，由 '1'、'0'和'0'三个字符组成，它们的 ASCII 码分别为 49、48 和 48，所以，在文本文件中存放的就是 49、48 和 48 这三个数，需要三个字节。在二进制文件中直接存放的就是二进制数 100，在二进制流中的数据是其内存映像，即数据在内存中的表示形式是什么，它在数据流中的形式就是什么。例如，数据 100 是 int 型量，其在内存中的形式和二进制流中

的形式相同，因此占用 4 个字节，如图 10-2 所示。

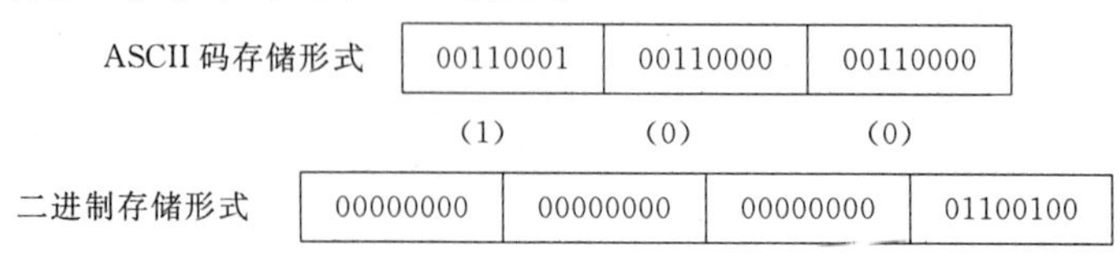

图 10-2　整数 100 的存储形式示意

用 ASCII 码形式存储，一个字节存储一个字符。因而便于对字符进行逐个处理，存取较为方便，但占用存储空间较多，而且要花费转换时间。

用二进制形式存储，可以节省存储空间，不需要转换，所以，存取速度快，但由于 1 个字节并不对应 1 个字符，也就是不能直接输出字符形式。

10.1.3　文件的处理方式

C++语言没有提供对文件进行操作的语句，所有的文件操作都是利用 C++语言编译系统所提供的库函数来实现。多数 C++语言编译系统都提供两种文件处理方式，即“缓冲文件系统”和“非缓冲文件系统”。

(1)缓冲文件系统又称为标准文件系统或高层文件系统，是目前常用的文件系统。在对文件进行操作时，系统自动为每个文件在内存开辟一个缓冲区。从内存向文件输出数据时，必须先送到内存缓冲区。待缓冲区充满之后，再输出到磁盘文件中。当从磁盘文件读数据时，首先读入一批数据送到内存缓冲区中，然后，再逐个传递到程序数据区中。这样做的好处是能减少对文件存取的操作次数。所以，它与具体机器无关，通用性好，功能强，使用方便。如图 10-3 所示。

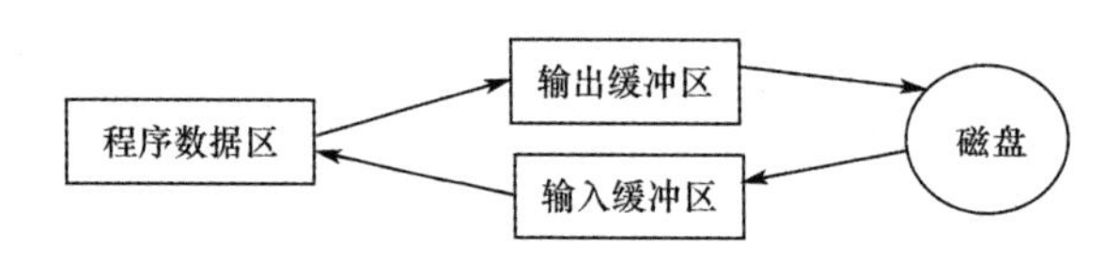

图 10-3　缓冲文件系统的输入/输出

(2)非缓冲文件系统又称为低层文件系统，它提供的文件输入/输出操作函数更接近于操作系统，它不能自动设置缓冲区，而是由用户根据所处理的数据大小在程序中设置。因此，与机器有关，使用较为困难，但它节省内存，执行效率较高。

10.2　文件的打开和关闭

对文件进行读写操作之前，必须先要打开该文件，所谓打开文件，就是前面介绍的在流与文件之间建立映射。使用结束后，应立即关闭，以免数据丢失。文件的打开和关闭都是通过函数来实现的。

10.2.1　文件的打开

1. 使用成员函数 open()打开文件

函数 open()是 ifstream、ofstream 和 fstream 流类的成员方法，其函数原型为：

```
void open(const char * filename,int mode,int prot=filebuf::openprot);
```

说明

(1)第一个形参 filename 是要打开的文件名,可以带绝对路径。

(2)第二个形参 mode 是文件打开模式,由一些流基类 ios 类的成员说明,取值及含义见表 10-2。

表 10-2　　　　文件打开模式 mode 的取值

mode 取值	含　义
ios::in	打开文件用于读操作
ios::out	打开文件用于写操作
ios::ate	打开文件,并把文件指针定位到文件尾部
ios::app	在文件原有内容末尾追加
ios::trunc	如果文件存在,清空该文件
ios::nocreate	只有文件存在情况下才能打开,否则失败
ios::noreplace	只有文件不存在情况下才能打开,否则失败
ios::binary	以二进制(非文本)打开文件

对于 ifstream 流,mode 默认值为 ios::in; ofstream 流,mode 默认值为 ios::out。mode 参数有些可以单独使用,有些必须组合,即按位或运算符"|"组合使用。例如,常用的文件打开方式有:

```
ios::in                                      //以读方式打开文本文件
ios::in|ios::out                             //以读/写方式打开文本文件
ios::in|ios::binary                          //以读方式打开二进制文件
ios::in|ios::nocreate                        //以读方式打开文本文件,若文件不存在,则打开失败
ios::in|ios::binary|ios::nocreate            //以读方式打开二进制文件,若文件不存在,则打开失败
ios::out                                     //以写方式打开文本文件
ios::out|ios::binary                         //以写方式打开二进制文件
ios::out|ios::app                            //以追加方式打开文本文件
ios::out|ios::app|ios::binary                //以追加方式打开二进制文件
ios::out|ios::noreplace                      //以写方式打开文本文件,若文件存在,则打开失败
ios::out|ios::binary|ios::noreplace          //以写方式打开二进制文件,若文件存在,则打开失败
```

(3)第三个形参 prot 是文件打开时的保护方式,其默认值是 filebuf::openprot,表示"可共享的",即该文件可同时被多个文件流对象打开。形参 prot 的取值及含义如下:

```
filebuf::openprot                            //共享模式
filebuf::sh_none                             //不允许共享(独占方式)
filebuf::sh_read                             //只允许读共享
filebuf::sh_write                            //只允许写共享
```

例如:

```
ofstream outfi;                              //定义 ofstream 流类的对象 outfi
outfi.open("a.dat",ios::binary);             //打开二进制文件 a.dat 用于写操作
ifstream infi;                               //定义 ifstream 流类的对象 infi
infi.open("a.dat",ios::in,filebuf::sh_none); //以独占方式打开文件 a.dat 用于读
```

2. 使用构造函数打开文件

除了用 open()函数打开文件外，还可以用三个文件流类 ifstream、ofstream 和 fstream 的构造函数在定义对象的同时打开指定文件。

```
ifstream::ifstream(const char * filename,int Mode=ios::in,int Prot=filebuf::openprot);
ofstream::ifstream(const char * filename,int Mode=ios::in,int Prot=filebuf::openprot);
fstream::ifstream(const char * filename,int Mode=ios::in,int Prot=filebuf::openprot);
```

其中，各参数的含义与成员函数 open()中的参数相同。

例如，以二进制方式打开当前目录下的文件 a1.dat，用于写操作，有如下两种方式。

(1)用文件流对象显式调用 open()函数打开文件

```
ofstream outfile;
outfile.open("a1.dat",ios::binary);
```

(2)通过文件流的构造函数在定义对象时打开文件

```
ofstream outfile("a1.dat",ios::binary);
```

注意

由于文件操作涉及对外设的操作，所以不能保证总是成功的，一般要使用异常处理以提高程序的健壮性。如果打开文件失败，文件流类中重载运算符“!”将返回非 0 值，否则将返回 0 值。所以，常用下面方法打开一个文件：

```
ofstream outfile("a1.dat",ios::binary);
if(!outfile )
{
    cout<<"打开 a1.dat 文件失败\n"<<endl;
    ...              //错误处理代码
}
```

10.2.2 文件的关闭

使用完一个文件后，应使用 close()函数及时关闭。close()函数和 open()函数一样，也是文件流类的方法。

```
ofstream outfile("a1.dat",ios::binary);          //打开文件
...                                              //其他文件处理语句
outfile.close();                                 //关闭文件
```

注意

程序结束之前应关闭所有文件，以防止因没有关闭而造成数据流失。

10.3 文件的读写

文件成功打开之后，就可以对它进行读写操作了。在 C++中可以通过多种方法读写文件，包括使用流运算符直接读写文件，或使用流的成员函数读写文件。

10.3.1 使用流运算符读写文件

由于流插入运算符“<<”和流提取运算符“>>”都已经在 iostream 中重载为能用于 ostream和 istream 类对象的输入和输出，而 ofstream 和 ifstream 分别是 ostream 和 istream 类

的派生类，所以利用“＜＜”和“＞＞”可实现对磁盘文件的读写。

1. 整数文件的输入和输出

【例 10-1】　将三个整数写入 D:\a1. dat 文件中。

程序运行后，D:\a1. dat 文件中的内容如图 10-4 所示。

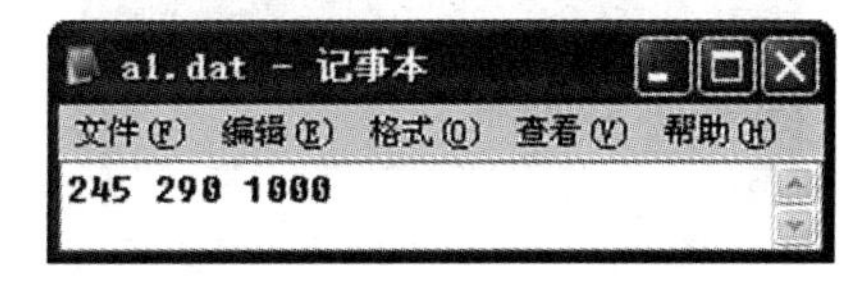

图 10-4　a1. dat 文件中的内容

实现代码如下：

```
#include <fstream.h>
void main()
{
    ofstream outfile("D:\\a1.dat");                  //利用构造函数打开文件
    if(!outfile)
    {
        cout<<"打开文件失败!"<<endl;
        return;
    }
    outfile<<245<<" "<<290<<" "<<1000;         //利用流运算符<<写数据到流对象
    outfile.close();                                 //关闭文件
}
```

在 D 盘根目录下创建了 a1. dat 文件关联的 ofstream 流类的对象 outfile，并将整数 245、290 和 1000 写入文件中，可用记事本打开文件。

【例 10-2】　顺序读出并显示例 10-1 写入文件 D:\a1. dat 中的整数。程序运行结果如图 10-5 所示。

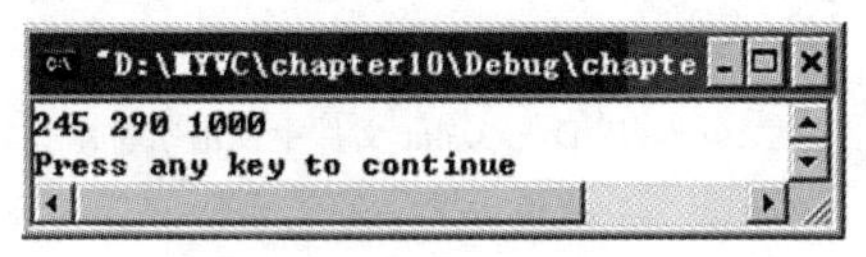

图 10-5　读取磁盘文件 D:\a1. dat

实现代码如下：

```
#include <fstream.h>
void main()
{
    int x,y,z;
    ifstream inputfile("D:\\a1.dat",ios::in|ios::nocreate);    //利用构造函数打开文件
    if(!inputfile)
    {
        cout<<"打开文件失败!"<<endl;
        return;
    }
    inputfile>>x>>y>>z;                    //利用流运算符>>读数据
    cout<<x<<" "<<y<<" "<<z<<endl;
    inputfile.close();                     //关闭文件
}
```

2. 字符串文件的输入和输出

【例 10-3】 将字符串“Good morning!”写入 D:\a3. dat 文件中。

程序运行后,D:\a3. dat 文件中的内容如图 10-6 所示。

图 10-6 a3. dat 文件中的内容

实现代码如下:

```
#include <fstream.h>
void main()
{
    ofstream outfile("D:\\a3.dat",ios::out|ios::trunc);      //利用构造函数打开文件
    if(!outfile)
    {
        cout<<"打开文件失败!"<<endl;
        return;
    }
    outfile<<"Good morning!";        //利用流运算符<<写字符串到流对象
    outfile.close();                                          //关闭文件
}
```

【例 10-4】 从 D:\a3. dat 文件中读出字符串。程序运行结果如图 10-7 所示。

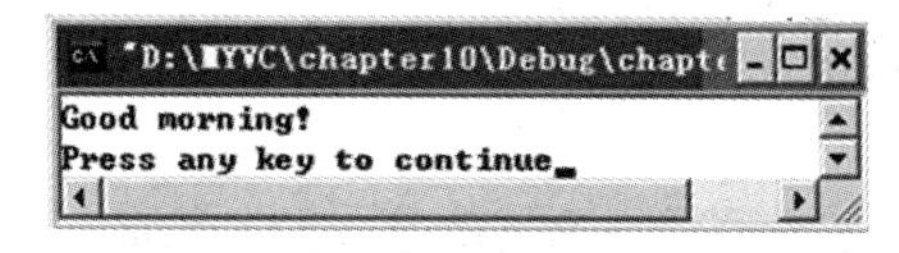

图 10-7 从 D:\a3. dat 文件中读出字符串

实现代码如下:

```
#include <fstream.h>
void main()
{
    char str1[80],str2[80];
    ifstream inputfile("D:\\a3.dat",ios::in|ios::nocreate);
    if(!inputfile)
    {
        cout<<"打开文件失败!"<<endl;
        return;
    }
    inputfile>>str1>>str2;
    cout<<str1<<" "<<str2<<endl;
    inputfile.close();
}
```

模仿练习

先用 Windows 记事本程序创建一个文件 s. txt，并录入 10 个英文单词，然后编程统计文件 s. txt 中小写字符的个数。

10.3.2 使用流的成员函数读写文件

istream 流类定义了一些成员函数，用来实现输入的基本功能。而 ostream 流类定义了一些成员函数，用来实现输出的基本功能。

1. 常用的输入流成员函数

```
get()                                  //返回读取的一个字符
get(char ch)                           //读取的一个字符存储在 ch 中
getline(char * str,int n,char ch);     //读取 n-1 个字符或遇到终止字符 ch
read(char * addr,int size)             //读入 size 个字节，存储在首地址为 addr 的空间
```

【例 10-5】 从 D:\a3. dat 文件中读取每一个字符并显示在屏幕上。

程序运行结果如图 10-8 所示。

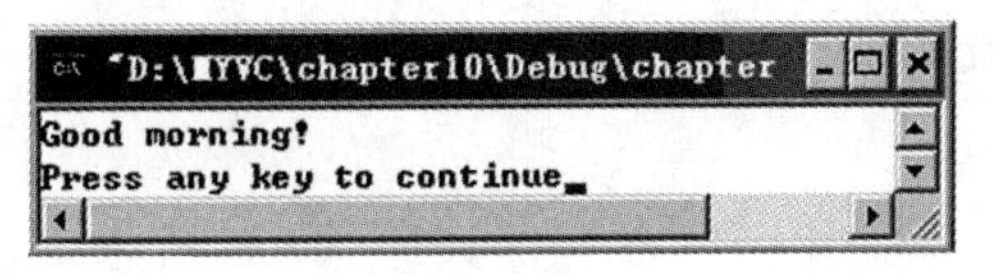

图 10-8 文本文件的读取

实现代码如下：

```
#include <fstream.h>
void main()
{
    char ch;
    ifstream inputfile("D:\\a3.dat",ios::in|ios::nocreate);
    if(!inputfile)
    {
        cout<<"打开文件失败!"<<endl;
        return;
    }
    while((ch=inputfile.get())!=EOF) cout<<ch;
    cout<<endl;
    inputfile.close();
}
```

说明

get()函数返回读取的字符，若遇到输入流中的文件结束符，则函数值返回文件结束标志 EOF(End of File)，其值是-1(用-1 而不用 0 或正值，是考虑到不与字符的 ASCII 码混淆，但不同 C++系统所用的 EOF 值有可能不同)。

模仿练习

1. 使用成员函数 get(char ch)，从 D:\a3. dat 文件中读取每一个字符并显示在屏幕上。

2. 使用成员函数 getline(char * str,int n,char ch)，读取 D:\a3. dat 文件中的第一个英文单词并显示在屏幕上。

2. 常用的输出流成员函数

```
put(char ch)                    //将 ch 中的字符写入输出流中
write(char * addr,int size);    //将内存中的一块内容写到输出流中
```

【例 10-6】 文本文件的复制。

```
#include <fstream.h>
void main()
{
    char ch;
    ifstream inputfile("D:\\a3.dat",ios::in|ios::nocreate);     //打开读文件
    if(!inputfile)
    {
        cout<<"打开文件失败!"<<endl;
        return;
    }
    ofstream outputfile("D:\\a6.dat",ios::out|ios::trunc);     //打开写文件
    if(!outputfile)
    {
        cout<<"打开文件失败!"<<endl;
        outputfile.close();                                     //关闭已打开的读文件
        return;
    }
    while((ch=inputfile.get())!=EOF)outputfile.put(ch);
    cout<<"文件复制成功!"<<endl;
    inputfile.close();                                          //关闭已打开的读文件
    outputfile.close();                                         //关闭已打开的写文件
}
```

【例 10-7】 写字符串到 D:\a7. dat 文件中。

```
#include <fstream.h>
#include <string.h>
void main()
{
    char str[1024];
    strcpy(str,"Hello C++!");
    ofstream outputfile("D:\\a7.dat");
    outputfile.write (str,strlen(str));
    outputfile.close();
}
```

模仿练习

先用 Windows 记事本程序创建一个文件 s. txt，并录入一些英文单词，然后编程统计文件 s. txt 中大写字符的个数。要求用输入/输出流类的成员函数实现。

10.3.3　二进制文件的读写

二进制文件不同于文本文件，它可以处理各种类型的文件（包含文本文件）。二进制文件的读写操作不需要做类似于文本文件的转换，而直接是内存和文件之间的一一映射。

通常使用 read()和 write()成员函数来处理二进制文件。

1. 写数据块成员函数 write()

write()函数的一般形式如下：

```
write(const char * buffer ,int size);
```

功能：将一组数据输出到指定的磁盘文件中。

说明

(1)buffer 用于存放输出数据的缓冲区指针，即要写出数据段的起始地址。

(2)size 是输出的字节数。

例如，要输出 10 个 int 型数据，则 size 为 10 * sizeof(int)个字节，相应的语句为：

```
write((char *)buffer,10 * sizeof(int));
```

其中 buffer 存放的是要输出的数据。

【例 10-8】　从键盘输入 10 个整数，并存储在磁盘文件 D:\a8. dat 中。

```
#include "fstream.h"
void main()
{
    int iData[10],i;
    cout<<"请输入 10 个整数:";
    for(i=0;i<10;i++)
        cin>>iData[i];                              //输入 10 个整数存储在数组 iData 中
    ofstream outputfile("D:\\a8.dat");              //用构造函数打开文件
    if(!outputfile)
    {
        cout<<"打开文件失败!"<<endl;
        return;
    }
    outputfile.write ((char *)iData,sizeof(int) * 10);      //写数据
    outputfile.close();                                     //关闭文件
}
```

2. 读数据块成员函数 read()

read()函数的一般形式如下：

```
read(char * buffer,int size);
```

功能：从指定的文件中读入一组数据。

说明

(1)buffer 用于存放读入数据的缓冲区指针,即存放数据的起始地址。

(2)size 是读入的字节数。

例如,要读入 10 个 int 型数据并存放在 buffer 所指向的缓冲区,则相应的语句为:

```
read((char *)buffer,10 * sizeof(int));
```

【例 10-9】 将存入 D:\a8. dat 中的数据读入数组 iData 中,并显示出来。

```
#include "fstream.h"
void main()
{
    int iData[10],i;
    ifstream inputfile("D:\\a8.dat");
    if(!inputfile)
    {
        cout<<"打开文件失败!"<<endl;
        return;
    }
    inputfile.read ((char *)iData,sizeof(int) * 10);
    inputfile.close();
    for(i=0;i<10;i++)
        cout<<iData[i]<<" ";
    cout<<endl;
}
```

【例 10-10】 用记事本创建一个文本文件 data. txt,并存储若干个整数。然后编写一个程序将其中的整数读出并写到二进制文件 data. bin 中。二进制文件 data. bin 中的第一个数必须是其后整数的个数。

```
#include "iostream.h"
#include <fstream.h>
void main()
{
    int a[100],n=0;
    ifstream inputfile("D:\\data.txt",ios::in|ios::nocreate);
    if(!inputfile)
    {
        cout<<"打开文件 D:\\data.txt 失败!"<<endl;
        return;
    }
    while(!inputfile.eof ())                    //A
        inputfile>>a[n++];
    inputfile.close();
    ofstream outfile("D:\\data.bin",ios::out|ios::binary);
    if(!outfile)
    {
```

```
        cout<<"打开文件 D:\\data.bin 失败!"<<endl;
        return;
    }
    outfile.write ((char *)&n,sizeof(int));          //B
    outfile.write ((char *)a,n * sizeof(int));       //C
    outfile.close();
}
```

说明

(1)程序中A行的eof()函数是ios类的成员函数,用于判断文件流类对象的读写位置指针是否到达了文件结尾。当到达了文件结尾时,eof()函数返回值为"真"(非0值);否则返回值为"假"(0值)。

(2)程序中的B行,将整数的个数写到结果文件中。

(3)程序中的C行,将内存中从数组a的起始地址开始的连续的n个整数的存储空间的内容,一次写入二进制结果文件中。

模仿练习

将例10-10的结果文件data.bin内容读出来,并显示在屏幕上,以验证其正确性。

10.4　文件的随机读写

前面所述的对文件读写操作是从文件的开始位置读写的,每进行一次读/写操作,相应的读/写指针都自动向后移动。例如,若读写一个字符后,文件指针自动移向下一个字符位置。

但在对文件操作时往往不需要从头开始,只需对其中指定的内容进行操作。为了增加灵活性,istream类提供了几个成员函数控制对文件的随机读/写位置,这种成员函数称为文件的定位函数。文件流指针相关的成员函数见表10-3。

表10-3　文件流指针相关的成员函数

成员函数	作　用
seekg(long streampos)	将文件输入流指针移到指定位置 streampos
seekg(long streampoff,int seek_dir)	以 seek_dir 为参照,文件输入流指针移到 streampoff
tellg()	返回文件输入流指针的位置
seekp(long streampos)	将文件输出流指针移到指定位置
seekp(long streampoff,int seek_dir)	以 seek_dir 为参照,文件输出流指针移到 streampoff
tellp()	返回文件输出流指针的位置 streampos

说明

(1)streampoff称为位移量,是指从参考点seek_dir向前或向后移动的字节数。位移量为正数为向后移动,负数为向前移动。

(2)seek_dir被定义为枚举类型enum seek_dir{beg=0,cur=1,end=2},分别表示"文件开始""当前位置""文件末尾"。用三个枚举成员或0,1,2来表示,参考位置seek_dir可以是以下三者之一：

①ios::beg——文件开始

②ios::cur——当前位置

③ios::end——文件末尾

例如：

```
seekg(64L,ios::beg);        //输入流指针从文件头位置向后移动 64 个字节
seekg(64L,ios::cur);        //输入流指针从当前位置向后移动 64 个字节
seekg(-64L,ios::end);       //输入流指针从文件尾位置向前(文件头方向)移动 64 字节
seekp(64L,ios::beg);        //输出流指针从文件头位置向后移动 64 个字节
seekp(-64L,ios::cur);       //输出流指针从当前位置向前(文件头方向)移动 64 个字节
seekp(-64L,ios::end);       //输出流指针从文件尾位置向前(文件头方向)移动 64 字节
```

【例 10-11】 从例 10-6 中生成的 D:\a8.dat 文件中，读出第 6 个整数。

```
#include "fstream.h"
void main()
{
    int x;
    ifstream inputfile;
    inputfile.open ("D:\\a8.dat");
    if(!inputfile)
    {
        cout<<"打开文件失败!"<<endl;
        return;
    }
    inputfile.seekg(5 * sizeof(int),ios::beg);      // 输入流指针定位到第 6 个数的位置
    inputfile.read ((char *)&x,sizeof(int));
    inputfile.close();
    cout<<x<<endl;
}
```

【例 10-12】 文件的随机读写。

定义学生类(含有:学号、姓名、年龄和成绩)，创建几个学生类的对象并存储在数据文件中，然后进行随机读写，观察文件定位函数的效果。

```
#include "iostream.h"
#include "fstream.h"
#include "string.h"
class Student
{
    long no;
    char name[16];
    int age;
    int score;
public:
    Student(){}
    Student(int n,char na[],int a,int s)        //构造函数
```

```
    {
        no=n;
        strcpy(name,na);
        age=a;
        score=s;
    }
    void disp()
    {
        cout<<" "<<no<<","<<name<<","<<age<<","<<score<<endl;
    }
};
void main()
{
    ofstream outfile("D:\\sdata.dat",ios::out|ios::binary);
    if(!outfile)
    {
        cout<<"打开文件 D:\\sdata.dat 失败!"<<endl;
        return;
    }
    Student s1(2013001,"张三",17,89);          //创建第 1 个学生对象
    Student s2(2013002,"王五",22,79);          //创建第 2 个学生对象
    Student s3(2013003,"刘六",19,59);          //创建第 3 个学生对象
    Student s4(2013004,"李四",20,90);          //创建第 4 个学生对象
    outfile.write ((char *)&s1,sizeof(s1));    //将 4 个学生对象分别写入文件
    outfile.write ((char *)&s2,sizeof(s2));
    outfile.write ((char *)&s3,sizeof(s3));
    outfile.write ((char *)&s4,sizeof(s4));
    Student s(2013003,"刘六",18,59);           //创建第 5 个学生对象 s
    outfile.seekp (2 * sizeof(s),ios::beg);    //流指针从文件头位置向后移动 2 个学生对象字节数
    outfile.write ((char *)&s,sizeof(s));      //写入文件,修改了原文件中的第 3 个学生对象
    outfile.close();                           //关闭文件
    ifstream inputfile("D:\\sdata.dat",ios::in|ios::binary);
    if(!inputfile)
    {
        cout<<"打开文件 D:\\sdata.dat 失败!"<<endl;
        return;
    }
    cout<<"--从文件中读出第 3 个学生数据--\n";
    Student t;
    inputfile.seekg(2 * sizeof(t),ios::beg);
    inputfile.read ((char *)&t,sizeof(t));
    t.disp();
    cout<<"---从文件中读出全部的数据----\n";
    inputfile.seekg(0L,ios::beg);
```

```
    inputfile.read ((char *)&t,sizeof(t));
    while(! inputfile.eof ())                //A
    {
        t.disp();
        inputfile.read ((char *)&t,sizeof(t));
    }
    inputfile.close();
}
```

运行结果如下：

```
——从文件中读出第 3 个学生数据——
2013003,刘六,18,59
———从文件中读出全部的数据————
2013001,张三,17,89
2013002,王五,22,79
2013003,刘六,18,59
2013004,李四,20,90
```

模仿练习

1. 将 Fibonacci 数列的 30 项写入二进制文件，然后读出并显示其中的奇数项，且每行显示 5 个数。

2. 输入若干个学生信息，保存到指定磁盘文件中，然后要求将奇数条学生信息从磁盘中读入并显示在屏幕上。要求用结构体类型描述学生信息，并用函数实现各功能。

10.5 情景应用——训练项目

项目 1 C++源文件的编译预处理

【问题描述】

编写程序完成一种编译预处理工作。将一个.cpp 源程序文件中的注释语句删除。

注释语句有两种形式：第一种为每行的"//"后面的内容为注释，第二种为在"/ *"和"* /"之间的内容是注释。

【算法设计】

将程序文件 a.cpp 看成字符流，读写位置指针从字符流中扫过，舍弃注释，将其他的字符写入 b.cpp。读写位置指针有两种状态，当指针在正常语句位置时，为状态 1；当指针在"/ *"和"* /"之间时，为状态 2。初始时，设定为状态 1。循环读入字符，若读入不成功，退出循环；若读入成功则做如下工作：

(1)若当前为状态 1，则①若当前字符为"/"，其后一个字符为"*"，则将读写位置指针向后移动一个字符，并进入状态 2；②若当前字符为"/"，其后一个字符为"/"，则将本行其后的所有字符读出来('\n'不读出)并舍弃，仍然保持状态 1；③否则，将当前字符写入文件，仍然保持状态 1。

(2)若当前为状态 2,若当前字符为“ * ”,其后一个字符为“/”,则将读写位置指针向后移动一个字符,进入状态 1。转入循环开始状态。如图 10-9 所示。

```
/***************a. cpp*****************
*    write data to file a1. dat          *
**************************************/
#include <fstream. h> //include file
void main()
{   ofstream outfile("D:\\a1. dat");
    outfile<<245<<" "<<290;   //写数据
    outfile. close();          //关闭文件
}
```

```
#include <fstream. h>
void main()
{   ofstream outfile("D:\\a1. dat");
    outfile<<245<<" "<<290;
    outfile. close();
}
```

图 10-9　程序说明

参考代码如下:

```
#include "iostream. h"
#include <fstream. h>
#include <stdlib. h>
void main()
{
    char ch1,ch2,temp[100];
    int state=1;
    fstream infile("D:\\a. cpp",ios::in|ios::nocreate);
    if(!infile)
    {
        cout<<"打开文件失败!"<<endl;
        return;
    }
    fstream outfile("D:\\b. cpp",ios::out);
    if(!outfile)
    {
        cout<<"打开文件失败!"<<endl;
        return;
    }
    while(infile. get (ch1))
    {
        ch2=infile. peek();                    //A
        if(state==1)
        {
            if(ch1=='/'&&ch2=='*')
            {
                infile. get();
                state=2;
            }
            else if(ch1=='/'&&ch2=='/')
                infile. get(temp,sizeof(temp));    //B
```

```
            else outfile.put(ch1);
        }
        else if(ch1=='*' && ch2=='/')
        {
            infile.get();
            statc=1;
        }
    }
    infile.close();
    outfile.close();
}
```

A 行 peek()函数的功能是预读取输入流中的下一个字符，但不提取，即不移动读写位置指针。B 行功能是：将当前注释忽略，即读入源程序当前行余下的内容('\n' 不读出)并舍弃。

训练项目

完善程序，添加嵌套注释的情况，字符串出现双反斜杠等情况。

项目 2　图书借阅管理系统第三版

1. 项目描述

在图书借阅管理系统中，所涉及的数据是比较大的，而每次运行程序时都要对图书登记入库、读者注册登记，非常麻烦。程序退出数据也消失，数据只能保存在内存中，不能长期保存。

本项目的任务是：为图书借阅管理系统第二版添加数据保存和加载功能。使用外部存储文件来保存数据，实现对数据的存储和读取，能安全有效地长期保存数据，还能提供数据共享。

2. 程序实现(项目实施)

(1)修改操作类 CMain，新增数据存储和加载成员函数

```
class CMain                    //操作类
{
    int itemNum;               //库存书籍总数
    int magNum;                //库存杂志总数
    int readNum;               //读者注册入库人数
    Item item[100];
    Magazine mag[100];
    Reader reader[50];
public:
    CMain();
    void CreateBookItem();                //书籍和杂志入库操作
    void CreateReader();                  //读者注册登记
    void ShowMenu();                      //主菜单显示
    void Return();                        //书籍和杂志的归还操作
    void Borrow();                        //书籍和杂志的借阅操作
    void Require();                       //查询借阅信息
    void fnShowBook();                    //显示库存书籍和杂志信息
    void fnShowReader();                  //显示登记注册的读者信息
```

```
    void fnDataSave(char * fname);          //数据存储
    void fnDataLoad(char * fname);          //数据加载
};
```

(2) 数据存盘和加载成员函数的实现

在操作类CMain中,新增数据的存储和加载两个成员函数。其功能是将已入库的每册图书对象和已注册登记的读者对象存储在文件中。相反,用户可随时加载磁盘文件中的数据。

```
void CMain::fnDataSave(char * fname)                        //数据存盘
{
    Item kk;
    Magazine zz;
    Reader qq;
    fstream file(fname,ios::out|ios::binary);
    if(!file)
    {
        cout<<"打开"<<fname<<"文件失败! \n";cin.get();
        return;
    }
    file.write((char * )&itemNum,sizeof(int));              //保存图书册数
    file.write((char * )&magNum,sizeof(int));               //保存杂志册数
    file.write((char * )&readNum,sizeof(int));              //保存读者人数
    file.write ((char * )item,sizeof(kk) * itemNum);        //保存书籍信息
    file.write ((char * )mag,sizeof(zz) * magNum);          //保存杂志信息
    file.write ((char * )reader,sizeof(qq) * readNum);      //保存读者信息
    file.close();
}
void CMain::fnDataLoad(char * fname)                        //加载数据
{
    Item kk;
    Magazine zz;
    Reader qq;
    fstream file;
    file.open (fname,ios::in|ios::binary);
    if(!file)
    {
        cout<<"打开"<<fname<<"文件失败! \n";cin.get();
        return;
    }
    file.read((char *)&itemNum,sizeof(int));                //加载图书册数
    file.read((char *)&magNum,sizeof(int));                 //加载杂志数
    file.read((char *)&readNum,sizeof(int));                //加载读者人数
    file.read((char *)item,sizeof(kk) * itemNum);           //加载图书信息
    file.read((char *)mag,sizeof(zz) * magNum);             //加载杂志信息
    file.read((char *)reader,sizeof(qq) * readNum);         //加载读者信息
    file.close();
}
```

(3)修改主函数 main(),调用数据存盘和加载成员函数

```
void main()
{
    int n=1;
    CMain a;
    do
    {
        a.ShowMenu();                              //显示菜单界面
        a.fnDataLoad("D:\\library.dat");    //加载数据
        cin>>n;                              //输入选择功能的编号
        cin.get();
        system("cls");
        switch(n)
        {
            case 1: a.CreateBookItem();break;
            case 2: a.CreateReader(); break;
            case 3: a.Borrow();break;
            case 4:a.Return();break;
            case 5: a.Require();break;
            case 6: a.fnShowBook();break;
            case 7: a.fnShowReader();break;
            default: break;
        }
        a.fnDataSave("D:\\library.dat");        //数据存盘
        if(n){ cout<<"\n\t\t按任意键返回主菜单";cin.get();}
    }while(n);
    cout<<"\n\n\n\n\n\t\t谢谢您的使用! \n\t\t";
}
```

自我测试练习

一、单选题

1. 当已存在一个 abc.txt 文件时,执行函数 open("abc.txt",ios::in|ios::out)的功能是(　　)。

A. 打开 abc.txt 文件,清除原有的内容

B. 打开 abc.txt 文件,只能写入新的内容

C. 打开 abc.txt 文件,只能读取原有内容

D. 打开 abc.txt 文件,可以读取和写入新的内容

2. 若用 open()函数打开一个已存在的二进制文件,保留该文件原有内容,且可以读、可以写,则文件打开模式是(　　)。

A. ios::in　　　　B. ios::in|ios::out|ios::binary

C. ios::out　　　　D. ios::in|ios::out

3. 关于文件定位，下列选项中错误的是(　　)

A. seekp(long streampos,int cur)是用于输入流的定位函数

B. seekg(long streampos)函数执行后，读指针定位到距离文件开始 streampos 个字节的位置

C. tellg()成员函数返回当前输入流读指针的位置

D. seekg(long streampos,int cur)函数调用时，参数 cur 可为 0,1,2

4. 下列选项中错误的注释是(　　)。

A. file1. seekg(1234L,ios::cur); //把文件的写指针从当前位置向后移 1234 个字节

B. file1. seekp(123L,ios::beg); //把文件的写指针从文件开头位置向后移 123 个字节

C. file1. seekg(1024L,ios::end); //把文件的读指针从文件末尾向前移 1024 个字节

D. file1. seekg(1234L,1); //把文件的读指针从当前位置向后移 1234 个字节

5. 下程序运行后，文件 t1. dat 中的内容是(　　)。

```
#include <fstream.h>
void WriteStr(char *fn,char *str)
{
    ofstream outfile;
    outfile.open(fn,ios::out);
    outfile<<str;
    outfile.close();
}
void main()
{
    WriteStr("t1.dat","Good morning!");
    WriteStr("t1.dat","Good night!");
}
```

A. Good　　　　B. Good morning!

C. Good night!　　　　D. Good morning! Good night!

二、填空题

1. fstream 类中打开文件的成员函数名为________，该函数的三个参数分别描述要打开文件的________、________和________。

2. 对于一个打开的 ifstream 对象，测试是否读到文件尾的函数是________。

3. 用 get()函数读取文件内容，到达文件尾时，返回________。

4. C++的文件定位分为读位置和写位置的定位，与之相对应的成员函数分别是________和________。

5. 对于定位函数 seekg(long streampos,int cur)，当希望从文件起始位置定位到文件的第 100 个字节时，cur 参数应该设置为________。

三、编程题

1. 编写程序，将两个文本文件的内容合并后存入另一文件中。

2. 编写程序，实现一个文本文件中所有的小写字母转为大写字母后打印出来。

3. 从键盘输入若干名学生的信息(姓名、学号和成绩)，写入二进制文件，再从该文件中读出学生信息，输出在屏幕上。

4. 编写程序，实现对学生成绩信息进行管理和维护，包括学生成绩的增加、修改、删除和查询、分数的统计等功能。其中学生信息包括姓名、学号、数学、政治和英语三门功课的成绩。

第 11 章

Visual C++编程基础

学习目标

知识目标：了解 Windows 编程基本、Win32 应用程序的结构和特点，了解 MFC 类基础、利用向导建立一个应用程序框架。

能力目标：掌握 MFC 的消息处理机制，掌握鼠标消息、键盘消息的处理方法。

素质目标：培养良好的人际沟通能力。

Windows 下的编程工具多种多样，但均遵循 Windows 的工作原理。作为一名程序员，必须熟练掌握与编程有关的 Windows 的工作原理，选择一种功能强大，同时又易于掌握的应用程序开发工具。

11.1 Windows 编程概念

传统的 MS-DOS 程序主要采用顺序的、关联的、过程驱动的程序设计方法，是面向程序而不是用户的。Windows 程序设计是基于事件驱动的，程序的运行不是由事件的执行顺序来控制，而是由触发的事件来控制，它是一种面向用户的程序设计方法。其中消息驱动机制是 Windows 程序设计的精髓。

11.1.1 事件与消息

思政小贴士

良好的人际沟通是相互依存的，是团队工作效率的保证。事件与消息机制是驱动应用程序实现特定功能动因。

Windows 花费大量的时间等待用户的动作以便做出响应，所以这种系统也称为事件驱动的系统。例如，当用户按下一个键、移动鼠标或单击鼠标按钮时，计算机通知 Windows 系统已经发生了一个事件以及事件的种类、发生的时间和发生的位置(如坐标值)等。

事件由以下三种方式产生：

(1)通过输入设备，如键盘和鼠标，产生硬件事件。

(2)通过屏幕上可视的对象，如菜单、工具栏按钮、滚动条和对话框上的控件。

(3)来自 Windows 内部，例如，一个后面的窗口显示到前面来。

当 Windows 捕获一个事件后，它会编写一条消息，将相关信息放入一个数据结构中，然后将包含此数据结构的消息发送给需要消息的程序。Windows 消息在 windows.h 文件中是用宏定义的常数。消息常数名通常为 WM_×××，例如，WM_TIMER、WM_CHAR 等。

Windows 将消息放入目标应用程序的消息队列中，在消息队列中所有消息都处于等待状态，直到应用程序准备处理它。

11.1.2　消息驱动

消息驱动也称为事件驱动，Windows 程序设计是基于事件驱动的，Windows 对消息有一套完善严格的定义，并在其产生时将其发送给所有相关的应用程序，这些消息用于驱动应用程序运行以实现一定的功能。

例如，当用户单击鼠标左键时，将发送 WM_LBUTTONDOWN 消息，而双击鼠标左键则发送 WM_LBUTTONDBLCLK 消息。除提供标准消息外，程序员可以自定义所需的消息。总之，消息驱动是 Windows 程序设计的精髓。

传统的 MS-DOS 程序是一系列预先定义好的操作序列的组合，具有一定的开头、中间过程和结束，也就是程序直接控制程序事件和过程的顺序。它的基本模型如图 11-1(a)所示。

事件驱动的程序设计不是由事件的顺序来控制，而是由事件的发生来控制，而这种事件的发生是随机的、不确定的，并没有预定的顺序，这样就允许用户用各种合理的顺序来安排程序的流程。所以，它是一种面向用户的程序设计方法，它在程序设计过程中除了完成所需功能之外，更多地考虑了用户的各种输入，并根据需要设计相应的处理程序。它是一种被动式的程序设计方法，程序开始运行时，处于等待用户输入事件状态，然后取得事件并做出相应的反应，处理完毕后又返回并处于等待事件状态，如图 11-1(b)所示。

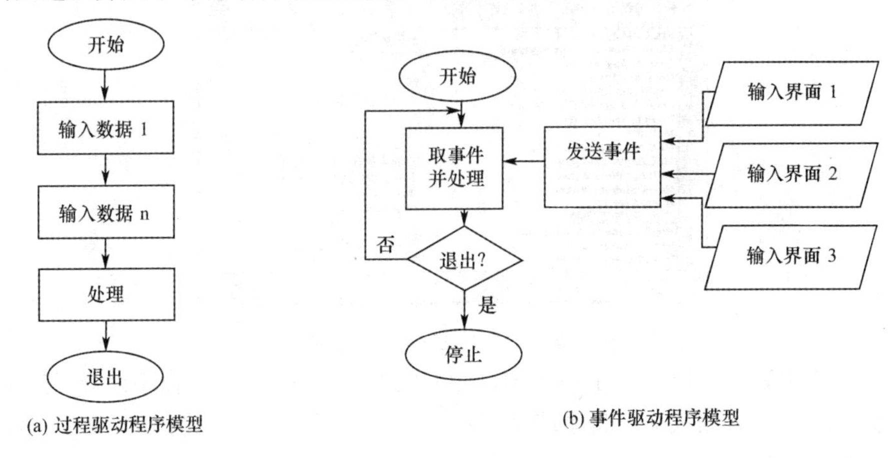

图 11-1　过程驱动与事件驱动模型的比较

11.1.3　编写 Windows 程序方法

在 Visual C++中，编写 Windows 应用程序主要有以下 3 种方法：

(1)直接使用 Windows 提供的 Win32 API 函数来编写 Windows 应用程序。使用该方法，用户需要直接处理 Windows 系统中较为底层的因素，必须编写大量的代码。

(2)直接使用微软基础类库 MFC 来编写程序，MFC 对 Win32 API 函数进行封装，提供了一些实用的类库，可以实现大部分 API 的功能，简化了程序的编写工作。

(3)使用 MFC 和 Visual C++提供的向导来编写 Windows 程序。通过向导可以实现 Windows 应用程序的基本框架，并把应用程序所要实现的功能规范地添加到程序中。这种方法能够充分利用 Visual C++提供的强大功能，帮助用户快速高效地进行程序开发工作。

11.2 Windows 程序结构

基于 Windows 的 C++应用程序也有自己的结构，称为 Win32 应用程序结构。

11.2.1 简单的 Windows 应用程序

【例 11-1】 一个简单的 Windows 应用程序(chapter11_1)。

创建工程 chapter11_1 的步骤如下：

(1)启动 Visual C++ 6.0 后，从“文件”菜单中选择“新建”。此时，Visual C++ 6.0 将显示一个“新建”对话框。

(2)在“新建”对话框中选择“工程”选项卡，然后选择“Win32 Application”类型，告诉 Visual C++ 6.0将创建一个 Win32 应用程序。在“工程名称”文本框中输入“chapter11_1”，单击位于“位置”文本框右边的小按钮，再从下拉的对话框中选择“D:\MYVC”目录，使新创建的工程文件放置在“D:\MYVC”目录之下。

以上两个步骤分别指定了 chapter11_1. exe 程序的工程类型、工程名称和工程位置，此时“新建”对话框如图 11-2 所示。

图 11-2 “新建”对话框“工程”选项卡

(3)单击【确定】按钮继续，显示一个询问项目类型的 Win32 应用程序向导，选中“一个空工程”单选按钮。单击【完成】按钮，系统将显示“应用程序向导”的创建信息，单击【确定】按钮，系统自动创建此应用程序。

(4)在创建好的工程中，添加 C++源文件。从“文件”菜单中选择“新建”，选择其中的“文件”选项卡。并选中对话框右侧的“添加到工程”复选框，即把当前要创建的文件加入刚才创建的工程 chapter11_1 中。在“文件”列表中选中“C++ Source File”，在“文件名”文本框中输入文件名“chap11_1”，而文件扩展名. cpp 将自动被加上，如图 11-3 所示。

(5)单击【确定】按钮，源文件 chap11_1. cpp 将被添加到工程中，同时代码编辑窗口被打开。选择“工作空间”窗口中的“FileView”选项卡，可以看到在 Source Files 文件夹中多了一个文件，即我们刚刚添加的 chap11_1. cpp。在此文件中输入下面的代码：

```
#include <windows.h>
int WINAPI WinMain(HINSTANCE hInstance,HINSTANCE hPrevInstance,
                   LPSTR lpCmdLine,int nCmShow)
{
```

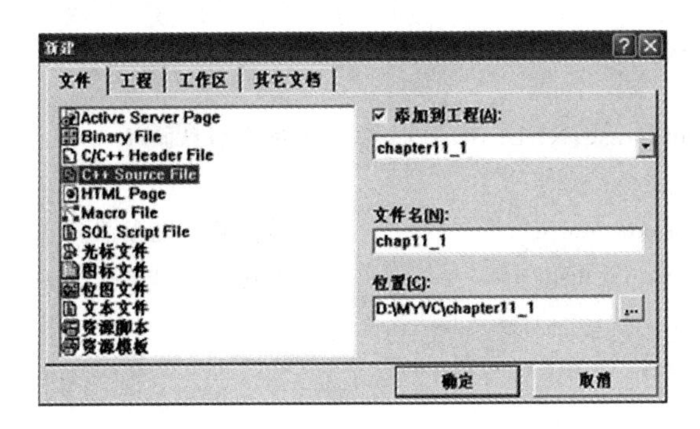

图 11-3 "新建"对话框"文件"选项卡

```
    MessageBox(NULL,"你好,我的 Visual C++程序!","问候",0);
    return 0;
}
```

(6)编译并运行程序,结果如图 11-4 所示。

图 11-4 运行结果

从上面的程序可以看出:

①控制台应用程序是以 main()函数作为程序的初始入口点,但在 Windows 应用程序中,main()函数被 WinMain()函数取而代之,WinMain()函数的原型如下:

```
int WINAPI WinMain(
    HINSTANCE hInstance,              //当前实例句柄
    HINSTANCE hPrevInstance,          //以前的实例句柄
    LPSTR lpCmdLine,                  //指向命令行参数的指针
    int nCmShow                       //窗口的显示标志
);
```

②每一个 Windows 应用程序都需要 windows. h 头文件,它还包含了其他的 Windows 头文件。这些头文件定义了 Windows 所有的数据类型、函数调用、数据结构和符号常量。

③程序中,MessageBox 是一个 Win32 API 函数,用来弹出对话框,显示信息。

【例 11-2】 一个较完整的 Windows 应用程序(chapter11_2)。

(1)类似于例 11-1 的示例方法,创建一个空的工程 chapter11_2。

(2)在工程 chapter11_2 中,类似于例 11-1 中步骤(4),添加 C++源文件 chap11_2. cpp。

(3)在空文件 chap11_2. cpp 中,输入下面的代码:

```
#include <windows.h>                                    //windows 程序的头文件
BOOL InitWindow(HINSTANCE hInstance,int nCmdShow);      //函数声明
LRESULT CALLBACK WndProc(HWND,UINT,WPARAM,LPARAM);      //窗口过程
int WINAPI WinMain(HINSTANCE hInstance,HINSTANCE hPrevInstance,
                   LPSTR lpCmdLine,int nCmdShow)
{
    MSG msg;                                 //定义消息
```

```
    if(!InitWindow(hInstance,nCmdShow))          //创建主窗口
          return 0;
    while(GetMessage(&msg,NULL,0,0))             //进入消息循环
    {
        TranslateMessage(&msg);                  //转换某些键盘消息
        DispatchMessage(&msg);                   //发送给窗口过程
    }
    return msg.wParam;
}
//函数：InitWindow()
//功能：创建窗口
static BOOL InitWindow(HINSTANCE hInstance,int nCmdShow)
{
    HWND     hWnd;                               //窗口句柄
    WNDCLASS  wc;                                //窗口类结构
    wc.style          =  CS_HREDRAW | CS_VREDRAW;
    wc.lpfnWndProc    =  (WNDPROC)WndProc;
    wc.cbClsExtra     =  0;
    wc.cbWndExtra     =  0;
    wc.hInstance      =  hInstance;
    wc.hIcon          =  LoadIcon(NULL,IDI_APPLICATION);
    wc.hCursor        =  LoadCursor(NULL, IDC_ARROW);
    wc.hbrBackground  =  (HBRUSH)(COLOR_WINDOW+1);
    wc.lpszMenuName   =  NULL;
    wc.lpszClassName  =  "Hello VC++";           //窗口类名
    if(!RegisterClass(&wc))                      //注册窗口
    {
        MessageBox(NULL,"窗口注册失败!","Hello VC++",0);
        return false;
    }
    hWnd=CreateWindow(                           //创建主窗口
        "Hello VC++",                            //窗口类名
        "我的窗口",                              //窗口标题
        WS_OVERLAPPEDWINDOW,                     //窗口样式,定义为普通型
        100,                                     //窗口最初的 x 位置
        100,                                     //窗口最初的 y 位置
        400,                                     //窗口的宽度
        300,                                     //窗口的高度
        NULL,                                    //父窗口句柄
        NULL,                                    //窗口菜单句柄
        hInstance,                               //应用程序实例句柄
    NULL);                                       //创建窗的参数
    if(!hWnd ) return false;
    ShowWindow(hWnd,nCmdShow);                   //显示窗口
```

```
    UpdateWindow(hWnd);                //更新窗口
    return true;
}
//函数：WndProc()
//功能：处理主窗口消息
LRESULT CALLBACK WndProc(HWND hWnd,UINT message,WPARAM wParam,LPARAM lParam)
{
    char hello[]="你好,我是 Visual C++";
    switch(message)
    {
        case WM_CREATE:                //创建窗口产生的消息
            return 0;
        case WM_KEYDOWN:               //键盘按下的消息
            switch(wParam)
            {
                case VK_ESCAPE:
                    MessageBox(hWnd,"ESC 键按下!","Keyboard",MB_OK);
                    break;
            }
            break;
        case WM_LBUTTONDOWN:            //鼠标消息
            MessageBox(hWnd,"鼠标左键按下了!","Mouse",0);
            return 0;
        case WM_PAINT:                 //窗口重画消息
            HDC hdc;
            PAINTSTRUCT ps;
            hdc=BeginPaint(hWnd,&ps);
            SetTextColor(hdc,RGB(0,0,255));
            TextOut(hdc,20,10,hello,strlen(hello));
            EndPaint(hWnd,&ps);
            break;
        case WM_DESTROY:               //窗口关闭时产生的消息
            PostQuitMessage(0);        //调用退出函数
            return 0;
    }
    return DefWindowProc(hWnd, message, wParam, lParam); //执行默认的消息处理
}
```

(4)编译并运行程序,按下鼠标左键,结果如图 11-5 所示。

图 11-5 程序 chapter11_2 的运行结果

11.2.2 Win32 程序分析

chapter11_2 程序可以看成所有的 Win32 应用程序框架，在以后的所有程序中，都是在这个程序的基础之上添加代码。

chapter11_2 程序可以分解成是 3 个基本函数的程序结构：WinMain()函数、创建主窗口函数 InitWindow()和用户定义的窗口过程函数 WnProc()。

1. WinMain()函数

WinMain()函数是应用程序开始执行时的入口点，同时也是结束任务退出时的出口点。它与控制台程序的 main()函数起同样的作用，不同的是 WinMain()函数必须带 4 个参数，它们是系统传递给它的。

2. 注册窗口类

一个应用程序可以有许多窗口，但只有一个是主窗口，它是与该应用程序的实例句柄唯一关联的。上面的例程中，创建主窗口的函数是 InitWindow()。

在 InitWindow()函数中，注册窗口由以下两步完成：

(1)定义窗口类结构并初始化：

```
WNDCLASS  wc;                              //窗口类结构
wc.style            =  CS_HREDRAW | CS_VREDRAW;
wc.lpfnWndProc      =  (WNDPROC)WndProc;
wc.cbClsExtra       =  0;
wc.cbWndExtra       =  0;
wc.hInstance        =  hInstance;
wc.hIcon            =  LoadIcon(NULL,IDI_APPLICATION);
wc.hCursor          =  LoadCursor(NULL,IDC_ARROW);
wc.hbrBackground    =  (HBRUSH)(COLOR_WINDOW+1);
wc.lpszMenuName     =  NULL;
wc.lpszClassName    =  "Hello VC++";    //窗口类名
```

(2)调用 API 函数 RegisterClass 注册应用程序窗口类。

```
RegisterClass(&wc);
```

3. 创建窗口

窗口注册完毕之后，并不会有窗口显示出来，必须调用 CreateWindow()函数来创建已注册窗口类的窗口。

窗口类中已经预定义了窗口的一般属性，而 CreateWindow()函数中的参数可以进一步指定一个窗口的更具体的属性。

```
hWnd = CreateWindow(
        "Hello VC++",               //窗口类名
        "我的窗口",                  //窗口标题
        WS_OVERLAPPEDWINDOW,        //窗口样式，定义为普通型
        100,                        //窗口最初的 x 位置
        100,                        //窗口最初的 y 位置
        400,                        //窗口的宽度
        300,                        //窗口的高度
        NULL,                       //父窗口句柄
```

```
        NULL,                           //窗口菜单句柄
        hInstance,                      //应用程序实例句柄
        NULL);                          //创建窗的参数
```

4. 显示和更新窗口

窗口创建后，并不会在屏幕显示出来，必须调用以下两个 API 函数：

```
ShowWindow(hWnd, nCmdShow);             //显示窗口
UpdateWindow(hWnd);                     //更新窗口
```

5. 消息循环

在 Win32 编程中，消息循环是相当重要的一个概念，看似很难，但使用起来却非常简单。

在 WinMain()函数中，调用 InitWindow()函数成功地创建了应用程序主窗口之后，就要启动消息循环，其代码如下：

```
while(GetMessage(&msg,NULL,0,0))
{
    TranslateMessage(&msg);          //转换某些键盘消息
    DispatchMessage(&msg);           //将消息发送给窗口过程 WnProc
}
```

Windows 应用程序可以接收以各种形式输入的信息，包括键盘、鼠标、计时器产生的消息，也可以是其他程序发来的消息等。Windows 自动监控所有的输入设备，并将其消息放入该应用程序的消息队列中。

GetMessage()函数是用来从应用程序的消息队列中按先进先出的原则将这些消息一个个地取出来，放进一个 MSG 结构中去。GetMessage()函数原型如下：

```
BOOL GetMessage(
    LPMSG lpMsg,                    //指向一个 MSG 结构的指针，用来存取消息
    HWND hWnd,                      //指定哪个窗口的消息将被获取
    UINT wMsgFilterMin,             //指定获取的主消息值的最小值
    UINT wMsgFilterMax              //指定获取的主消息值的最大值
  );
```

GetMessage()函数将获取的消息复制到一个 MSG 结构中。如果队列中没有任何消息，GetMessage()函数将一直空闲直到队列有消息时再返回。如果队列中有消息，它将取出一个消息后返回。

TranslateMessage()函数的作用是把虚拟键消息转换成字符消息，DispatchMessage()函数的作用是把当前的消息发送到对应的窗口过程中。

6. 消息处理函数

消息处理函数又称为过程函数，在这个函数中，不同的消息将用 switch 语句分配到不同的处理程序中。

在 Visual C++ 6.0 中，消息处理函数的原型是：

```
LRESULT CALLBACK WndProc(
    HWND hWnd,                      //接收消息的窗口句柄
    UINT uMsg,                      //主消息值
    WPARAM wParam,                  //副消息值
    LPARAM lParam                   //副消息值
);
```

7. 结束消息循环

当用户按 Alt+F4 组合键或单击窗口右上角的“退出”按钮时，系统向应用程序发送一条 WM_DESTROY 消息。在处理此消息时，调用 PostQuitMessage()函数，该函数会给窗口的消息队列发送一条 WM_QUIT 的消息。在消息循环中，GetMessage()函数一旦检索到这条消息，就会返回 false，从而结束消息循环，随后程序结束。

11.3 第一个 MFC 应用程序

用 Visual C++ 6.0 的 MFC 编写 Windows 应用程序，是一种“填空式”的编程方法，一般有三个步骤：

(1)创建工程：用 Visual C++ 6.0 的“MFC 应用程序向导”生成应用程序的工程文件，也就是创建应用程序的基本框架。

(2)可视化设计：用 Visual C++ 6.0 自带的工具软件 Winzards，制作 Windows 风格的图形用户界面和各种控件，如矩形按钮、滚动条和单选按钮等。

(3)编写程序代码：根据目标程序的要求，用 MFC ClassWizard 添加消息响应函数，然后用 Visual C++ 6.0 提供的文本编辑器和 C++程序设计语言在函数中编写代码。

11.3.1 项目描述：消息处理程序

在开始编写 XiaoXi 程序之前，首先观察一下它的运行结果及功能。图 11-6 所示是 XiaoXi 程序的运行结果，具有如下消息处理效果。

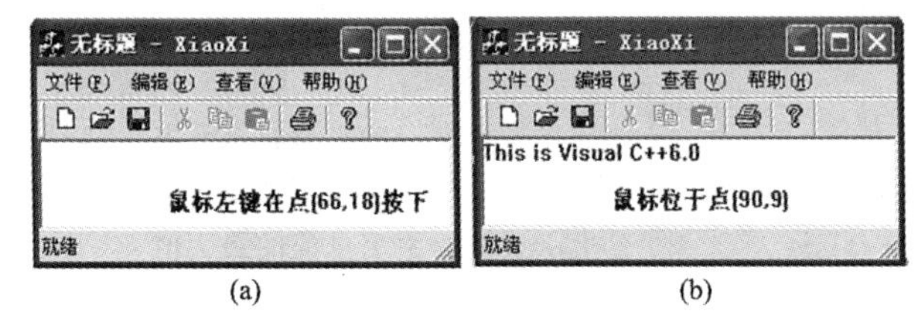

图 11-6 “消息”处理实例程序

(1)当按下鼠标左键、释放或移动鼠标时，程序主窗口将显示相应的动作和屏幕位置。

(2)当对键盘进行操作时，会产生相应的消息，系统将把此消息发送到对应的窗口。将输入的键盘字符显示在屏幕上。

本章将以开发 XiaoXi 程序为目标，学习 Windows 消息及消息处理知识。

XiaoXi 程序涉及 MFC 编程基础，MFC 消息(如鼠标消息、键盘消息)和命令等知识。为此，必须先了解 MFC 编程基础，学习 Windows 消息等相关知识，再分解为两个子项目进行开发，即：

①子项目 1：鼠标消息处理程序

②子项目 2：键盘消息处理程序，留给读者完成

11.3.2 知识准备

1. 认识 MFC

MFC(Microsoft Foundation Class Library，微软基础类库)是微软基于 Windows 平台下

的 C++类库集合。MFC 包含了所有与系统相关的类，其中封装了大多数的 API（Application Program Interface）函数，提供了应用程序框架和开发应用程序的工具，例如，应用程序向导、类向导、可视化资源设计等高效工具，用消息映射处理消息响应，大大简化了 Windows 编程，使程序员从繁杂的编程中解脱出来，提高了工作效率。

MFC 类库包括 CObject 类及其派生类以及其他类（可以参考 MSDN 来了解 MFC 类库层级图）。了解了 CObject 类及其派生类，就等于了解了 MFC 的一大半。MFC 类的基本层次结构如图 11-7 所示。

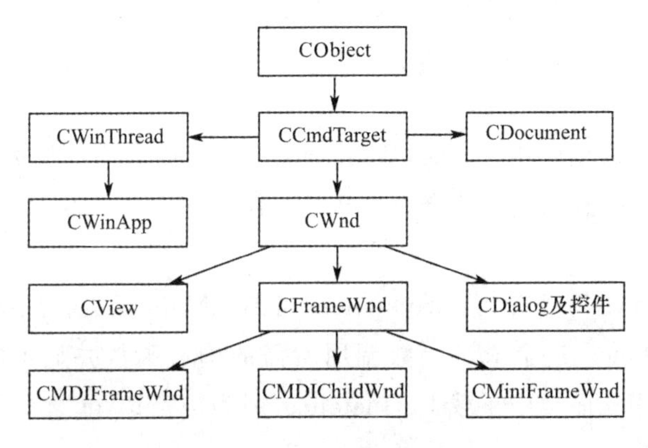

图 11-7 MFC 类的基本层次结构

（1）CObject 类：CObject 类是 MFC 提供的绝大多数类的基类。该类完成动态空间的分配与回收，支持一般的诊断、出错信息处理和文档序列化等。

（2）CCmdTarget 类：CCmdTarget 类主要负责将系统事件和窗口事件发送给响应这些事件的对象，完成消息发送、等待和派遣等工作，实现应用程序对象之间的协调运行。

（3）CWinApp 类：CWinApp 类是应用程序的主线程类，它是从 CWinThread 类派生而来的。CWinThread 类用来完成对线程的控制，包括线程的创建、运行、终止和挂起等。

（4）CDocument 类：CDocument 类是文档类，和 CWinApp 类同属于 Application Architechture 范畴。用于提供应用程序数据的存储和加载，常和 CView 类一起工作，合在一起称为文档/视图结构。

（5）CWnd 类：CWnd 类及其派生类，属于 Windows Support 部分，我们看到的 Windows 界面都是由这个类的对象所形成。包括以下几部分：

①Frame Windows：包括用于生成框架窗口的 CFrameWnd 类及其派生类，及其用于生成分隔栏窗口的 CSplitterWnd。

②Views：包括 CView 类及其派生类，用于生成视图窗口。

③Dialog：包括 CDialog 类及其派生类，用于生成对话框。

④Control Bars：包括 CControlBar 类及其派生类，用于生成状态栏和工具栏等。

⑤Property Sheets：包括 CPropertySheet 类及其派生类，用于生成属性表。

⑥Controls：包括各种控件类，例如，CEdit 用于生成编辑框，CListBox 用于生成列表框。

（6）CView 类：CView 类是用于让用户通过窗口来访问文档。

（7）CMDIFrameWnd 和 CMDIChildWnd：CMDIFrameWnd 和 CMDIChildWnd 类分别用于多文档应用程序的主框架窗口和文档子窗口的显示及管理。

2. MFC 应用程序框架

应用程序框架包含用于生成应用程序所必需的各种面向对象的组件的集合。在 Visual C++ 6.0 中,MFC AppWizard 能方便地生成应用程序框架,然后可以在此基础上进行进一步的编辑工作。MFC AppWizard 生成的应用程序包括以下一些要素:

(1)WinMain 函数:Windows 要求应用程序必须有一个 WinMain 函数。但在我们的程序中看不到 WinMain 函数,因为它隐藏在应用程序框架中。

(2)应用程序类:也称为 CMyHelloApp。该类的每一个对象代表一个应用程序。程序中默认定义一个全局 CMyHelloApp 对象,即 theApp。CWinApp 基类决定 theApp 的大多数行为。

(3)应用程序启动:启动应用程序时,Windows 调用应用程序框架内置的 WinMain 函数,WinMain 寻找由 CWinApp 派生出的全局构造的应用程序对象。在 C++程序中,全局对象在主程序执行之前构造。

(4)成员函数 CMyHelloApp::InitInstance:当 WinMain 函数找到应用程序对象时,它调用虚成员函数 InitInstance,这个成员函数调用所需的构造函数并显示应用程序的主框架窗口。必须在派生的应用程序类中重载 InitInstance,因为 CWinApp 基类不知道需要什么样的主框架窗口。

(5)成员函数 CWinApp::Run:函数 Run 隐藏在基类中,但是它发送应用程序的消息到窗口,以保持应用程序的正常运行。在 WinMain 函数调用 InitInstance 之后,便调用 Run。

(6)CMainFrame 类:类 CMainFrame 的对象代表应用程序的主框架窗口。当构造函数调用基类 CFrameWnd 的成员函数 Create 时,Windows 创建实际窗口结构,应用程序框架把它连接到 C++对象,函数 ShowWindow 和 UpdateWindow 也是基类的成员函数,必须调用它们才显示窗口。

(7)文档与视图类:这一部分比较复杂,请参考有关书籍。

(8)关闭应用程序:如果用户通过关闭主框架窗口类关闭应用程序,这个操作就将激发一系列事件的发生,包括 CMainFrame 对象的析构、从 Run 中退出、从 WinMain 中退出和 CMyHelloApp 对象的析构。

3. MFC 与消息映射

在 Windows 应用程序中,管理消息的方式通常是这样的:当发生某一个消息(例如,用户移动了鼠标和按下键盘等)时,该消息进入消息队列,操作系统根据消息提供的信息决定由哪个应用程序来处理,该应用程序依照一定的方式查找应用程序中各个类的消息映射(一组宏,这些宏用来确定某个消息与相应的处理程序的对应关系),找到处理程序,然后由处理程序执行。

MFC 程序将处理消息分为如下 4 种类型:

(1)标准 Windows 消息

标准 Windows 消息由窗口和视图来处理,它通常包括 WM_前缀,例如,WM_CREATE,WM_PAINT 等,它们又可以分为鼠标、键盘和窗口消息 3 类,主要消息见表 11-1。

表 11-1 鼠标、键盘和窗口消息的类型

消息类型	消息标识(ID)	说明(产生消息的事件)
鼠标消息	WM_MOUSEMOVE	鼠标移动时发送该消息
	WM_LBUTTONDOWN	鼠标左键被按下时发送该消息
	WM_LBUTTONUP	鼠标左键被释放时发送该消息
	WM_LBUTTONDBLCLK	鼠标左键被双击时发送该消息
	WM_RBUTTONDOWN	鼠标右键被按下时发送该消息
	WM_RBUTTONUP	鼠标右键被释放时发送该消息
	WM_RBUTTONDBLCLK	鼠标右键被双击时发送该消息
键盘消息	WM_CHAR	将一次按键翻译成一个非系统字符时发送该消息
	WM_KEYDOWN	按下一个非系统键时发送该消息
	WM_KEYUP	释放一个非系统键时发送该消息
窗口消息	WM_CREATE	生成一个窗口时发送该消息
	WM_DESTROY	销毁一个窗口时发送该消息
	WM_CLOSE	关闭一个窗口时发送该消息
	WM_SIZE	改变窗口大小时发送该消息
	WM_MOVE	移动一个窗口时发送该消息
	WM_PAINT	重画窗口工作区时发送该消息

(2)控件消息

用来与 Windows 的控件对象(如列表框、按钮等)进行双向通信。这类消息一般不经过应用程序消息队列,而是直接发送到控件对象上。系统定义的消息宏前缀如下:

- BN 表示按钮控件消息。
- CBN 表示组合框控件消息。
- EN 表示编辑控件消息。
- LBN 表示列表框控件消息。
- SBN 表示滚动条控件消息。

同标准 Windows 消息一样,控件消息由窗口和视图处理。例如,当用户对编辑控件中的文本做出修改时,编辑控件向其父窗口发送的 WM_COMMAND 消息中包含 EN_CHANGE 控件通告码。窗口的消息处理函数将对该通告消息做出合适的处理,例如,接收输入控件中的文本。

(3)命令消息

命令消息也以 WM_COMMAND 为消息名,在消息中包含有命令的标识符(ID),以区分具体的命令。命令消息的来源是以下 3 种用户接口对象:

①菜单:用户选择某菜单,产生相应的命令消息。

②工具栏:用户按下工具栏按钮,产生相应的命令消息。

③加速键:用户在键盘上按下了定义的加速键,产生相应的命令消息。

当这种类型对象接受某个消息时,它将处理该消息的权利优先提供给其他对象。

(4)自定义消息

用户可以自定义消息,在应用程序中主动发出,一般用于应用程序的某一部分的内部处理。

4. 消息响应函数

消息响应函数是用于处理特定消息的一些代码。收到消息的应用程序会做些什么，取决于应用程序本身。程序员可以编写相应的处理函数以处理消息。例如，当用户单击某菜单项时，希望程序弹出一个口令对话框，那么，只要在相应的消息处理函数中编写弹出一个口令对话框的代码即可。

对于特定的消息有许多标准或典型的处理。例如，WM_PAINT 消息(在窗口重新绘制内容时发送)的处理函数需要采取分步骤，重新构造显示在窗口中的图像，重新绘制可见的文本、图形等。

5. 程序的运行过程

如图 11-8 所示，当运行用户应用程序时，程序中的框架首先获得控制权，然后依次执行下述功能：

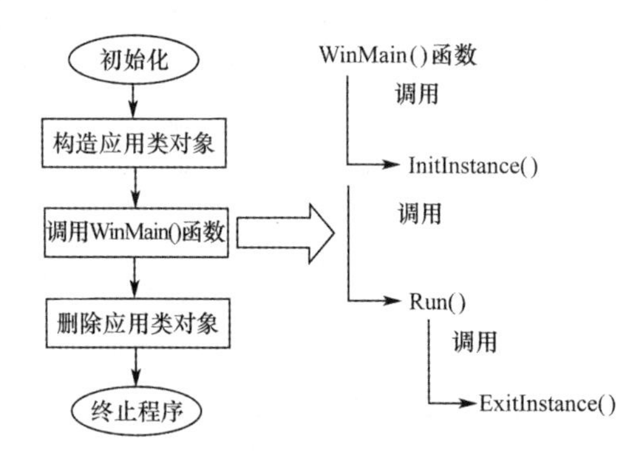

图 11-8　应用程序的运行过程

(1)做部分初始化工作。

(2)构造应用程序的唯一应用类的对象，构造应用类对象时要调用其构造函数。

(3)调用 WinMain()函数(此函数也隐藏在应用框架内部)。注意，调用 WinMain()函数时已将其 hPrevInstance 参数强行置为 NULL，这一点与 SDK 有区别。

(4)从 WinMain()函数返回后，删除应用程序的唯一应用类的对象，删除时要调用其析构函数。

(5)终止应用程序。

(6)进行退出应用程序前的收尾工作，如删除注册的窗口类并释放其内存等。

(7)返回。

11.3.3　创建工程

创建 XiaoXi 工程的步骤如下：

(1)启动 Visual C++ 6.0，选择“文件→新建”。此时，Visual C++ 6.0 将显示一个“新建”对话框。

(2)在“新建”对话框中，选择“工程”选项卡。然后选择“MFC AppWizard(exe)”类型，即告诉 Visual C++ 6.0 即将创建一个 EXE 程序。在“工程名称”文本框中输入“XiaoXi”，单击位于“位置”文本框右边的小按钮，再从下拉的对话框中选择“D:\MYVC\CHAPTER11”目录，使新创建的工程文件放置在“D:\MYVC\CHAPTER11”目录之下。

以上两个步骤分别指定了 XiaoXi. exe 程序的工程类型、工程名称和工程位置，此时“新建”话框如图 11-9 所示。

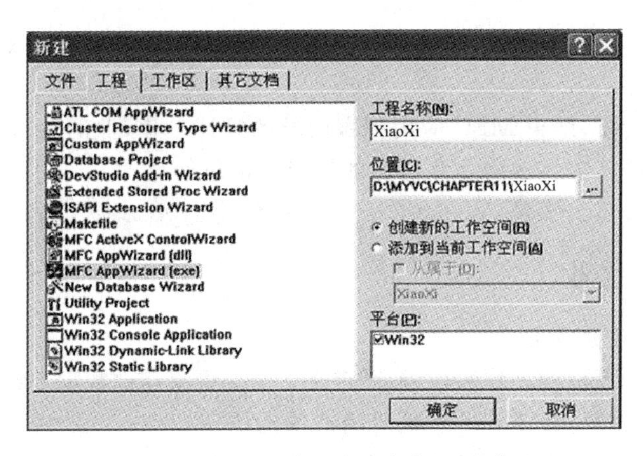

图 11-9 指定工程类型、工程名称和工程位置

(3)单击【确定】按钮。此时 Visual C++ 6.0 将显示如图 11-10 所示的“MFC 应用程序向导一步骤 1”对话框。

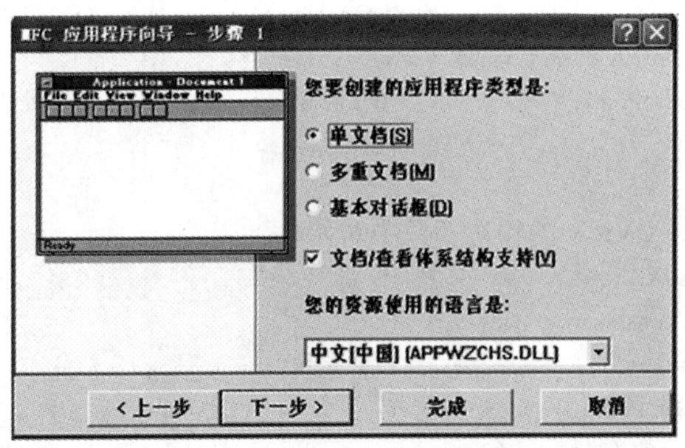

图 11-10 “MFC 应用程序向导一步骤 1”:设置应用程序类型

(4)在“MFC 应用程序向导一步骤 1”对话框中:

①“单文档”选项表示单文档界面,简称 SDI,这种类型的应用程序主窗口只能容纳一个文档,如 Windows 自带的记事本。

②“多重文档”选项表示多文档界面,简称 MDI,这种类型的应用程序允许同时打开多个文档,这些文档可以层叠于主窗口,如 Microsoft Office 产品就属于 MDI 类型。

③“基于对话框”选项表示生成基于对话框的应用程序。

在本例中选择“单文档”,创建一个基于单文档界面的应用程序。

(5)单击【下一步】按钮,取默认设置,直到“MFC 应用程序向导一步骤 6 共 6 步”对话框,如图 11-11 所示。

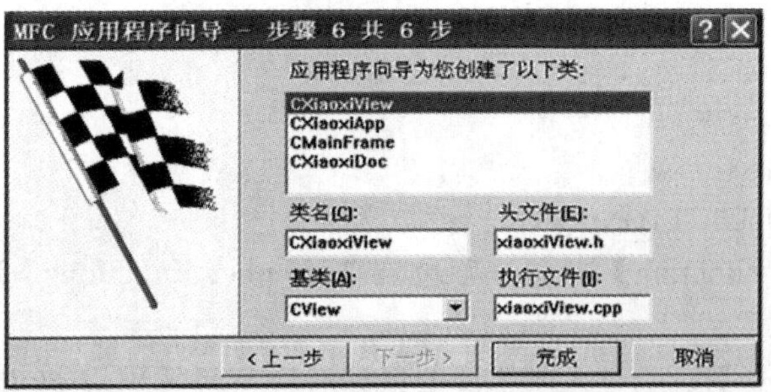

图 11-11 “MFC 应用程序向导一步骤 6 共 6 步”对话框:设置基类

其中显示 MFC 应用程序向导为应用程序创建的所有类以及各个类对应的基类和相应的文件,接受默认设置。

(6)单击【完成】按钮,结束 MFC 应用程序向导的设计工作,此时 Visual C++ 6.0 将显示"新建工程信息"窗口,其中显示前 6 步所做的选择的汇总信息。

(7)单击【确定】按钮。于是,Visual C++ 6.0 就创建了 XiaoXi 工程以及相关的所有文件。

11.3.4 编写程序代码

1. 声明视图类的数据成员

为了记录用户操作鼠标的动作和位置,需定义一个变量来存储数据。在视图类 CXiaoXiView 中添加一数据成员 m_sMousePoint(代码见有底纹的语句)。

```
class CXiaoXiView : public CView
{
protected: // create from serialization only
    CXiaoXiView();
    DECLARE_DYNCREATE(CXiaoXiView)
    CString m_sMousePoint;              //用于存储鼠标的操作方式和位置信息
    …                                  //其他,省略
};
```

并在视图类 CXiaoXiView 的构造函数中初始化。

```
CXiaoXiView::CXiaoXiView()
{    // TODO: add construction code here
      m_sMousePoint = "";                //初始化
}// CXiaoXiView 构造函数
```

2. 修改屏幕重画函数 OnDraw()

添加显示存储鼠标动作和位置等信息的变量 m_sMousePoint 语句。

```
void CXiaoXiView::OnDraw(CDC * pDC)
{
    CXiaoXiDoc * pDoc=GetDocument();
    ASSERT_VALID(pDoc);
    // TODO: add draw code for native data here
    pDC->TextOut(80,50,m_sMousePoint);
}
```

3. 添加鼠标消息 WM_LBUTTONDOWN 的响应函数,编写代码

(1)选择"查看"→"建立类向导"菜单项,弹出"MFC ClassWizard"对话框,如图 11-12 所示。在对话框的 4 个列表框中,做如下设置:

```
Project:       XiaoXi
Class Name:    CXiaoXiView
Object IDs:    CXiaoXiView
Message:       WM_LBUTTONDOWN
```

(2)单击【Add Function】按钮,就会在"Member functions"列表框中添加一个 OnLButtonDown()函数。

(3)单击【Edit Code】按钮,进入刚添加的鼠标消息 WM_LBUTTONDOWN 响应函数。

(4)编写代码,记录鼠标动作和位置信息,并使屏幕重画(见底纹部分语句)。

```
void CXiaoXiView::OnLButtonDown(UINT nFlags, CPoint point)
{
    // TODO: Add your message handler code here and/or call default
    m_sMousePoint.Format("鼠标左键在点(%d,%d)按下", point.x,point.y);
    Invalidate();        //使屏幕重画,从而调用重画函数 OnDraw()
    CView::OnLButtonDown(nFlags, point);
}
```

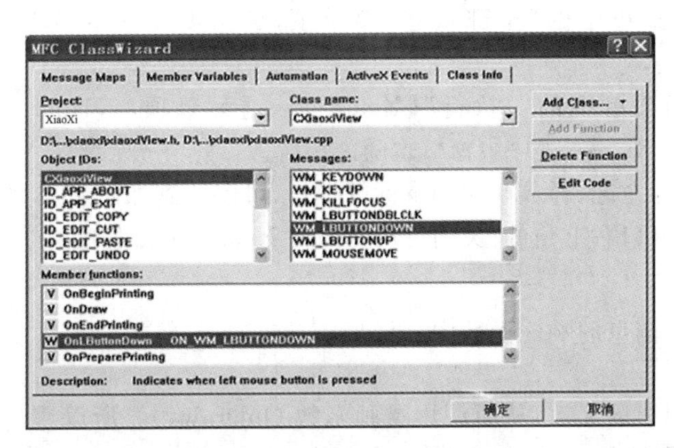

图 11-12 "MFC ClassWizard"对话框

用同样的方法,在 CXiaoXiView 类中,添加了鼠标消息 WM_LBUTTONUP 和 WM_MOUSEMOVE 的响应函数,留给读者完成。

说明

添加消息 WM_LBUTTONDOWN 响应函数,消息处理机制自动为应用程序做了以下 3 件事:

①在 CXiaoXiView 类中添加了 3 个成员方法,即在 XiaoXiView.h 文件中添加了 1 个消息响应函数的原型说明(代码见下面阴影底纹语句)。

```
class CXiaoXiView : public CView
{
    …              //注:其他省略
protected:
    //{{AFX_MSG(CXiaoXiView)
        afx_msg void OnLButtonDown(UINT nFlags, CPoint point);
    //}}AFX_MSG
DECLARE_MESSAGE_MAP()
};
```

②在 XiaoXiView.cpp 消息映射表中自动添加了一个新消息映射(见下面阴影底纹)。

```
BEGIN_MESSAGE_MAP(CXiaoXiView, CView)
    //{{AFX_MSG_MAP(CXiaoXiView)
    ON_WM_LBUTTONDOWN()
    //}}AFX_MSG_MAP
    …              //注:其他省略
END_MESSAGE_MAP()
```

③在 XiaoXiView.cpp 中自动添加了一个消息响应函数的空函数体。

```
void CXiaoXiView::OnLButtonDown(UINT nFlags, CPoint point)
```

```
{
    // TODO: Add your message handler code here and/or call default
    CView::OnLButtonDown(nFlags, point);
}
```

11.3.5 编译、连接运行

(1)选择“组建”菜单中的“全部重建”菜单项,Visual C++ 6.0 就会编译并连接生成 XiaoXi.exe程序。

(2)选择“组建”菜单中的“!执行”【XiaoXi.exe】菜单项, Visual C++ 6.0 就会执行 XiaoXi.exe程序,XiaoXi.exe 程序主窗口也随之出现。

(3)进行按下鼠标左键、释放和移动鼠标等操作,可以达到如图 11-6 所示的设计功能。

(4)单击程序主窗口右上角的“关闭”按钮,退出 XiaoXi.exe 程序。

注意

在鼠标左键按下消息的响应函数中,语句:

```
Invalidate();
```

使系统产生使用户区无效,从而调用重画函数 OnDraw()。所以用户只要在其中编写显示 m_sMousePoint 即可。

自我测试练习

实训项目 1 参考 11.3.4 节中的方法,在 CXiaoXiView 类中,添加鼠标消息 WM_LBUTTONUP、WM_MOUSEMOVE 的响应函数,并编写代码,显示鼠标动作和位置信息。

实训项目 2 参考 11.3.4 节中的“鼠标消息处理程序”,完成“子项目 2:键盘消息处理程序”。

提示:键盘输入将产生相应的 Windows 键盘消息。例如,当用户按下和释放一个键盘键时,将产生 WM_KEYDOWN 和 WM_KEYUP 两个消息,而且 Windows 将此键翻译成 ASCII 码后又将产生 WM_CHAR 消息,只要对这些消息中的一部分编写相应的响应函数即可。

第12章

MFC应用程序实例

学习目标

知识目标: 了解Button控件、Edit Box控件的使用方法,了解Check Box和Radio Button控件的使用方法。

能力目标: 掌握MFC应用程序的开发步骤和方法,掌握利用VC++6.0开发基于对话框的应用程序。

素质目标: 树立以人为本和大局意识。

对话框是实现人机交互的重要组成部分。应用程序通过对话框得到用户的输入信息并做出适当的响应,反之,用户从对话框中获取应用程序执行情况。

对话框中经常会遇到按钮、编辑框等控件。对于大多数应用程序来说,需要大量用到对话框以获取用户的输入,或为用户显示图像信息。

12.1 MyCalculator程序

思政小贴士

人机交互界面设计,要以用户为中心的设计原则,实现交互方式灵活可靠,树立以人为本和大局意识。

12.1.1 项目描述

图12-1所示的是MyCalculator程序的运行结果,具有加、减、乘、除四则运算的计算功能。

下面以开发运算器程序MyCalculator为目标,学习对话框与常用控件知识,完成MyCalculator程序的设计和开发。

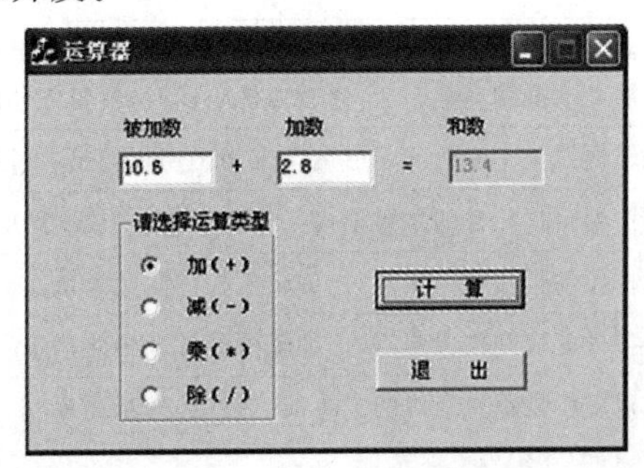

图12-1 运算器

12.1.2 实施方案

根据程序 MyCalculator 的功能要求，涉及按钮(Button)控件、编辑框(Edit Box)控件、单选按钮(Radio Button)控件和静态文本(Static Text)控件的使用方法。为此，按以下步骤完成本程序的开发：

(1)知识准备：常用控件的消息、关联类的成员函数。

(2)项目实施：运算器程序的开发。

12.2 知识准备

12.2.1 Static Text、Edit Box 和 Button 控件

1. 静态文本(Static Text)控件

静态文本控件一般用来显示文字提示信息，提示信息还可以通过位图、图标等表示。它们是用来美化界面的，一般不响应消息。

缺省时静态文本控件都使用标识 IDC_STATIC，如果运行时需要处理静态文本控件，就必须另外指定一个 ID 号。如果想改变静态文本控件的内容，可以使用 CWnd::SetWindowText()函数来设置文本，使用 SetBitMap()函数来设置位图，SetIcon()函数来设置图标，也可以使用参数 SW_HIDE 或 SW_SHOW 来调用 CWnd::ShowWindow()函数隐藏或显示控件：

```
GetDlgItem(IDC_STATIC )→ ShowWindow(SW_HIDE);//隐藏 ID 为 IDC_STATIC 的控件
GetDlgItem(IDC_STATIC )→ ShowWindow(SW_SHOW);//显示 ID 为 IDC_STATIC 的控件
```

2. 编辑框(Edit Box)控件

编辑框控件是对话框实现输入输出的重要人机交互接口。通过编辑框控件，用户输入文本信息，然后再将信息转换为各种类型的数据。相反，也可以将某变量的值通过编辑框控件显示。

编辑框控件除了常见的单行编辑框控件，还有多行编辑框控件。一个多行编辑框控件稍加改进就能成为一个功能简单的编辑器。事实上 Windows 中自带的记事本应用程序就是一个带有菜单的多行编辑框控件。

(1)编辑框控件的消息

用户对编辑框控件的文本进行编辑时，编辑框控件可能向对话框发送的消息见表 12-1。

表 12-1 Edit 控件可能向对话框发送的消息

消　息	含　义
EN_CHANGE	当用户改动窗口的文本后，控件向父窗口发出此消息，与EN_UPDATE不同，EN_CHANGE是在窗口的文本被刷新显示后，修改以成定局时，编辑框控件发出的消息
EN_ERRSPACE	当前的编辑框控件不能分配足够内存来满足用户的要求时发送的消息
EN_HSCROLL	用户操作了编辑框控件的水平滚动条，在编辑窗口被刷新前，编辑框控件发出的消息
EN_KILLFOUCS	当前编辑框控件失去输入焦点时，编辑框控件向父窗口发出此消息
EN_SETFOCUS	当编辑框控件获取到输入焦点时，编辑框控件发出此消息
EN_UPDATE	在编辑窗口即将显示更新过的文本前，控件已完成重新格式化文本，编辑框控件发出此消息，此时窗口的大小可以改变
EN_VSCROLL	用户操作垂直滚动条，在编辑窗口被刷新前，编辑框控件发出的消息

(2)CEdit 类的成员函数

编辑框控件与 CEdit 类相关联,可以通过 CEdit 类的成员函数对编辑框控件进行设置。CEdit 类的常见成员函数见表 12-2。

表 12-2　CEdit 类的常见成员函数

函数名	含　义
void SetReadOnly(BOOL h=TRUE)	设置编辑框控件为只读状态
BOOL CanUndo()	决定一个编辑操作是否可以撤销
BOOL GetModify()	用来判断编辑框控件中包含的文字内容是否被修改
void SetModify(BOOL bModified=TRUE)	设置当前文本的修改标志
GetRect()	获取编辑框控件文本框的大小
EmptyUndoBuffer()	重新设置撤销标志,此后编辑框控件中显示的密码字符
GetPasswordChar()	在用户输入文本时,获取编辑控件中显示的密码字符
SetPasswordChar()	设置或清除在编辑框控件中显示的密码字符
LineLength()	获得指定行的长度
LineScroll()	滚动多行文本编辑框控件中的文本
LineFromChar()	多行文本编辑框控件中获得序号为某个值的字符所在行号
LimitText()	限定用户可能在编辑框控件中输入的长度
ReplaceSel()	用来指定文件替代编辑框控件中选择的文本
SetSel()	在编辑框控件中选择字符范围
GetSel()	获取编辑框控件中当前选定文本的开始与结束位置

3. 按钮(Button)控件

按钮控件是对话框中最基本的控件,在对话框中加入的按钮控件无须任何初始化,在调用 DoModal()函数显示对话框时一同显示出来。

(1)按钮控件的消息

当一个按钮被按下时,它将发送一条消息给对话框,对话框类可以建立自己的消息循环并且编写相应的消息响应函数。这是一种最简单的使用按钮控件的方法。与按钮控件相关的消息见表 12-3。

表 12-3　与按钮控件相关的消息

消　息	含　义
BN_CLICKED	当用户单击按钮时,由按钮发送给对话框
BN_DOUBLECLICKED	当用户双击按钮时,由按钮发送给对话框
BN_KILLFOUCS	当按钮失去输入焦点时,由按钮发送给对话框
BN_SETFOUCS	当按钮获得输入焦点时,由按钮发送给对话框

(2)CButton 类的成员函数

按钮控件与 CButton 类相关联,可以通过 CButton 类的成员函数对按钮控件进行设置。CButton 类的成员函数见表 12-4。

表 12-4　　CButton 类的成员函数

函数名	含　义
UINT GetState()const	获取按钮的状态(选中、高亮得到焦点)
void SetState(BOOL bHighlight)	设定当前按钮的状态
int GetCheck()const	获取按钮控件的选中状态
void SetCheck(int nCheck)	设置按钮的选中状态
UINT GetButtonStyle()const	获取按钮的样式
void SetButtonStyle(Uint nStyle,BOOL bRedraw=TRUE)	设置按钮的样式
HICON GetIcon()const	获取 SetIcon()方法设置的按钮图标句柄
HICON SetIcon(HICON hIcon)	设置按钮上要显示的图标
HBITMAP GetBitmap()const	获取 SetBitmap()方法设置的按钮位图句柄
HBITMAP SetBitmap(HBITMAP hBitmap)	设置按钮上要显示的位图
HCURSOR GetCursor()	获取 SetCursor()方法设置按钮区域特定光标
HCURSOR SetCursor(HCURSOR hCursor)	设置按钮区域的光标

例如,设与 ID 为 IDC_BUTTON_OK 的按钮相关联的对象为 m_button_ok,则:

```
m_button_ok.EnableWindow(FALSE);          //使按钮变灰(禁止)
m_button_ok.EnableWindow(TRUE);           //使按钮恢复(激活)
m_button_ok.SetState(1);                  //使按钮高亮
```

技术要点

1. 获取控件“标题”的函数是 GetDlgItemText(),例如:

```
GetDlgItemText(IDC_EDIT1,str);
```

功能:获取控件“IDC_EDT1”的“标题”并存储在 CString 类型变量 str 中。

2. 设置控件“标题”的函数是 SetDlgItemText(),例如:

```
SetDlgItemText(IDC_OUTPUT,str);
```

功能:将控件 IDC_OUTPUT 中的“标题”设置成 CString 类型变量 str 中的字符串。

12.2.2　Check Box 和 Radio Button 控件

一般将 Check Box 控件称为复选框控件。几个 Check Box 控件在一起使用时,表示从中选择多个。一般在对话框资源中定义好 Check Box 控件后,利用类向导将各复选框关联一个 BOOL 类型的变量。该变量为 TRUE 时,表示 Check Box 控件被选中;该变量为 FALSE 时,表示 Check Box 控件没被选中。

而 Radio Button 控件(也称为单选按钮),一般将几个 Radio Button 控件组合起来使用,表示从几个选项中挑选出一个。

例如,如果要将 4 个 Radio Button 控件组合成一组,首先要将这 4 个 Radio Button 控件的挑选顺序连在一起,然后选中第一个控件的“常规(General)”选项卡的“组”属性,确认第二、三、四个 Radio Button 控件的“组”属性没有被选中。最后还要确认紧接着的控件(如果有的话)的“组”属性被选中。

把 Radio Button 控件组合好之后,打开“MFC ClassWizard”对话框。在“Member Variables”选项卡中选中,会发现只有第一个“组”属性被选中的 Radio Button 控件的标识符 IDC_RADIO1出现在“Control IDs”列表框中。

利用 MFC ClassWizard 为 IDC_RADIO1 引入 int 型关联变量 m_radio，该变量的数值从 0 逐渐增大表示相应的 Radio Button 控件被选中。例如，图 12-1 中的一组 Radio Button 控件：

- 当该变量为 0 时，表示第 1 个 Radio Button 控件(加)被选中。
- 当该变量为 1 时，表示第 2 个 Radio Button 控件(减)被选中。
- 当该变量为 2 时，表示第 3 个 Radio Button 控件(乘)被选中。
- 当该变量为 3 时，表示第 4 个 Radio Button 控件(除)被选中。

12.3　项目实施

12.3.1　创建工程

用 11.3.3 节中介绍的方法，创建一个基于对话框的 MFC 应用程序，工程名称为“MyCalculator”。唯一差别就是在“MFC 应用程序向导一步骤 1”对话框中，选择“基于对话框”选项，表示生成基于对话框的应用程序。

12.3.2　可视化设计

可视化设计就是设计程序界面，即添加运算器中的功能按钮、运算符的单选按钮和数据输入/输出编辑框。操作步骤如下：

(1)在“工作空间”中，单击“ResourceView”选项卡，把 MyCalculator resources 扩展开，然后再扩展 Dialog，最后，双击 IDD_MYCALCULATOR_DIALOG 项，Visual C++ 6.0 显示出处于设计状态的“MyCalculator”对话框。

(2)从“MyCalculator”对话框中删除【确定】、【取消】按钮，以及“TODO：在这里设置对话控制。”静态文本框。

(3)将鼠标放置在工具栏的任意位置，单击鼠标右键弹出快捷菜单，选择“控件”复选项(如图 12-2(a)所示)，将弹出控件工具箱，如图 12-2(b)所示。

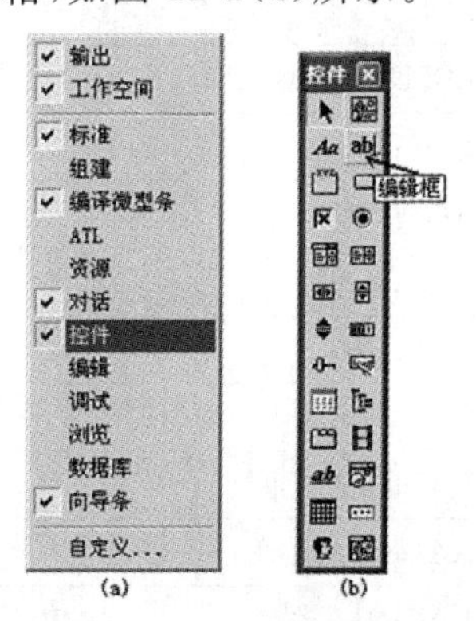

图 12-2　工具栏上的快捷菜单和工具箱

(4)在控件工具箱中，选中“编辑框”控件，再单击“MyCalculator”对话框中适当的地方，Visual C++ 6.0 就会把“编辑框”控件放置在刚才单击的地方，缺省按钮的标题是“编辑”。

(5)右击“编辑框”控件,将弹出如图 12-3 所示的快捷菜单。

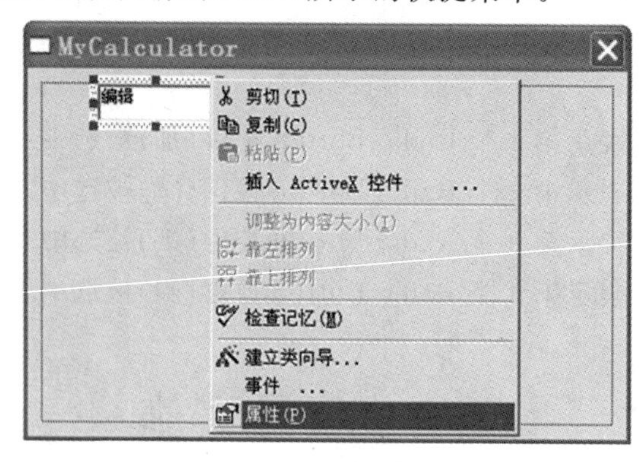

图 12-3 右击“编辑框”控件弹出的快捷菜单

(6)选择快捷菜单的“属性”菜单项,将显示“Edit 属性”对话框。

单击“ID:”下拉列表框,可以修改“IDC_EDIT1”,如图 12-4 所示。

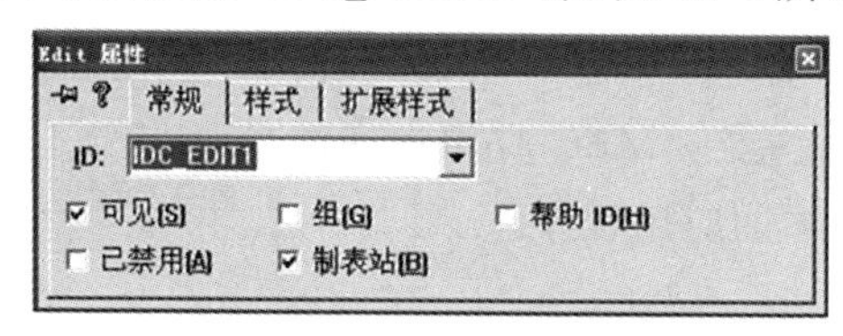

图 12-4 “Edit 属性”对话框

关闭“Edit 属性”对话框,并移动“编辑框”控件的位置,改变大小,至此设计完毕。

完全类似,根据表 12-5 添加并编辑对话框资源,设计完毕的对话框如图 12-5 所示。

表 12-5　　对话框“MyCalculator”及其中各控件的属性

对　象	ID 属性	标题属性
对话框	IDD_MYCALCULATOR_DIALOG	运算器
按钮	IDC_BUTTON1	计 算
按钮	IDC_BUTTON2	退 出
编辑框	IDC_EDIT1	编辑
编辑框	IDC_EDIT2	编辑
编辑框	IDC_EDIT3,已禁用(√)	编辑
静态文本框	IDC_STATIC1	被加数
静态文本框	IDC_STATIC2	加数
静态文本框	IDC_STATIC3	和数
静态文本框	IDC_STATIC4	+
静态文本框	IDC_STATIC5	=
单选按钮	IDC_RADIO1,组(√)	加(+)
单选按钮	IDC_RADIO2	减(-)
单选按钮	IDC_RADIO3	乘(*)
单选按钮	IDC_RADIO4	除(/)
组框	IDC_STATIC6	请选择运算类型

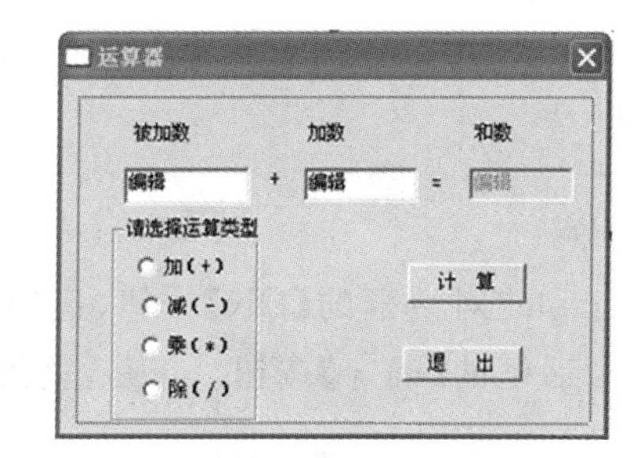

图 12-5 设计完后的“MyCalculator”对话框资源

12.3.3 为各编辑框、静态文本框和单选按钮控件引入变量

为了能够在程序运行过程中,将输入的数据和计算的结果在编辑框上显示。用户选择的运算类型在静态文本框控件中动态显示对应的操作数名称,必须为它们引入变量,从而使它们以变量的形式出现在程序中。利用函数 UpdateData(true)或 UpdateData(false)实现用户的输入输出与关联变量值保持一致,即实现控件与关联变量的数据交换。

为“IDC_EDIT1”编辑框引入变量的步骤如下:

(1)选择“查看”→“建立类向导”菜单项,弹出“MFC ClassWizard”对话框。在该对话框中,选择“Member Variables”选项卡,如图 12-6 所示。

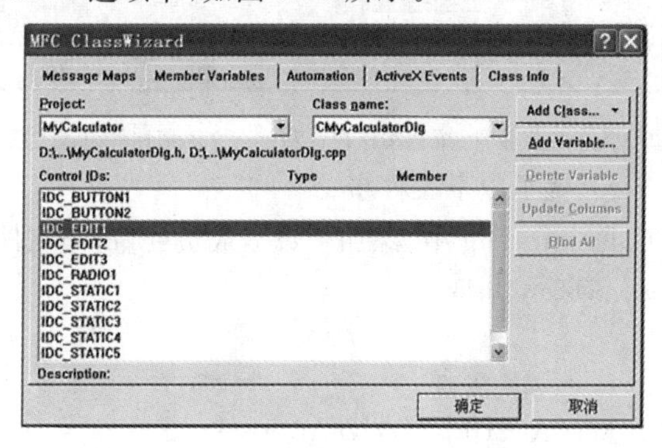

图 12-6 “MFC ClassWizard”对话框

进行如下选择设置:

Class name: CMyCalculatorDlg

Control IDs: IDC_EDIT1

(2)单击“Add Variable”按钮,此时,Visual C++ 6.0 将显示一个“Add Member Variable”对话框,如图 12-7 所示。

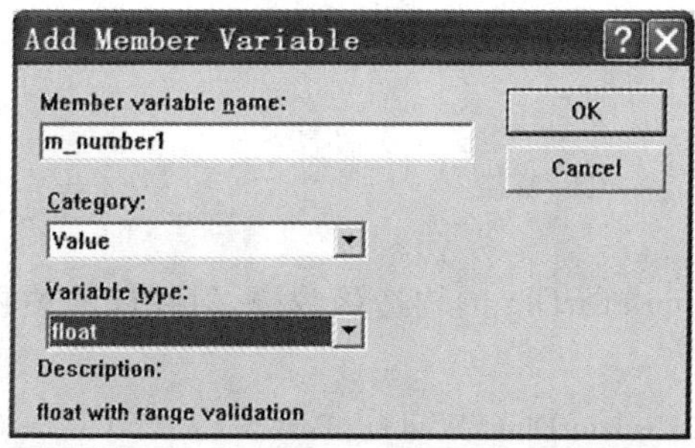

图 12-7 “Add Member Variable”对话框

设置如下：

Member variable name：m_number1

Category:　　Value

Variable type：float

(3)单击“Add Member Variable”对话框的【OK】按钮，返回到“MFC ClassWizard”对话框，再单击“MFC ClassWizard”对话框的【确定】按钮。于是，就为编辑框 IDC_EDIT1 引入变量 m_ number1。

类似地，重复(2)～(3)步的方法，如图 12-8 所示，为对话框“IDD_MYCALCULATOR_DIALOG”中的各编辑控件、单选按钮控件和静态文本框控件引入关联变量。

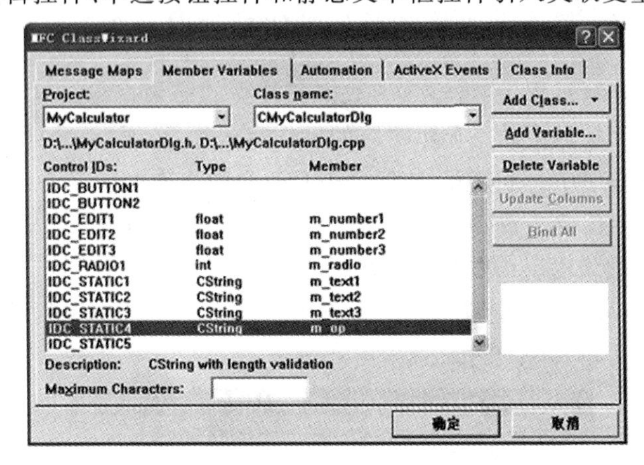

图 12-8　为各编辑控件、单选按钮控件和静态文本框控件引入关联变量

从而“MFC ClassWizard”做了以下三件事：

①在对话框类 CMyCalculatorDlg 中，添加了数据成员变量，即控件的关联变量。

```
class CMyCalculatorDlg : public CDialog
{
    …                              //注:省略
    enum { IDD = IDD_MYCALCULATOR_DIALOG };
    float     m_number1;
    float     m_number2;
    float     m_number3;
    CString   m_text1;
    CString   m_text2;
    CString   m_text3;
    CString   m_op;
    int       m_radio;
    //}}AFX_DATA
    …                              //注:省略
};
```

②在对话框类 CMyCalculatorDlg 的构造函数中，对控件的关联变量赋初值(根据需要可以手动修改)。

```
CMyCalculatorDlg::CMyCalculatorDlg(CWnd* pParent /*=NULL*/)
    : CDialog(CMyCalculatorDlg::IDD, pParent)
```

```
    {
    //{{AFX_DATA_INIT(CMyCalculatorDlg)
    m_number1=0.0f;
    m_number2=0.0f;
    m_number3=0.0f;
    m_text1=_T("");                //请手动修改为: m_text1=_T("被加数");
    m_text2=_T("");                //请手动修改为: m_text2=_T("加数");
    m_text3=_T("");                //请手动修改为:  m_text3=_T("和");
    m_op=T("");                    //请手动修改为:m_op = _T("+");
    m_radio=0;                     //请手动修改为0,使"加(+)"控件设为默认状态
    //}}AFX_DATA_INIT
    // Note that LoadIcon does not require a subsequent DestroyIcon in Win32
    m_hIcon = AfxGetApp()->LoadIcon(IDR_MAINFRAME);
}
```

③在CMyCalculatorDlg类的成员函数DoDataExchange()中,添加了控件与关联变量的交换代码。

```
void CMyCalculatorDlg::DoDataExchange(CDataExchange * pDX)
{
    CDialog::DoDataExchange(pDX);
    //{{AFX_DATA_MAP(CMyCalculatorDlg)
    DDX_Text(pDX, IDC_EDIT1, m_number1);
    DDX_Text(pDX, IDC_EDIT2, m_number2);
    DDX_Text(pDX, IDC_EDIT3, m_number3);
    DDX_Text(pDX, IDC_STATIC1, m_text1);
    DDX_Text(pDX, IDC_STATIC2, m_text2);
    DDX_Text(pDX, IDC_STATIC3, m_text3);
    DDX_Text(pDX, IDC_STATIC4, m_op);
    DDX_Radio(pDX, IDC_RADIO1, m_radio);
    //}}AFX_DATA_MAP
}
```

12.3.4 为"按钮"和"单选按钮"控件的BN_CLICKED事件添加响应函数

类似于11.3.4节中的方法,为对话框"IDD_MYCALCULATOR_DIALOG"中的"计算"按钮和"单选按钮"的BN_CLICKED事件添加响应函数,见表12-6。

表12-6　对话框"IDD_MYCALCULATOR_DIALOG"上按钮消息的响应函数

Object IDs	Messages	Member Functions
IDC_BUTTON1	BN_CLICKED	OnButton1()
IDC_BUTTON2	BN_CLICKED	OnButton2()
IDC_RADIO1	BN_CLICKED	OnRadio1()
IDC_RADIO2	BN_CLICKED	OnRadio2()
IDC_RADIO3	BN_CLICKED	OnRadio3()
IDC_RADIO4	BN_CLICKED	OnRadio4()

在此，仅以"计算"按钮为例，为其 BN_CLICKED 事件添加响应函数，其他按钮完全类似，请读者完成。操作步骤如下：

(1)选择"查看"→"建立类向导"菜单项，弹出"MFC ClassWizard"对话框。在该对话框中，选中"Message Maps"选项卡，如图 12-9 所示，并进行如下设置：

Class name：　CMyCalculatorDlg

Object IDs：　IDC_BUTTON1

Message：　　BN_CLICKED

(2)单击【Add Function】按钮来增加新函数，在弹出的"Add Member Function"对话框中，接受缺省函数名 OnButton1，单击【OK】按钮。此时，"MFC ClassWizard"对话框如图 12-9 所示。

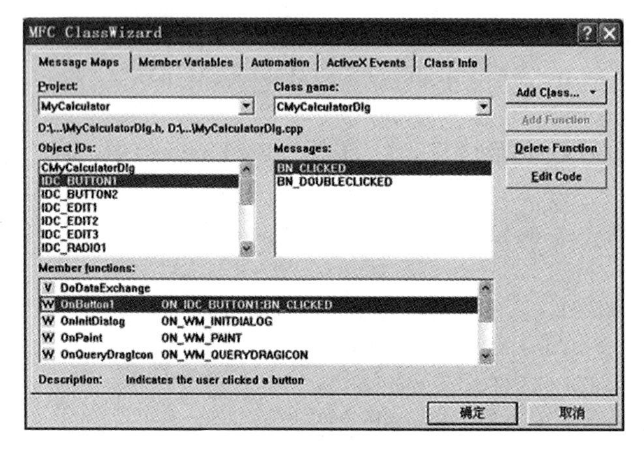

图 12-9　为"计算"按钮的 BN_CLICKED 事件添加响应函数 OnButton1()

(3)单击"MFC ClassWizard"对话框中的【确定】按钮，为"IDC_BUTTON1"按钮添加了 BN_CLICKED 事件的响应函数 OnButton1()。

```
void CMyCalculatorDlg::OnButton1()
{

}
```

12.3.5　编写程序代码

当鼠标单击对话框中的"计算"按钮时，导致 Windows 产生 BN_CLICKED 消息。而要完成某种功能，就由消息响应函数中的代码来实现。

1. 为"计算"按钮的消息响应函数添加如下代码

```
void CMyCalculatorDlg::OnButton1()
{
    UpdateData(true);        //将控件中的数据传递给相应的变量
    switch(m_radio)
    {
        case 0: m_number3=m_number1+m_number2; break;
        case 1: m_number3=m_number1-m_number2; break;
        case 2: m_number3=m_number1 * m_number2; break;
        case 3: if(m_number2==0)
```

```
        {AfxMessageBox("除数不能为 0")；break;}
      m_number3=m_number1/m_number2；break;
    }
    UpdateData(false)；      //将变量中的数据传递给相应的控件，即显示
}
```

2. 为运算符选项的各单选按钮的消息响应函数添加代码

```
void CMyCalculatorDlg::OnRadio1()
{
    UpdateData(true)；            //将控件中的数据传递给相应的变量
    m_text1 = _T("被加数")；
    m_text2 = _T("加数")；
    m_text3 = _T("和数")；
    m_op = _T("+")；
    UpdateData(false)；           //将变量中的数据传递给相应的控件，即显示
}
void CMyCalculatorDlg::OnRadio2()
{
    UpdateData(true)；
    m_text1 = _T("被减数")；
    m_text2 = _T("减数")；
    m_text3 = _T("差数")；
    m_op = _T("-")；
    UpdateData(false)；           //将变量中的数据传递给相应的控件，即显示
}
void CMyCalculatorDlg::OnRadio3()
{
    UpdateData(true)；
    m_text1 = _T("被乘数")；
    m_text2 = _T("乘数")；
    m_text3 = _T("积数")；
    m_op = _T("*")；
    UpdateData(false)；      //将变量中的数据传递给相应的控件，即显示
}
void CMyCalculatorDlg::OnRadio4()
{
    UpdateData(true)；
    m_text1 = _T("被除数")；
    m_text2 = _T("除数")；
    m_text3 = _T("商数")；
    m_op = _T("/")；
    UpdateData(false)；      //将变量中的数据传递给相应的控件，即显示
}
```

12.3.6　程序运行与测试

编译、连接运行就得到图 12-1 所示的运算器程序。

12.3.7 相关知识

1. UpdateData 函数

UpdateData 函数是 CDialog 的基类 CWnd 的成员函数，函数原型如下：

```
BOOL UpdateData( BOOL bSaveAndValidate = TRUE );
```

一般在对话框的派生类中，利用 UpdateData 函数进行控件和相应变量之间的数据传递，形式如下：

```
UpdateData(TRUE);          //将控件中的数据传递给相应的变量
UpdateData(FALSE);         //将变量中的数据传递给相应的控件，即显示
```

2. 消息响应函数

用 MFC ClassWizard 为对话框中某按钮的 BN_CLICKED 事件添加消息处理函数时，MFC ClassWizard 做了三件事：

①在类的定义 MyCalculatorDlg. h 文件中，添加了消息响应函数的函数原型。

②在类的实现文件 MyCalculatorDlg. cpp 中，添加了函数体。

③在类的实现文件 MyCalculatorDlg. cpp 中，添加了消息映射。

所以，如果想删除通过 ClassWizard 创建的消息响应函数，在 MFC ClassWizard 对话框中选中要删除的函数，单击【Delete Function】按钮将函数删除。但是源文件中相应的函数体并没有删除，需要手工方法删除。

3. 数据交换和校验

对话框数据交换(Dialog Data Exchange，简称 DDX)可以方便地实现对话框中控件数值的初始化和获取用户的数据输入。对话框数据校验(Dialog Data Validation，简称 DDV)可以对对话框中控件的数据进行校验。具体可以通过 ClassWizard 定义与控件关联的数据成员实现 DDX，通过限定数据范围实现 DDV。

例如，在对话框"IDD_MYCALCULATOR_DIALOG"中，通过 ClassWizard 对标识号为"IDC_EDIT1"的编辑框控件创建了 m_number1 变量，数据类型为 float。ClassWizard 自动地在文件 MyCalculatorDlg. cpp 中创建了相应的对话框数据交换代码：

```
void CMyCalculatorDlg::DoDataExchange(CDataExchange* pDX)
{
    CDialog::DoDataExchange(pDX);
    //{{AFX_DATA_MAP(CMyCalculatorDlg)
    DDX_Text(pDX, IDC_EDIT1, m_number1);
    DDX_Text(pDX, IDC_EDIT2, m_number2);
    DDX_Text(pDX, IDC_EDIT3, m_number3);
    DDX_Text(pDX, IDC_STATIC1, m_text1);
    DDX_Text(pDX, IDC_STATIC2, m_text2);
    DDX_Text(pDX, IDC_STATIC3, m_text3);
    DDX_Text(pDX, IDC_STATIC4, m_op);
    DDX_Radio(pDX, IDC_RADIO1, m_radio);
    //}}AFX_DATA_MAP
}
```

4. 字符串 CString 类

CString 类的对象由一个长度可变的字符序列组成，包含很多成员函数用来操作字符串，可以很方便地实现对字符串的各种操作。CString 类中的字符是 TCHAR 类型的。

(1)构造函数

```
CString();                              //产生一个空的 CString 对象
CString(const CString& stringSrc);      //用另一个 CString 对象的值初始化对象
CString(TCHAR ch, int nRepeat=1);       //用一个字符重复若干次初始化对象
CString(LPCTSTR lpch, int nLength);     //用一个字符数组的指定长度初始化对象
CString(const unsigned char * psz);     //从一个无符号字符指针初始化对象
CString(LPCWSTR lpsz);                  //从一个 Unicode 字符串初始化对象
CString(LPCSTR lpsz);                   //从一个 ANSI 字符串初始化对象
```

(2)常用成员函数

CString 类常用成员函数见表 12-7。

表 12-7　CString 类常用成员函数

函数原型	说　明
int GetLength()const	获取 CString 类对象包含字符串的长度
BOOL IsEmpty()const	测试 CString 类对象包含的字符串是否为空
void Empty()	使 CString 类对象包含的字符串为空字符串
TCHAR GetAt(int nIndex)const	获取字符串指定位置处的字符
void SetAt(int nIndex,TCHAR ch)	设定字符串指定位置处的字符
TCHAR operator[](int Index)const	获取字符串指定位置处的字符
operator LPCTSTR()const	返回指向存储在 CString 类对象内的字符串指针
int Compare(LPCTSTR lpsz)const	比较两个字符串，类似于 C 语言中的 strcmp()函数
int CompareNoCase(LPCTSTR lpsz)const	类似于 Compare，但忽略字符大小写
MakeUpper()	将字符串中所有的字符全部转化成大写形式
MakeLower()	将字符串中所有的字符全部转化成小写形式

【例 12-1】　连接字符串。

```
CString m_str1 = "下午";
CString m_str2 = "好!";
CString m_str3 = m_str1 + m_str2;
```

执行第三行后，m_str3 的值为"下午好!"。

【例 12-2】　两字符串大小比较。

```
CString m_str1 = "a";
CString m_str2 = "b";
int result = m_str1.Compare(m_str2);
if( result == 0) AfxMessageBox("两者相同");
else if(result>0)   AfxMessageBox("m_str1 大于 m_str2");
else                AfxMessageBox("m_str1 小于 m_str2");
```

自我测试练习

实训项目 如图 12-10 所示，制作一个简单对话框程序，用于统计字符串长度和字符个数。

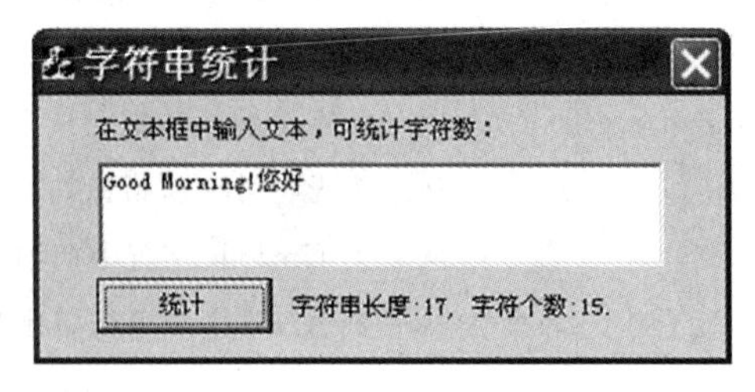

图 12-10 字符串统计

参考文献

[1] 李春葆. C++程序设计[M]. 北京:清华大学出版社,2005.
[2] 李龙澍. C++程序设计[M]. 北京:清华大学出版社,2003.
[3] 张莉,段清玲,陈雷. C/C++程序设计教程[M]. 北京:清华大学出版社,2004.
[4] 刘瑞新. Visual C++面向对象程序设计教程[M]. 北京:机械工业出版社,2004.
[5] 北京科海培训中心. 新编 Visual C++ 6.0 教程[M]. 北京:科海电子出版社,2002.
[6] 李春葆,C++语言习题与解析[M]. 北京:清华大学出版社,2001.
[7] 王珊珊. C++程序设计教程[M]. 2 版. 北京:机械工业出版社,2011.
[8] 邓会敏. C 语言项目设计教程[M]. 北京:清华大学出版社,2013.
[9] 沈学东. C++面向对象程序设计实用教程[M]. 上海:上海交通大学出版社,2012.
[10] 罗建军. C/C++语言程序设计案例教程[M]. 北京:清华大学出版社,2010.
[11] 陈逆鹰. C 语言趣味程序百例精解[M]. 北京:北京理工大学出版社,1994.
[12] 王明福. 面向对象程序设计(C++)[M]. 大连:大连理工大学出版社. 2008.
[13] 天津滨海讯腾科技公司. Java 面向对象程序设计[M]. 天津:南开大学出版社,2017.
[14] 廖湖声. 面向对象程序设计方法及应用[M]. 北京:清华大学出版社,2016.
[15] 黄勇. C++语法详解[M]. 北京:电子工业出版社,2017.